情報通信工学

岩下 基 著
Motoi Iwashita

共立出版

まえがき

　日本において，東京と横浜間で電話が開通してから，1世紀以上の年月が経ちます．この間に，電話サービスの爆発的な利用増加，さらにはコンピュータを利用したデータ通信サービスも発展しました．技術者達のたゆまぬ努力により，コンピュータの高速化・大容量化・小型化ともあいまって，飛躍的に情報通信技術は発展し続けています．

　現在は，過去の大量消費の時代とは異なり，インターネットの発達とともにユーザの利便性が向上し，さまざまなアプリケーションが発生し，それらを提供するため，さらに情報通信技術が発展するといった情報通信技術と利便性の相乗効果の段階にあると言えます．技術の進展は好ましいことですが，いまだに変化し続けている技術的事象を捉え，如何に体系的に理解し，活用していくかはたいへん困難なものと言えるでしょう．しかし，この技術および学問を体系化することにより，そこに今後の発展の方向性，さらには我々の将来の夢が潜んでいると言えるので，重要な事柄と言えます．

　著者が，以前から大学の非常勤講師をお引き受けしている「通信工学」の講義を行うに際して，幅広い技術領域をカバーしている情報通信を，入門書として体系的に捉えた参考書が無いことに気づきました．詳細な技術内容は，その時代にあった装置で実現され，変遷していくものの，その技術に流れる根本的な思想をまとめることにより，ある程度普遍性を持った学問として体系的にまとめあげられないかと思ったのが本書をまとめるきっかけになりました．

　したがって，本書の構成では，第1章を導入部として，第2章から第6章までの前半を，情報通信サービスを提供する際に欠かせない品質保証する技術を，電話網を例に取り上げまとめています．また第7章から第10章までは，情報通

信サービスの利便性を実現する技術を，電話網とは全く逆のパラダイムから発生したIP網を例にまとめています．通信網の構成の観点からは，ユーザには有線と無線の2通りの接続手段があることから，アクセス技術を第11章と第12章で述べています．さらに，第13章と第14章では，情報通信網の構築技術だけでなく，運用およびセキュリティに関する主要技術に関してまとめました．最後に，次世代の技術という観点から，これら技術の良い面を組み合わせた技術を次世代網という具体例をもとにまとめました．

対象とする読者は，特に理工系の大学生で，まずは情報通信の幅広い知識を吸収したい人を対象とし，さらに専門領域を学習したい人の入口を与えるものです．また，企業で初めてITにかかわる業務に従事し，これから営業や技術者として活躍していく人を想定し，本稿を作成しました．より理解を深めてもらえるように，各章ごとに演習問題を掲載しました．ご一読願えれば幸いです．

平成24年10月　著者

目　　次

第1章　情報通信ネットワークの概要 ……………………………………1
1.1　情報とは　*1*
1.2　通信（テレコミュニケーション）とは　*2*
1.3　情報通信発達の歴史　*3*
1.4　情報通信ネットワークの構成要素　*4*
1.5　情報通信サービス　*5*
1.6　情報通信工学とはどんな学問？　*5*
1.7　情報通信ネットワークの表現　*7*
1.8　情報通信ネットワークの発展の歴史　*8*
1.9　電話網　*10*
1.10　IP網　*11*
1.11　専用線網　*12*
1.12　移動通信網　*13*
1.13　さまざまなネットワーク　*14*
1.14　ネットワーク構成要素による分類方法　*15*
1.15　通信媒体による分類方法　*16*
1.16　通信レイヤによる分類方法　*17*
1.17　ネットワークライフサイクルによる分類方法　*18*
1.18　さらに勉強したい人のために　*19*
　　演習問題　*20*

第2章 情報を伝達する伝送技術 ……………………………… 21
- 2.1 伝送方式の概要　*21*
- 2.2 アナログ伝送とディジタル伝送　*22*
- 2.3 符号化技術　*23*
- 2.4 シャノンの標本化定理　*24*
- 2.5 情報の符号化　*25*
- 2.6 変調方式　*25*
- 2.7 同期方式　*26*
- 2.8 多重化方式　*27*
- 2.9 誤り検出方式　*28*
- 2.10 サービス統合　*30*
- 2.11 階層化とパス　*31*
- 2.12 光通信の歴史　*32*
- 2.13 光ファイバの構造と特徴　*33*
- 2.14 光の分散　*34*
- 2.15 光の損失　*35*
- 2.16 大容量伝送技術　*35*
- 2.17 低損失化，長延化技術　*37*
- 2.18 光ファイバによるブロードバンド化構成　*38*
- 2.19 さらに勉強したい人のために　*39*
- 演習問題　*40*

第3章 情報通信ネットワークを支える情報交換技術 ……………… 41
- 3.1 ネットワークにおける交換機能の必要性　*41*
- 3.2 サービス品質保証のための交換機の役割　*42*
- 3.3 交換機の構成　*43*
- 3.4 交換機の種類　*43*
- 3.5 スイッチ回路網（空間分割）　*44*
- 3.6 スイッチ回路網（時分割）　*45*
- 3.7 ルーティング方式　*46*

3.8　輻輳制御　*47*
3.9　交換制御の基本動作　*48*
3.10　交換方式種別（1）　*49*
3.11　交換方式種別（2）　*50*
3.12　光交換方式　*51*
3.13　光スイッチの構造　*52*
3.14　さらに勉強したい人のために　*53*
演習問題　*54*

第4章　ネットワーク性能評価のための通信トラヒック理論 ……… *55*
4.1　情報量の見積もり方　*55*
4.2　トラヒックとは　*56*
4.3　待ち行列モデル　*56*
4.4　トラヒックのモデル化　*58*
4.5　確率分布（ポアソン分布）　*59*
4.6　指数分布・一定分布　*60*
4.7　電話トラヒックをモデル化する理論　*61*
4.8　応用例　*62*
4.9　大群化効果　*63*
4.10　多様なサービスをモデル化するための課題　*64*
4.11　電話トラヒック　*65*
4.12　ブロードバンドトラヒック　*66*
4.13　性能評価のためのさまざまな指標　*67*
4.14　さらに勉強したい人のために　*68*
演習問題　*69*

第5章　面的に広がる通信設備を管理するアクセスフィールド技術 ……*70*
5.1　屋外設備の構成　*70*
5.2　土木設備の分類　*71*
5.3　とう道の特徴　*72*

5.4 管路の特徴　72
5.5 マンホールの特徴　73
5.6 ケーブルの分類　73
5.7 平衡ケーブル　74
5.8 同軸ケーブル　75
5.9 光ファイバケーブル　76
5.10 光ファイバケーブルの製造法　77
5.11 光ファイバケーブル接続技術　77
5.12 融着接続技術　78
5.13 コネクタ接続技術　79
5.14 ケーブル外被　80
5.15 アクセス系オペレーション　81
5.16 配線法　81
5.17 さらに勉強したい人のために　83
演習問題　84

第6章　情報通信ネットワーク構成技術　85

6.1 通信ネットワークアーキテクチャ　85
6.2 ネットワークアーキテクチャの必要性　86
6.3 ネットワークアーキテクチャの基本的考え方　87
6.4 標準化動向　88
6.5 通信分野の標準化例（OSI）　89
6.6 通信におけるサービス品質　90
6.7 電話サービスの品質　91
6.8 電話サービスの接続品質　92
6.9 電話サービスの安定品質　92
6.10 電話サービスの通話品質　93
6.11 主観評価（オピニオン評価）　94
6.12 客観評価（PESQ）　95
6.13 IP電話　95

6.14　IP 電話の品質条件　*96*
6.15　QoS について　*97*
6.16　さまざまな QoS 技術　*98*
6.17　電話番号計画　*99*
6.18　通信の信頼度と設計手順　*100*
6.19　不稼働率　*101*
6.20　さらに勉強したい人のために　*102*
　　　演習問題　*103*

第 7 章　情報を経済的に伝達する LAN の概要 ……………………………*104*

7.1　LAN の網形態　*104*
7.2　網形態の特徴　*105*
7.3　伝送媒体　*106*
7.4　パケット　*107*
7.5　CSMA/CD 方式　*108*
7.6　イーサネット　*109*
7.7　アドレス　*109*
7.8　トークンパッシング方式　*110*
7.9　TDMA 方式　*111*
7.10　LAN アクセス方式のまとめ　*112*
7.11　インターネット参照モデルとその役割　*113*
7.12　リピータ　*114*
7.13　スイッチ　*114*
7.14　ルータ　*115*
7.15　ゲートウェイ　*116*
7.16　相互接続機器の比較　*116*
7.17　ハードウェアとしてのサーバ　*117*
7.18　クライアント・サーバシステム　*118*
7.19　クラウドコンピューティングサービス　*119*
7.20　クラウドコンピューティングの構成　*120*

7.21　コンピュータシステムの変遷　*121*
7.22　さらに勉強したい人のために　*122*
演習問題　*123*

第8章　効率的にネットワークを設計するIP技術 ……………… *124*

8.1　IPネットワーク構成　*124*
8.2　RFC　*126*
8.3　IPアドレス　*126*
8.4　IPアドレスとその構成　*127*
8.5　IPアドレスのクラス種別　*128*
8.6　サブネットワーク　*129*
8.7　サブネットマスク　*130*
8.8　サブネット長と接続ノード数　*131*
8.9　設計のポイント　*132*
8.10　グローバルアドレスとプライベートアドレス　*132*
8.11　NAT/NAPTのメリット・デメリット　*134*
8.12　特別なIPアドレス　*134*
8.13　広域コンピュータネットワークとルーティング　*135*
8.14　距離ベクトルアルゴリズム　*136*
8.15　リンク状態アルゴリズム　*137*
8.16　交換機とルータの違い　*139*
8.17　IPv6アドレス　*140*
8.18　情報量の扱い方　*140*
8.19　さらに勉強したい人のために　*141*
演習問題　*142*

第9章　ネットワークの利便性を支えるTCP/IP ……………… *144*

9.1　TCP/IP　*144*
9.2　TCP/IPにおける各層のヘッダ　*145*
9.3　IPヘッダ情報　*146*

9.4　アプリケーション層のプロトコル（DNS）　*147*

9.5　アプリケーション層のプロトコル（DHCP）　*148*

9.6　インターネット層のプロトコル（IP）　*149*

9.7　インターネット層のプロトコル（ARP）　*149*

9.8　インターネット層のプロトコル（ICMP）　*150*

9.9　IPパケットの組立てと分割　*151*

9.10　IPv6プロトコルとの比較　*152*

9.11　ポート番号　*153*

9.12　トランスポート層のプロトコル（UDP）　*154*

9.13　トランスポート層のプロトコル（TCP）　*154*

9.14　仮想化技術　*156*

9.15　サーバ仮想化　*156*

9.16　ストレージ仮想化　*157*

9.17　ネットワーク仮想化　*158*

9.18　さらに勉強したい人のために　*160*

演習問題　*161*

第10章　IPネットワークサービス技術 ……………………*162*

10.1　インターネットの利便性　*162*

10.2　インターネットへの接続（電話回線利用）　*162*

10.3　インターネットへの接続（ADSLサービス利用）　*163*

10.4　インターネットへの接続（CATV利用）　*164*

10.5　インターネットへの接続（光ファイバ利用）　*165*

10.6　インターネットへの接続（無線LAN）　*166*

10.7　インターネットの利用（電子メールの仕組み）　*166*

10.8　インターネットの利用（FTP）　*168*

10.9　インターネットの利用（Telnet）　*168*

10.10　インターネットの利用（WWWの仕組み）　*169*

10.11　インターネットの利用（ブログ・ツイッター）　*170*

10.12　インターネットの利用（SNS）　*171*

10.13　インターネットの利用（CGM）　*172*
10.14　インターネットの利用（ネットショッピングとネットオークション）
　　　　　　　　　　　　　　　　　　　　　　　　　　　　　　　172
10.15　インターネットの利用（Cookie）　*173*
10.16　インターネットの利用（IP 電話の仕組み）　*174*
10.17　インターネットの利用（映像配信の仕組み）　*175*
10.18　さらに勉強したい人のために　*177*
演習問題　*178*

第 11 章　高速サービスアクセス技術（ADSL，FTTH）　*179*

11.1　有線系高速アクセスサービスについて　*179*
11.2　ADSL/vDSL の概要　*179*
11.3　CATV の概要　*180*
11.4　アクセス網の光化　*181*
11.5　地域の特性　*182*
11.6　光アクセス網構成方式　*183*
11.7　光アクセス網構成モデル化　*184*
11.8　光アクセス網設計法　*185*
11.9　FTTH のトポロジー　*186*
11.10　パッシブダブルスター方式　*187*
11.11　π システム　*188*
11.12　ブロードバンドユーザ数の推移　*189*
11.13　設備移行形態のモデル化　*189*
11.14　設備移行形態評価法　*190*
11.15　事業者間の接続形態　*191*
11.16　さらに勉強したい人のために　*192*
演習問題　*193*

第 12 章　移動通信技術（携帯，LTE，WiMAX）　*194*

12.1　移動通信ネットワークとは　*194*

12.2　双方向通信の主な機能　*195*
12.3　移動通信網の構成要素　*196*
12.4　移動通信網基本技術（位置登録）　*196*
12.5　移動通信網基本技術（一斉呼出し）　*197*
12.6　移動通信網基本技術（ハンドオーバ）　*198*
12.7　MNPの仕組み　*199*
12.8　移動通信の周波数帯　*200*
12.9　アナログ変調方式　*201*
12.10　ディジタル変調方式　*202*
12.11　FDMA　*203*
12.12　TDMA　*204*
12.13　CDMA　*205*
12.14　移動通信におけるセキュリティ　*205*
12.15　移動通信システムの変遷　*206*
12.16　携帯電話と無線LAN　*207*
12.17　次世代への動き　*208*
12.18　さらに勉強したい人のために　*209*
演習問題　*210*

第13章　情報通信オペレーション技術 …………………*211*

13.1　オペレーション業務　*211*
13.2　オペレーションの分類と観点　*212*
13.3　オペレーション体系化の困難性　*213*
13.4　アーキテクチャへの要求条件　*214*
13.5　基本的なオペレーション　*216*
13.6　ネットワークオペレーションの技術動向　*216*
13.7　ソフトウェアのライフサイクル　*217*
13.8　要求定義　*219*
13.9　単体テストと結合テスト　*219*
13.10　システムテスト　*220*

13.11 運用テスト　*221*
13.12 システムに求められる事項　*221*
13.13 システム構築に際して考慮すべき事項　*222*
13.14 サービス規模の重要性　*222*
13.15 ネットワーク規模の重要性　*223*
13.16 ビジネスモデルの重要性　*224*
13.17 マルチベンダ化の重要性　*225*
13.18 既存システムとの接続性　*225*
13.19 オペレータ要求条件との親和性　*226*
13.20 システム開発手法　*228*
13.21 さらに勉強したい人のために　*228*
演習問題　*229*

第14章　ネットワークセキュリティ技術　*230*

14.1 ITを利用した犯罪　*230*
14.2 ネットワークシステムの危険性　*231*
14.3 不正アクセスとシステム妨害　*231*
14.4 盗聴，改ざん，なりすまし　*232*
14.5 ウィルス　*232*
14.6 セキュリティ技術の分類　*233*
14.7 暗号化の仕組み　*234*
14.8 共通鍵暗号方式　*234*
14.9 公開鍵暗号方式　*235*
14.10 SSLの仕組み　*236*
14.11 アクセス制御技術　*237*
14.12 認証・監視技術　*238*
14.13 パケットフィルタリング　*238*
14.14 アプリケーションゲートウェイ　*239*
14.15 情報漏えいの脅威と対策の必要性　*239*
14.16 セキュリティホール　*240*

14.17　スパイウェア　*240*
14.18　IT 社会と情報セキュリティ　*241*
14.19　さらに勉強したい人のために　*242*
演習問題　*243*

第 15 章　次世代情報通信ネットワークとその展望　*244*
15.1　次世代情報通信ネットワークとは　*244*
15.2　NGN の取組み（技術面）　*244*
15.3　NGN の取組み（サービス面）　*245*
15.4　NGN のオープンなインタフェース　*246*
15.5　コミュニケーションサービスとは　*247*
15.6　コミュニケーションサービス実現技術　*247*
15.7　固定通信と移動体通信の融合　*248*
15.8　コンテキストサービス　*249*
15.9　NGN リリース概念　*249*
15.10　ポスト NGN の動き　*249*
15.11　さらに勉強したい人のために　*250*
演習問題　*250*

演習問題 解答　*252*
索　　引　*264*

第 1 章

情報通信ネットワークの概要

1.1 情報とは

　情報通信技術をこれから紐解いていくにあたって，まず"情報"というものに触れておきたいと思う．従来，"情報"とは，ある事象や，その過程および事実などの対象について知識として獲得した事という意味で使われてきた．頭の中にすぐに思い浮かぶのは，五感に訴える事象・物事などである．つまり，視界に入ってくるさまざまな事象（視覚からの情報），臭いを嗅いで状況を判断するといった事象（嗅覚からの情報），さまざまな音を聞いて次の行動を判断する事象（聴覚からの情報），口で噛み砕いたり食べてみて満足感を味わう事象（味覚からの情報），触れてみてその感触から判断する事象（触覚からの情報）といった全てが情報だと言える．

　これらの情報は，人によって重要な情報もあれば，あまり重要でない情報もある．それも人それぞれによって受け取り方が違うので，例えば良い情報・悪い情報といった線引きが難しい対象物である．また，情報はある特定の人達の間にしか知られていないものから，世界中の誰でも知っている情報までさまざまである．

　現在は，通信の発達により，地球の裏側の情報が瞬時に把握できたり，個人の，それもプライバシーに関する情報まで公開され，これまで自分が想像すらしなかったさまざまな情報が飛び交っていたことを認識するという現実に直面している．その意味では，現在は情報が氾濫し，これらの情報が自分にとって

どれだけ有用な情報なのかを判断していかなくてはならない．すなわち，情報の選択をしていくために，リテラシが必要となってきているのが今日我々の置かれた状況である．どの時代にも，情報を流す側および受け取る側の双方ともにきちんと責任を持った理解と対応が必要となる．

1.2 通信（テレコミュニケーション）とは

次に情報のやり取りを考えてみよう．通信（テレコミュニケーション）とは，遠く離れた場所で情報の送受信をやりとりすることである．この情報のやりとりは，見えない相手との対話や相互理解を深めたり，場合によっては意思決定をするきわめて重要な行為と言える．

伝達手段としては，どのようなものが考えられるであろうか．例えば，近くに相手がいる場合は，会話や手話や合図などが手段となるであろう．もし，相手がはるか遠くにいる場合には見えないので，表1.1に示すようなさまざまな手段が必要となってくる．

昔であれば，のろしにより煙が情報を伝達する手段となって，遠くにいる相手に"知らせ"を送っていた．また，日本であれば江戸時代に飛脚が発達し，さらに明治時代に入って，郵便制度が確立するに至り，日数を要すが通信手段を確保することができたと言える．現在であれば，電信電話の発明からそれらの技術を用いたサービスが急速に進展し，さらには無線技術や人工衛星に通信技術を搭載するなどの多様な手段が出現している．それらの技術発展により，現在では，瞬時にして相手とのコミュニケーションが可能となり，我々の生活の利便性を向上させている．

遠くにいる相手と瞬時にして意思疎通ができるということが，今日の企業経営や国家運営，さらには災害時の救出活動などのさまざまな場面で役立っており，人間が生活していく上で通信手段の確保は極めて重要であると言えるであ

表1.1 通信手段の変遷

昔	のろし	飛脚	郵便
現在	電信	電話	無線
	衛星	インターネット	…

1.3 情報通信発達の歴史

本節では，情報通信が発達してきたこれまでの歴史を振り返ってみる．歴史を考える意義は，これまでの人間の要求に対する技術の進展とその実現の流れを把握することにより，これからの情報通信技術の発展の方向性を推測するため重要であるからである．したがって，歴史を振り返ることにより，技術的な発展を捉えるだけでなく，その変化が生じるに至った要因（例えば，ユーザ要求の変化など）も一緒に分析しないと意味がない．表 1.2 を見ながら，以下にこれまでの大きなマイルストーンを記す．

まず，通信の重要な要素技術の電信と電話は，皆さんもご存じのとおりアメリカで発明された．近代通信史の礎であると言える．表を見て概観してほしいのであるが，19 世紀後半から 20 世紀前半までの百年は，どちらかというと技術先行型で情報通信は発達してきたと言える．当時は電話自身が希少価値であるため，少数の人達の利便性を実現するということではあったが，現実には技

表 1.2 情報通信発展の歴史

年	出来事	背景
1844	ワシントン～ボルチモア間通信成功	モールスによる電信発明
1877	アメリカで電話会社設立・サービス開始	ベルによる電話発明
1890	東京～横浜間で電話開通	
1910	全国電話加入数 10 万突破	
1939	全国電話加入数 100 万突破	
1952	日本電信電話公社発足	電話サービス積滞率の解消
1979	自動車電話サービス開始	初期の移動体通信技術の実現
1985	通信の自由化（電電公社の民営化）	中継区間の料金低廉化
1988	ISDN サービス商用化	データ通信サービスの提供実現
1992	インターネットサービス開始（IIJ など）	パソコン通信，E メール
1994	携帯電話自由化	携帯の小型化，端末売切り
1999	i モード・フレッツサービス開始	電話とインターネットの融合
2002	光サービス開始	高速サービス要求に応じた光技術の充実
2008	IPTV サービス開始	通信と放送の融合

術が確立しなければ世間一般への普及は実現できないため，このような流れになっているわけである．20世紀後半以降，国民の生活が安定し，豊かさを求めて大量消費の時代に入るとともに，音声だけでなくさまざまな情報をやりとりしたいといったユーザ要望が多くなり，料金の安さやサービスの多様化をサポートする技術が重宝された．

以上を概観すると，その時代に合わせて，技術も進展していることがわかると思う．

1.4　情報通信ネットワークの構成要素

ここで，情報通信サービスを提供する際に，必要となる情報通信ネットワークの構成要素について述べておく．情報通信ネットワークとは，一般に，"有線または無線方式を利用して，音声や映像といったさまざまな情報を送るネットワーク"で，その構成要素は，図 1.1 に示すとおり，お互いの通信を行う手段としての通信端末装置（電話機，パソコン，携帯電話など）/ 情報を通信するための媒体としての伝送路（光ファイバケーブル，電波など）/ 各種サービスを提供するために情報の制御を行うサービス制御装置（交換機，サーバなど）の 3 種類からなっている．

例えば，電話サービスであれば，通信端末装置が電話機であり，伝送路はメタリックケーブルであり，サービス制御装置は交換機が対応する．また，インターネットサービスであれば，通信端末装置はパソコンであり，伝送路は光ファイバケーブルや無線 LAN であり，サービス制御装置は各種役割を持ったサーバがそれに対応するということである．

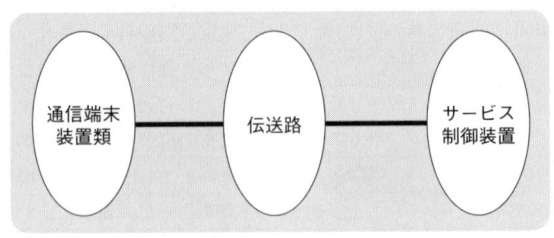

図 1.1　情報通信ネットワークの構成要素

したがって，提供するサービスが変われど，またネットワークに利用する技術が変われど，図に示すように，基本的な構成要素はこの3つに集約されると考えてよいであろう．

1.5 情報通信サービス

情報通信ネットワークで提供されるサービスについて解説する．「情報通信サービスを提供する」といったときに，その情報通信サービスとは大きく2つの意味に分類される．

1つ目は，ユーザが直接恩恵を受けているかどうかがわかるサービスである．例えば，プロバイダがIP電話のようにユーザ間の通信接続を設定したり，コンテンツ（画像，テキストなど）を提供したり，映像配信サービスなどの個々の情報サービスを提供したりといった音声・テキスト・映像などの情報を直接ユーザへ提供し，利用してもらうサービスのことである．

2つ目は，それらの音声・テキスト・映像などのサービスに対して，ユーザが高い利便性を感じるようにネットワークの環境を制御して，常に正常に利用できるような状態にすることで実現されるサービスである．例えば，通信事業者が，さまざまな環境の下で，複数の地点間で情報を送受するネットワークを提供したり，利用者が離れた相手と遅延を気にすることなく情報のやりとりをしたりするなどの果たす役割を指している．

本書では，主に2つ目のサービスを対象に，技術背景などを述べていくが，その際にユーザには直接どのような形で影響を与えているのかを示すために，1つ目のサービスも例示しながら説明していく．

1.6 情報通信工学とはどんな学問？

情報通信工学とは，1.4節で説明したとおり，各構成要素（すなわち通信端末装置，伝送路，サービス制御装置）からなる通信ネットワークとユーザから見た情報通信サービスが有機的に結合されたネットワーク体系として捉え，ネットワーク構成上の諸問題について，総合的に検討する学問と言える．

したがって，図1.2に示すようにさまざまな技術分野を必要としている．例えば，複雑な通信ネットワークに対して単純なモデル化を行い，さまざまな問

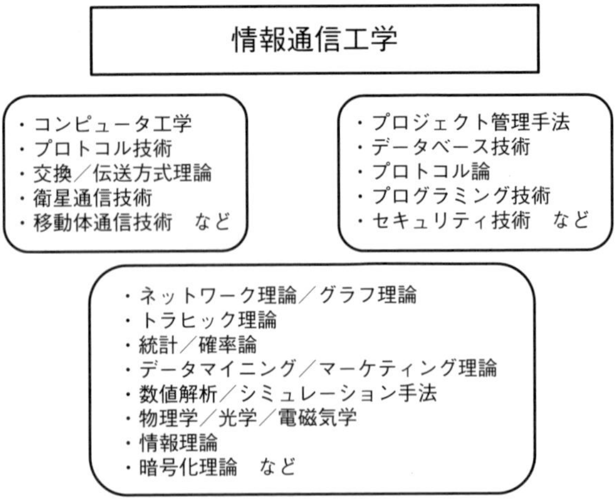

情報通信工学

- ・コンピュータ工学
- ・プロトコル技術
- ・交換／伝送方式理論
- ・衛星通信技術
- ・移動体通信技術　など

- ・プロジェクト管理手法
- ・データベース技術
- ・プロトコル論
- ・プログラミング技術
- ・セキュリティ技術　など

- ・ネットワーク理論／グラフ理論
- ・トラヒック理論
- ・統計／確率論
- ・データマイニング／マーケティング理論
- ・数値解析／シミュレーション手法
- ・物理学／光学／電磁気学
- ・情報理論
- ・暗号化理論　など

図1.2　関連する技術分野

題を解決していくことが有効なので，基本技術として，ネットワーク理論，グラフ理論，トラヒック理論，確率統計，データマイニング，マーケティング理論，数値解析，シミュレーション手法，物理学，光学，電磁気学，情報理論，暗号化理論などの知識が必要となる．

またネットワーク構築技術として，コンピュータ工学，プロトコル技術，交換・伝送方式理論，衛星通信技術，移動体通信技術などが必要となる．

さらにネットワークを運用管理していくためのライフサイクルに対して，プロジェクト管理手法・データベース技術・プロトコル論・プログラミング技術・セキュリティ技術などが必要となるのである．

以上をまとめると，情報通信工学をマスターしようとすると，かなり広範囲の学問をそれなりに修得する必要が出てくるが，日常の業務経験（学生であれば，研究室のパソコン管理やネットワーク管理など）とあわせて学習し，進めていくことが多いのも特徴である．情報通信においては，今後の技術の進展に伴いさまざまな問題に直面すると思うので，多方面の分野に対して興味を持っていくのが望ましいと言えるであろう．

1.7 情報通信ネットワークの表現

　ネットワークは通常，節点（ノード）と経路（リンクまたはエッジ）から構成され，その構成要素間に流れ（フロー）があるものと定義される．実際，このような形で表現される事象はネットワークだと考えてよいであろう．それでは，情報通信ネットワークの場合にノードとリンクは何に対応するのであろう．

　例えば，電話サービスを考える．電話サービスを提供する場合は，ユーザの家から最寄りの電話局まで電線がつながっており，電話局ではある程度束として電線をまとめて，交換機というノードに接続する．ここまでの範囲を通常アクセス網と呼ぶ．それより先は，線を集線し，中継伝送路として，小束にしたケーブルを利用してもう少し広いエリア間を接続する．いわゆる全国の中継局を結んでどこでも電話がつながるようにした中継網となる．アクセス網，中継網はそれぞれがネットワークであるが，電話サービスとしては2つを組み合わせることによりサービスとしての意味を持つ．すなわち，電話局がノードで，電話局間を結ぶ伝送路がリンクとなる．

　また，インターネット接続サービスを例にとると，これは電話網とは全く違った技術のIP網を利用している．そのため，さまざまな情報を発信する装置は交換機ではなく，サーバである．また，サーバが有する情報を各ユーザに届けるためには，それらを中継する装置が必要となり，それがルータと呼ばれている．エリア間の中継を行うのか，エリア内の伝送を行うのかによりコアルータ，エッジルータといった呼び方の違いはあるが，基本的な役割は同じである．したがって，サーバおよびルータがノードで，これらのノード間を結ぶ伝送路がリンクとなるわけである．

　次に，情報通信ネットワークの特徴を説明する．"コミュニケーション"は双方向で情報のやりとりが行われることにより成り立つ．したがって，通常の情報通信サービスでは，図1.3 (a) に示すように，双方向に情報が流れる．ここでは，情報の伝達する方向が両方向で，それぞれについて流量が異なるためリンクの容量をフローという形で表現する．一方，図1.3 (b) に示すように，インターネット接続の映像配信サービスなどは，サーバから一方的に情報を流す形態なので，片方向のサービスと言える．リンクの容量は流れる情報に依存す

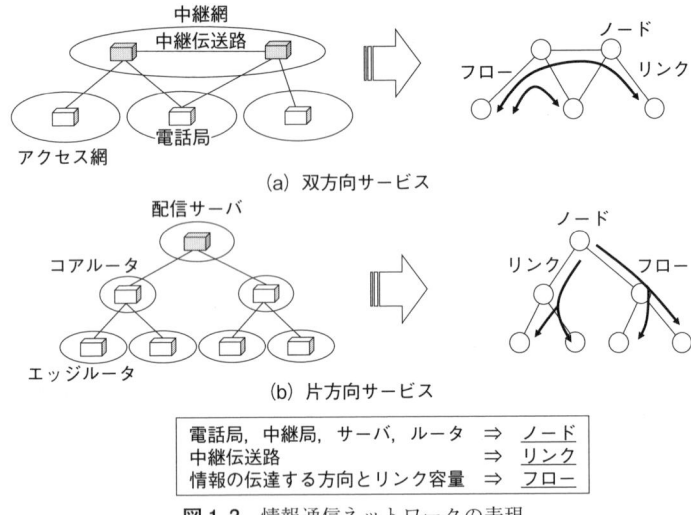

図1.3 情報通信ネットワークの表現

るが,同じ情報がサーバから下位のルータおよびユーザに流れることから,双方向サービスとはフローの設定の仕方が異なる形態であると言える.

1.8 情報通信ネットワークの発展の歴史

通信の歴史において,図1.4に示すとおり出発点となるのは電話網である.電話網は,音声通話が主流で(後にFAXも可能となるが),アナログ信号をメタリックケーブルにて送信するのが基本であった.また,少し時代を経てから,企業内・企業間通信において,大型コンピュータの発展に伴い,データ情報のやりとりが頻繁になったことから,データ通信網が発達した.

1980年代に入り,サービス単位にいくつもネットワークが存在するのはたいへん費用がかかることから,それらのサービスを統一した網を構築しようという動きで実現したのがISDN網(Integrated Service of Digital Network)である.音声とデータの情報をディジタル化して同じネットワークで送信するという発想のもとに実現している.

インターネットの普及に伴い,音声だけでなくさまざまなサービスが要求されるようになり,情報の高速化,いわゆるインフラ設備のブロードバンド化が

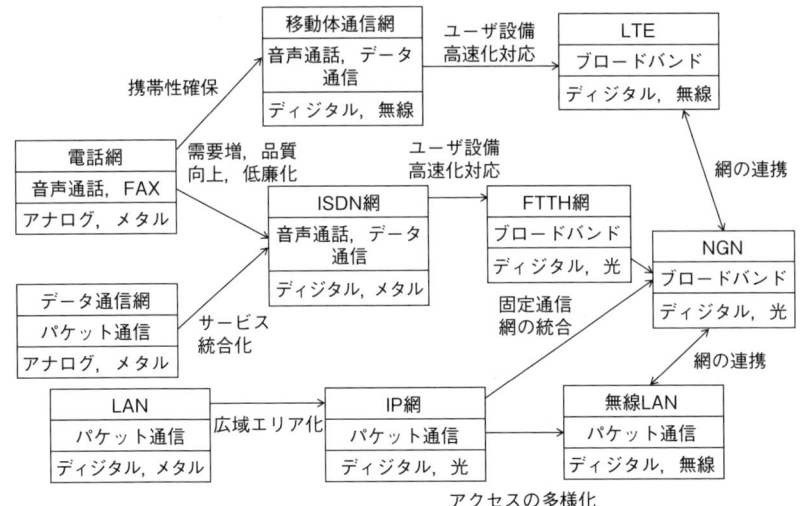

図 1.4 情報通信ネットワークの変遷

必要となった．そのため，ADSL（Asymmetric Digital Subscriber Line）やFTTH（Fiber-To-The-Home）といった形態が最近の主流となっている．

インターネットに関しては，最初は学内や企業内における業務効率化の目的において，LAN が構築された．それが企業間，大学間を接続することにより，効率的に情報を共有していく要求から，IP 網という形で発展している．電話網と異なり，IP 網では情報をパケットという単位で送信する形態となり，現在に至っている．

さらに，ユーザのサービス品質に対する要求が多様化したことを受けて，電話網の利点と IP 網の利点を活かした次世代通信網（Next Generation Network）が提供されているのが現在である．

一方，従来から家庭内で電話を利用するといったことが主流であったが，移動しながら通信をしたいというビジネスユースから発生したサービスが，移動性を伴ったサービス，すなわち移動体通信網の実現へとつながる．無線を利用しての通信が提供された．また，無線を利用する人が増えれば，当然固定網と同様にブロードバンドサービスを享受したいという欲求が生まれてくる．このユーザへの高速化を実現したのが，LTE（Long Term Evolution）である．

一方，IP 網も固定だけでなく移動性も実現するため無線 LAN が発達し，LTE と無線 LAN の差異が無くなってきた今日では，今後の動向が注視されている．

今後は，ブロードバンド無線サービスと NGN を連携したサービスが充実してくるものと思われる．

1.9 電話網

電話サービスは長い間アナログ電話網において提供されていた．しかし，1980 年代の約 6000 万加入をピークに，需要が急増したため，交換機容量や伝送路容量を抜本的に見直す必要が生じた．これらの問題をディジタル化技術により克服したのが，現在のディジタル電話網である．

従来のアナログ電話網は，全国に広がる交換機の役割を 6 階層に区分していたが，ディジタル電話網では，交換機の性能を向上させることにより階層を少なくし，図 1.5 に示すように，ユーザを接続する加入者線・群局，区域内中継局，全国を結ぶ中継局および特定中継局の 4 階層のネットワークとした．

加入者線・群局（GC：Group Unit Center）は，主にアクセス網の部分，すなわちユーザが直接つながる部分で通信接続をする役割を担うものである．加入者線・群局については，全国で約 5000 箇所存在する．その上に加入者線・群局間を結ぶ役割として区域内中継局（IC：Intermediate Center）が存在する．

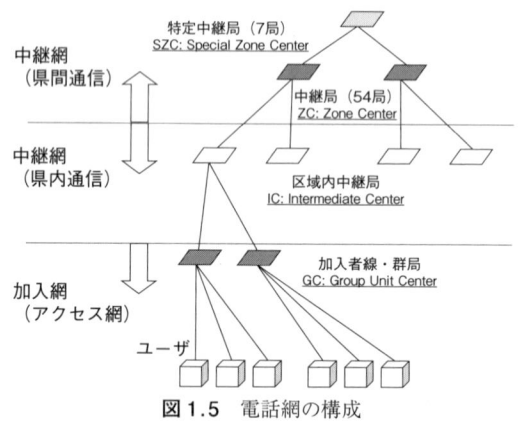

図 1.5　電話網の構成

この範囲は県内通信を実現する部分である．

全国の県間を結ぶために，中継局（ZC：Zone Center）が全国に54箇所存在する構成でネットワークを構築している．さらに，大都市圏間のトラヒックを効率的に流通させるため，最上位に特定中継局（SZC：Special Zone Center）を全国7箇所に設け，我が国全体をカバーしている．

1.10 IP網

IP網は，インターネット・プロトコル技術を利用したネットワークである．既に誰もが利用しているインターネットは，このIP網を使っている．技術の詳細は別の章で述べるが，電話網では単一の電話サービスのみを提供していたこともあり，信号をディジタル化すれば十分であった．しかし，IP網では，音声だけでなくテキストや映像などのデータも通信可能とするため，情報をパケットという単位に分割して送信する必要がある．

インターネットの発展の歴史から考察すると，通信事業者が構築してきた電話網と比較して，インターネット自身は構築推進するための機関や企業があるわけではなく，情報のやりとりをしたい者どうしが相互に接続していくうちに，出来上がったネットワークである．そのため，ネットワークにおける秩序が無いので，通信事業者が統制をとるというのではなく，誰でもIP網につなげて，

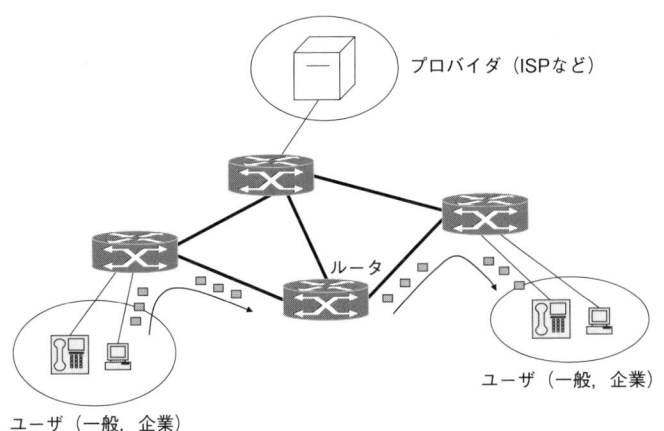

図1.6　IP網の構成

エンドユーザとしての利用だけでなく，サービス提供者（プロバイダ）としての利用も可能となるのが特徴である．

このインターネットを実現するIP網を構成面からみると，図1.6に示すようにパケットを送受信するのに，ルータが必要となる．これは電話網における交換機に相当するものであるが，交換機ほど精密な機能を有していないため，低コストで実現しているのが特徴である．また，ネットワークが大規模になるほどルータがカバーする範囲を限定し，階層化することにより効率的に情報を伝達する．そのため，ルータの役割もエンドユーザを収容するエッジルータとルータ間の中継を行うコアルータに分ける場合もある．

1.11 専用線網

専用線網とは，図1.7に示すように通信事業者が提供する特定顧客専用の有線・無線通信回線で構成されるネットワークである．ただし，特定顧客の立地形態によっては，2地点間のものだけではなく，星型・分岐型の構成も可能である（例：本社と各支店，倉庫とコンビニなど）．

専用線網で提供される専用サービスの特徴として，以下の5つが挙げられる．
・公衆網の輻輳に影響されない．これは，電話網などの公衆網上でのサービスとは独立に，網が構築されている点からくる特徴である．
・上記で述べたとおり，網が独立しているので，電話網などの公衆網と比較して，情報漏洩・盗聴・改ざんの可能性が低い．したがって，業務上重要な通信を行うミッションクリティカルユーザ向けのサービスと言える．

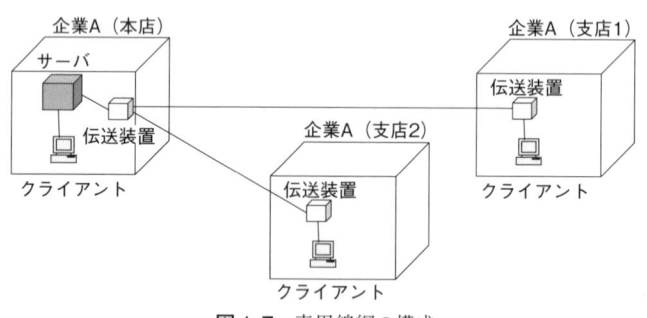

図1.7　専用線網の構成

・月額定額料金なので，通信頻度が多く・占有時間が長い利用の場合に，公衆網より安価となる．
・2地点間を直接結ぶため構成が簡単であり，途中に高機能なノードが介入しないので故障率が低く，信頼性が高い構成である．
・公衆網の途絶時も確保しなければならない通信や，改ざん・盗聴を防止しなければならない通信のセキュリティ確保が容易である．

　ネットワークの構成としては，高機能なノードは各企業などが保有しており，通信事業者は，伝送装置と伝送路を提供する形態である．専用網を利用する主なユーザとしては，警察・消防・電力保安通信線・水運用などの重要通信や，銀行など金融機関の現金自動預け払い機（ATM）など金銭取引，放送局のスタジオから送信所へのコンテンツ伝送などが挙げられる．

1.12　移動通信網

　移動通信網では，携帯電話に代表される移動通信サービスを提供している．図1.8にディジタル移動通信網の構成を示す．携帯電話端末間，または携帯電話端末と固定電話端末間で通話をする際に，信号を運ぶ基幹系ネットワークは，電話網と同様に，複数の交換機（移動通信制御局）とそれらノード間を結ぶリンク（伝送路）から成り立っている．また，電話網とは関門移動通信制御局により相互接続をしており，そのため携帯電話と固定電話間で通話が可能となる．

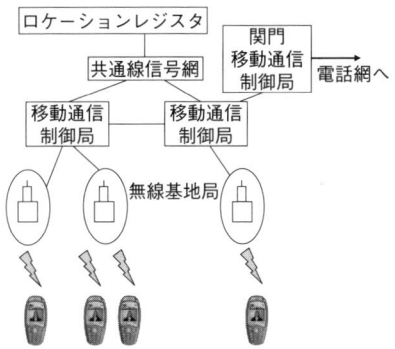

図1.8　移動通信網の構成
（斉藤忠夫 他：『新版　移動通信ハンドブック』，オーム社（2000）．を参考に作成）

したがって，網構成の観点から移動通信網と電話網が大きく異なる部分は，次の2箇所である．

・ユーザが相手と通信する際の信号が，移動通信制御局にアクセスし通信サービスを享受する手段が無線であるということ，すなわち通常携帯電話端末と無線基地局間で無線通信を行う．それにより，固定的な通信伝送路に縛られることなく，移動しながらの通信が可能となる．

・全国どこへ移動しても，ユーザの特定とその位置情報を把握する必要があることから，携帯電話を登録したエリアを本拠地として情報登録を実施することと，移動時には移動先のエリアを把握する必要があるため，ロケーションレジスタがネットワーク内に必要となる．

1.13 さまざまなネットワーク

先にも説明したが，ネットワークとはノードとノード間のリンクから構成される．例えば，図1.9に示すように公共施設という観点からは，電気，ガス，水道，電話などが挙げられ，これらは，上記の定義で表現できるネットワークである．また，交通・運輸という視点から見ると，道路や鉄道路線，水上航路や飛行路などもインターチェンジ・駅・港・空港というノードからそれらを結ぶルートで表現できるネットワークと言える．

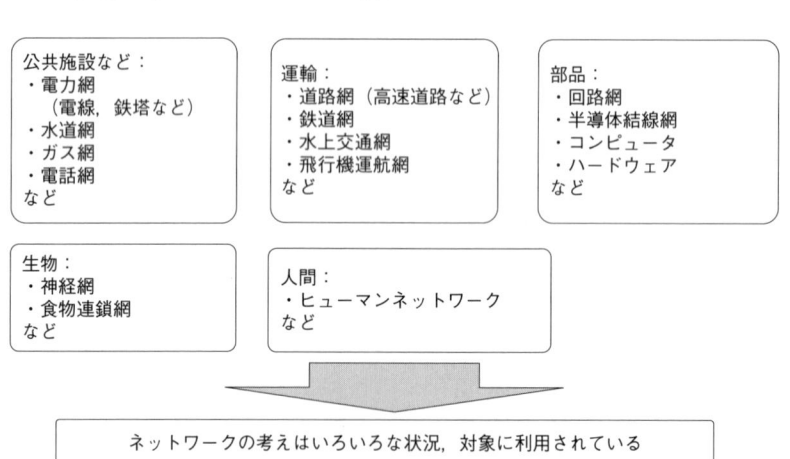

図1.9 さまざまなネットワーク

さらに，ミクロなものとして，コンピュータなどの部品は複雑な回路によって構成されている．いわゆる半導体の結線やPC内部のメモリやハードディスクなどの接続状態などもネットワークとして表現できる．

さらには，生物体内の神経や生活によって引き起こされる食物連鎖などもネットワークとして表現可能である．また，人と人との関係，いわゆるコミュニケーションもネットワークであると言える．このようにネットワークとして物事を考えると，とてもわかりやすい問題として扱いやすいことがわかる．

1.14 ネットワーク構成要素による分類方法

情報通信ネットワークを構成する装置類により，それらの装置が有する機能や役割によってネットワークのどの部分を指しているのかを分類する方法がある．図1.10に示すように，IP網と光アクセス網からなるネットワークを例にする．ユーザにはサービスを享受するため，電話・FAXだけでなくPCを介したインターネット接続や映像配信サービスを見るためのTVなどのさまざまな端末類がある．それらは有機的に結合し複雑で新たなサービスを創造していくが，これらはユーザ系ネットワークに分類できる．ユーザと外部のネットワ

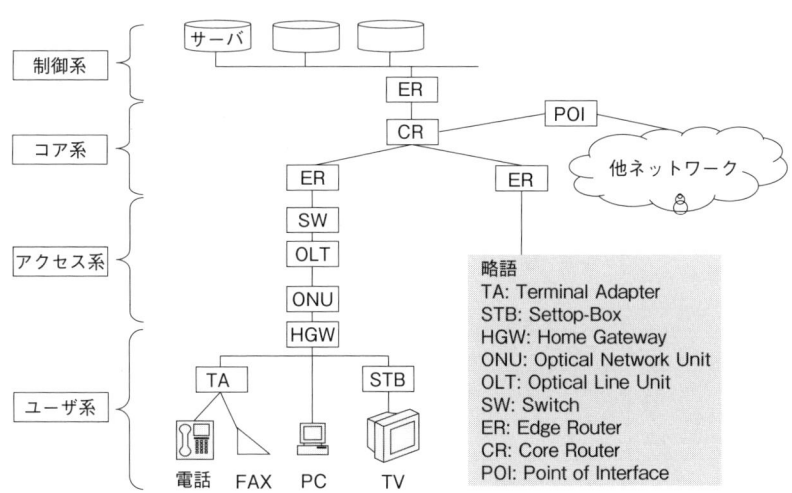

図1.10 ネットワーク構成要素による分類（IP網＋光アクセス網の例）

ークの境界に位置するのが HGW（Home Gateway）になる．

　ユーザと外の世界をつなぐには，アクセス系ネットワークが必要であり，ブロードバンドサービスを考えると，光ファイバによる伝送が有効であると考えられる．その場合ここには，信号を電気／光に変換する ONU（Optical Network Unit）や OLT（Optical Line Terminal）が機能として必要となる．

　さらに広大なエリア間を中継するため，エリア内のユーザへパケットを送付するエッジルータとエッジルータ間の情報のやり取りを円滑に行うためのコアルータからなるコア系ネットワーク部分の要素が明らかになる．

　また，特にプロバイダが保有する映像などのさまざまなコンテンツを提供するためのサーバ類を準備する制御系ネットワーク部分が存在する．

　以上のように，おのおのの機能の役割により，ネットワークを大きく4つの部分に分類して，各機能がどこに属すかを検討することができる．

1.15　通信媒体による分類方法

　情報通信ネットワークの通信媒体による特徴の観点から分類する方法を考える．表1.3に示すとおり，ネットワークの通信媒体としては，大きくメタルケーブル，光ファイバ，無線，衛星の4つに大別できる．

　メタルケーブルは従来から電話網を支えてきた通信媒体であり，それ自身で電源供給が可能なことからライフラインとしての適用が高いことが長所である．一方，伝送距離は短く，伝送容量も小さいので，最低限のライフラインの確保

表1.3　通信媒体による分類

通信媒体	特徴	適用性
メタルケーブル	・安価，媒体自体で電源供給が可能 ・伝送距離が短く，伝送容量が小さい	ライフライン，アクセス系
光ファイバ	・伝送距離が長く，大容量伝送 ・高価で，折れやすい	マルチメディアサービス，中継系
無線	・移動しながら通信可能 ・電波状態は場所に依存，伝送容量は小さい	移動系サービス
衛星	・カバーするエリアが広範囲 ・電波状態は不安定かつ高価	長距離有線伝送の代替手段

への適用といった特徴がうかがえる．

　また，光ファイバは，メタルケーブルに比べて伝送距離は長く，伝送容量も大きいので，音声，テキスト，画像といったマルチメディアサービスの通信に適している．ただし，媒体としては高価で折れやすいという性質がある．

　以上2つは有線伝送方式であるが，無線と衛星は無線伝送方式に属す．

　無線では，携帯電話に代表されるとおり，移動しながら通話および通信が可能であるが，有線伝送方式に比べてまだ伝送容量は小さいと言えるであろう．また，伝送容量は，通信する場所の電波状態にも依存するとも言える．

　衛星では，伝送容量的には無線と同様に小さいが，通信をカバーするエリアが広いという特徴があり，特に長距離の有線伝送方式の代替手段としての適用が考えられる．しかし，無線よりもさらに電波を流す距離が長いため，通信は不安定な状態になりやすい．また，衛星を打ち上げる必要があり，費用はかなりかかる．

1.16　通信レイヤによる分類方法

　情報がネットワークの中を流れることにより自分が伝えたい情報が相手に届くのであるが，情報そのものは人間の目では見えない．唯一見えるのは，通信媒体としてのケーブルである．では，その通信媒体の中を情報はどのように流れているのかという観点から整理したのが，通信レイヤによる分類である．

　図1.11に示すとおり電話網を例にとると，お互いに電話を通してコミュニケーションをする際に，音声情報は信号に変換されネットワーク内を流れる．ネットワークでは通話したい相手どうしの情報を1つのルート（通信路）に割り当て，混乱無いように伝達する必要があることから，通信路を回線として設定する．さらに，電話網は何千万というユーザが利用するので，一人ひとりのユーザの回線を伝送するのはたいへんである．そのため，ある程度の数を束ねて，同じ方面に送信する．この束ねる方式を多重化と言うが，この束ねられた回線を伝送する単位を伝送パスと言う．

　ここまでは信号レベルの話であるが，レーザにより情報を光信号に変換し，伝送するのに光ファイバが必要となる．この段階になって，初めて物理的な媒体として可視される．さらに，光ファイバは1本では折れやすいので，同じ方

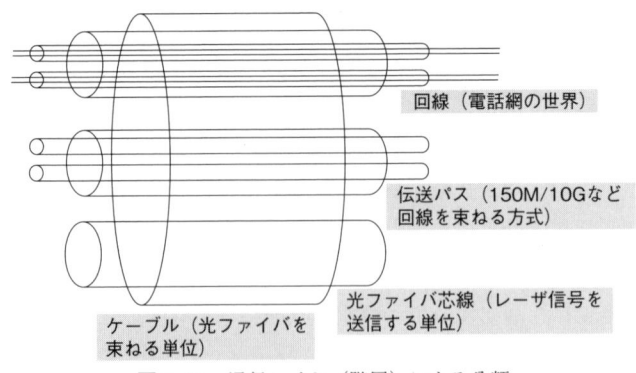

図1.11 通信レイヤ（階層）による分類

面へ接続するものどうしを束ねたケーブルにより伝送される．

以上のように，それぞれの通信レイヤでは役割があり，このような観点からネットワークを分類する方法がある．

1.17 ネットワークライフサイクルによる分類方法

情報通信ネットワークは情報通信サービスを提供するためのものである．そのため，ネットワークを構築するだけでなく，それを如何に運用していくかまでを捉えたネットワークサイクルとして考える必要がある．

検討フェーズとして，図1.12に示すように，まずはどういったネットワークを構築すればよいかの企画を実施し，その計画のもとにネットワークを構築する．その後，サービス提供時にはネットワークの保守や故障対応などの運用管理を実施する3つのフェーズに分類される．

網企画フェーズでは，経営方針に沿って，どのようなサービスを提供するかを検討するサービス企画，技術的もしくは制度的にどういった方法で実施するかを検討する実現方式の決定，設備の構築計画やおおよその投資額が検討され，主には経営層によって，実行の有無を決定する．

網構築フェーズでは，事前に実験環境でネットワークを検証し，必要となる機器類を調達し，詳細設計，ルータやサーバなどの設置と各種設定の実施，電源増設工事などがある．構築後は接続試験や開通試験により確認を実施する．

```
┌─────────────┐  ┌─────────────┐  ┌─────────────┐
│   網企画     \/   網構築      \/  網運用・保守  \
└─────────────/\─────────────/\─────────────/
```

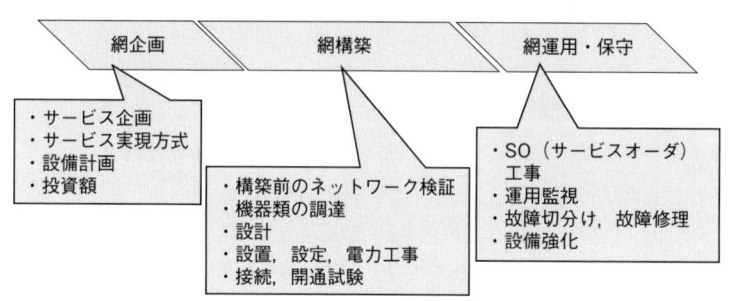

・サービス企画
・サービス実現方式
・設備計画
・投資額

・構築前のネットワーク検証
・機器類の調達
・設計
・設置，設定，電力工事
・接続，開通試験

・SO（サービスオーダ）工事
・運用監視
・故障切分け，故障修理
・設備強化

図1.12 ネットワークサイクルによる分類

網運用・保守フェーズでは，ユーザからのサービス申込み（サービスオーダ）に応じた工事や，機器類が正常に動作しているかどうかの24時間365日の運用監視，ユーザからの問合せや故障時の対応，需要増加に伴う設備増設によるネットワーク強化などが挙げられる．

自分が着目している課題が今どのサイクルに属する問題かを把握すると，周辺の影響や解決策を検討しやすいと言える．

1.18 さらに勉強したい人のために

モールスの電信やベルの電話の発明から，通信分野は目覚ましい発展を遂げているが，これらの歴史とその時代や人々の生活状況などを対応させてみると，以外とこういうふうに情報通信は発達してきたのだということがわかる．このように歴史的背景を詳しくまとめた文献として [1] などがある．

情報通信工学はネットワークを中心とした学問である．その意味では，ネットワークの一般論として，グラフ理論やネットワーク理論（例えば [2]，[3] など）を理解していることが重要である．数多く発行されているそれらの入門書に接することにより，今後新たなネットワークが出現したときにも，理解しやすくなると思う．

情報通信工学の出発点となる電話網に関しては，どのような要素技術があるのか，さらにはネットワーク全体としてどう構築していくのかといった内容も含めて，以前は多くの書物が存在したが，今では本の中でも一部しか記載がないか，入手するのが困難になってきている．図書館などで，[4]，[5]，[6] な

どを探してみるのもよいだろう．

■参考文献

[1] 電子情報通信学会「技術と歴史」研究会：『電子情報通信技術史―おもに日本を中心としたマイルストーン―』，コロナ社（2006）．
[2] 一森哲男：『グラフ理論』，共立出版（2002）．
[3] 久保幹雄：『組合せ最適化とアルゴリズム』，インターネット時代の数学シリーズ 8，共立出版（2000）．
[4] NTT 通信網研究会：『NTT 通信網を理解していただくために』，電気通信協会（1995）．
[5] 田崎公郎：『一番わかりやすい通信の知識―電話網のしくみからコンピュータネットワークまで』，日本実業出版社（1995）．
[6] 寺田浩詔 他：情報ネットワークの発展動向 他，電子情報通信学会誌，Vol. 81, No. 4, pp. 322-348（1998）．

演習問題

1. mixi や Facebook などの SNS（ソシアルネットワーキングサービス）は，多くのユーザが利用しているが，情報通信ネットワーク表現としてどのように表せるか．
2. 情報通信ネットワークが変遷していく中で，サービスによらず利用するネットワークを同一にすると，どのようなメリットとデメリットが想定されるか考察せよ．
3. 現状の電話網は 4 階層だが，2 階層にした場合のメリットとデメリットを考察せよ．
4. 電話網と IP 網の相違を，提供サービス，ネットワーク構成技術の観点から述べよ．
5. サービスを利用するユーザ数の増加に伴い，ネットワーク設備を増設するプロセスは，ネットワークライフサイクルのどのフェーズに属するか．

第2章

情報を伝達する伝送技術

2.1 伝送方式の概要

　遠くにいる人と話をするときに何気なく利用する電話だが，最近は技術も向上し，音声遅延がほとんど気にならなくなった．以前は，音声伝送の遅延がかなりあったため，こちらが話している最中に相手の話が始まったり，逆の場合があったりと，通信にも距離が影響するのだということを実感したものである．

　さて，私たちの音声は，遠くの相手に向けて，情報としてどのように運ばれるのだろうか？　糸電話がいちばん身近な具体例だが，自分の発した声が，1本の糸の振動により相手に伝わる．このように，本章では，情報が伝達される仕組み，効率的な伝達，さらには伝送の高速化を学ぶことにより，この疑問を紐解いていくことにしよう．

　通信ネットワークは通信端末・伝送路・サービス制御の機能を持ったシステムである．また，伝送路には有線伝送・無線伝送の形態があることは先に述べたが，情報そのものがアナログ情報なのかディジタル情報なのか，またアナログ伝送するのかディジタル伝送するのかの組合せにより利用される技術が異なってくる．伝送方式とは，各伝送形態において，以下を考慮した実現形態を言う．

・情報の符号化方式（アナログの音声信号をディジタル信号に変換すること）
・変調方式（信号をアナログ伝送する方法のこと）
・同期方式（ディジタルデータの送受信を間違いなく行うこと）

・多重化方式（複数の信号をまとめて伝送すること）
・誤り検出方式（ディジタルデータの送受信の際の誤りを検出し，確認を行うこと）

2.2 アナログ伝送とディジタル伝送

　情報を信号として相手に送る伝送方法には，図2.1のとおりアナログとディジタルの2種類の方法がある．アナログ伝送は，端末間の伝送路をアナログ信号により送信する方法である．例えば端末が電話の場合，音声自身はアナログ情報であり，それをそのまま忠実に伝送可能となる．一方，パソコンなどのデータ情報を送信する際は，元の情報がディジタル信号なので，図のとおりデータ回線終端装置（モデム）を介してディジタルからアナログに信号を変換する必要がある（D/A変換）．一方，アナログ信号を受け取った相手は，逆にアナログ信号をディジタル信号に変換する（A/D変換）．アナログ伝送は，電話サービスを提供するための初期の電話網に利用されていた方法である．特にパソコン通信が流行りだしたころは，まだインターネット回線を利用するといった環境がなく，電話網を利用していた．

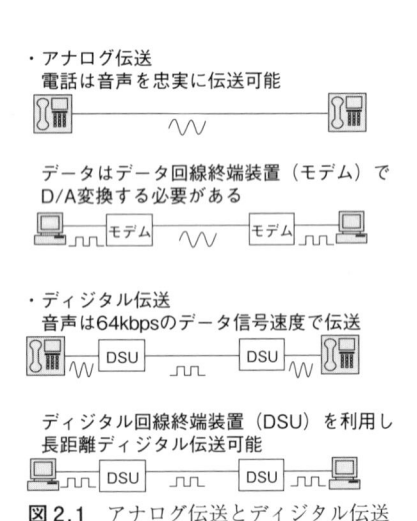

・アナログ伝送
　電話は音声を忠実に伝送可能

　データはデータ回線終端装置（モデム）で
　D/A変換する必要がある

・ディジタル伝送
　音声は64kbpsのデータ信号速度で伝送

　ディジタル回線終端装置（DSU）を利用し
　長距離ディジタル伝送可能

図2.1　アナログ伝送とディジタル伝送
（針生時夫 他：『わかりやすい通信ネットワーク』，日本理工出版会（2005）．を参考に作成）

ディジタル伝送は，端末間の伝送路をディジタル信号により送信する方法である．したがって，電話の場合は，アナログの音声信号をディジタル回線終端装置（DSU：Digital Service Unit）によりディジタル信号に変換し，送信する．音声の場合は，毎秒64kビット（64kbps）のデータ信号速度に変換する．相手は，DSUを介して，逆の操作を行い，元の信号に戻す．PCなどのディジタル信号も，DSUを介して送信する．これにより長距離での伝送が可能となる．

2.3 符号化技術

ここでは，音声信号などのアナログ情報のディジタル符号化の仕組みを図2.2で説明する．元の信号は，通常耳で聞きとれる音と同様にアナログ信号である．これをパルス符号（すなわちディジタル信号）に変換して伝達する仕組み（PCM符号化：Pulse Code Modulation符号化）を見てみよう．基本的原理は図に示すとおり，標本化，量子化，符号化の3段階に分かれてPCM符号化を行う．

標本化（サンプリングとも言う）は，元のアナログの波形に対して，一定の時間間隔ごとに，そのときの振幅を読み取ることである．この振幅の大きさを

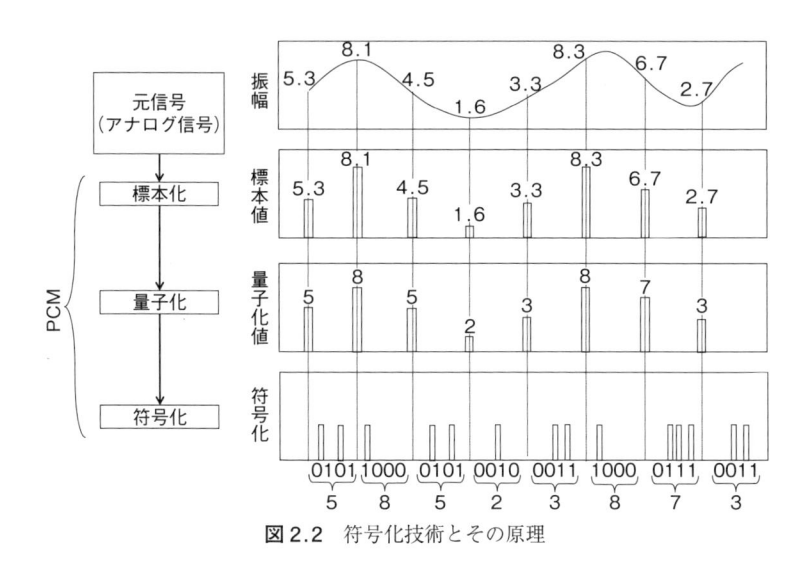

図2.2 符号化技術とその原理

標本値と言う．このサンプリングする周期が短ければ短いほど元の信号に近づき，長ければ長いほど元の信号とは別の形になってしまう特徴があるので，サンプリング周期をどのように設定するかは，工夫が必要と言える（次節参照）．

次に量子化を実施する．標本化で得られた標本値は通常実数値になる．これは時間間隔を短くすれば元の信号に近づく意味で重要だが，アナログ信号をディジタルパルスに変換する際は，実数値のままだと処理が大変なので，振幅の大きさを適当な数のステップに分けて読み取ることとする（例えば，標本値を四捨五入し，整数値に直すといったこと）．これが量子化操作になる．

最後に，符号化を行う．これは量子化された振幅を2進数で表すことに対応する．以上の操作により，0/1信号による伝達が可能となるのである．

2.4 シャノンの標本化定理

アナログ信号を符号化する際に，まずは信号を標本化しなければいけないことを前節で述べた．この標本化は，サンプリング時間間隔を短くすればするほど元の波形が忠実に再現されるが，逆に時間間隔を長くしすぎると元の波形が再現できなくなるという特徴がある．一方，元の波形を忠実に再現するため，サンプリング時間間隔を短くすれば，それ以降のディジタル化の処理に多大な時間を要するのに対して，時間間隔が長くなれば，処理が簡単になるという特徴がある．ではどのくらいの間隔が適当なのか．それを明らかにするのが，シャノンの「標本化定理」である．これは，「元の信号に含まれる最高周波数の2倍以上の周波数で標本化すれば，元の信号を再生できる」という，アナログ信号をディジタル信号に変換する際に用いられる大変有効な定理である．

例えば，人間の音声の帯域は，平均的に$0.3 \sim 3.4$kHzに収まるので，最大4kHzと考えて，その2倍以上の余裕を見て8kHzで標本化するのが一般的である．すなわち毎秒8000回標本化を実施するので，時間間隔は1（秒）/8000 $= 125 \mu$sである．標本値を8個のパルスで符号化すると，毎秒$8000 \times 8 = 64000$個のパルスが出力される．すなわち64kbpsというのが，音声に関するディジタル伝送の国際標準となっているわけである．

2.5 情報の符号化

符号化とは，2.3節で述べたように，情報を0と1の組合せ，すなわち2進数で表現することである．例えば4ビットの2進数で10進数の5を表すと，0101となる．このように，ビット（bit：binary digit）とは，2進数の1桁のことで，情報の単位であり，コンピュータ間通信では通常用いられる方法である．

一般に文字を8ビットの情報として表すとすれば，2^8で256通りの文字表現が可能となる．したがって，8ビット準備すると通常の数字，記号，大文字/小文字の英字，カタカナなどを表現できるわけである．

特に文字表現に関しては，国ごとに独自のルールで決めていると，国の間を情報交流するときに問題となる．そのため，符号の標準化の取り決めがあり，それが，ISO（International Organization for Standardization）コードといって，国際的標準記号である．また，日本では，JIS符号といって，7ビットおよび8ビット両方の表現がある．漢字は2バイトを1文字に対応した結果，$2^{16}=65,536$の表現が可能となっている．1990年には新JISが制定された．

2.6 変調方式

変調（Modulation）とは，例えばコンピュータなどの情報（ディジタル信号）を，アナログの電話網に乗せて伝送するために適した信号に変換することである．また，その逆の操作を，復調（Demodulation）と呼び，相手から送られてきた信号を受信端末で処理できるように信号を変換することである．ディジタル信号をアナログ変調方式により信号を送信する方式には図2.3に示すとおり大きく3種類ある．

- 振幅変調（AM：Amplitude Modulation）：ディジタル信号が1の部分に対して，周波数の正弦波を連続させる方式．
- 周波数変調（FM：Frequency Modulation）：ディジタル信号0，1に対して，周波数f0，f1を対応させる方式．
- 位相変調（PM：Phase Modulation）：ディジタル信号0，1に対して，交流信号の位相を変化させる方式（図は2相位相変調を表している）．

図2.3 変調方式

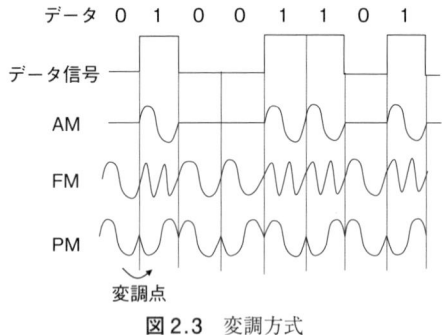

2.7 同期方式

　送信側と受信側の間でデータの受け渡しをする際に，さまざまな情報をある単位に区切るわけだが，この情報を送る順番と受け取る順番が異なると，正確な情報を構築できず，間違った情報として認識されてしまう可能性がある．そのため送受信双方でタイミングを合わせることが大切だが，これを「同期をとる」と言う．この同期方式には，大きく以下の2つの種類がある．
・非同期伝送方式：送受信双方の側に無関係に送信（端末処理速度と伝送路速度が異なる場合に適用する方式）．
・同期伝送方式：送受信端末のクロックを合わせて送信（端末処理速度と伝送路の速度が同じ場合に適用する方式）．
　また，同期伝送方式には，図2.4に示すように，以下の代表的な3つの方式がある．
・調歩同期方式：送信する一文字ごとに，送信側がデータ内先頭にスタートビット（ST：1ビット），末尾にストップビット（SP：1ビット）を付与する方式．一文字ごとにチェックするので確実だが，追加ビットがあるため，送信情報としてはかなり増えてしまうのが特徴である．
・SYN同期方式：送信する1ブロック（データの集まり）ごとに，ブロックの先頭にSYN符号を付与（一般に2個以上続けて送る）する方式．ブロック単位に追加符号があるので，調歩同期方式よりは送信情報が少なくてすむが，ブロック内の文字トラブルへの対処は困難となる．

```
   ST 1 0 1 1 0 0 1 P SP
    ↑ ↑ ↑ ↑ ↑ ↑ ↑ ↑ ↑ ↑
      └─────┬─────┘  ST: スタートビット
       一文字（8ビット）  P: パリティビット（後述）
                    SP: ストップビット
    └────────┬────────┘
      一文字（10ビット）
          調歩同期方式
```

```
           情報
       ┌────┴────┐
  SYN SYN STX 文字 文字 文字 文字 ETX
              STX: テキストの開始
  01101000 01101000  ETX: テキストの終り
      SYN符号
          SYN同期方式
```

```
  F  A  C  データ  FCS  F
  └─┬─┘              └┬┘
 フラグパターン       フラグパターン
   A: アドレス部
   C: 制御部
   FCS: フレームチェックシーケンス
         フレーム同期方式
```

図 2.4 同期方式

(針生時夫 他：『わかりやすい通信ネットワーク』, 日本理工出版会 (2005). を参考に作成)

・フレーム同期方式：特別なビットパターン（フラグ）をデータの前後に付与する方式. データ単位の送信なので, 効率的に送受信可能である.

2.8 多重化方式

　送信者の信号は受信者に向けて発信するが, 送信者の信号ごとに電波や銅線ケーブルなどの伝送路を利用していると, 利用者対応に膨大な設備が必要となる. そのため, 1本の伝送路に多くの利用者端末からの信号を束ねて送るという効率化を図る必要がある. これを多重化方式と言う. 多重化方式には, 図2.5に示すとおり3種類ある.

・周波数分割多重化方式（FDM：Frequency Division Multiplex）：おのおのの端末からの信号を, 分割された周波数に割り当て, 1本の伝送路を利用する方式.

・時分割多重化方式（TDM：Time Division Multiplex）：ある時間間隔（フレーム）の中の与えられたタイムスロットに各端末からの信号を割り当て, 伝

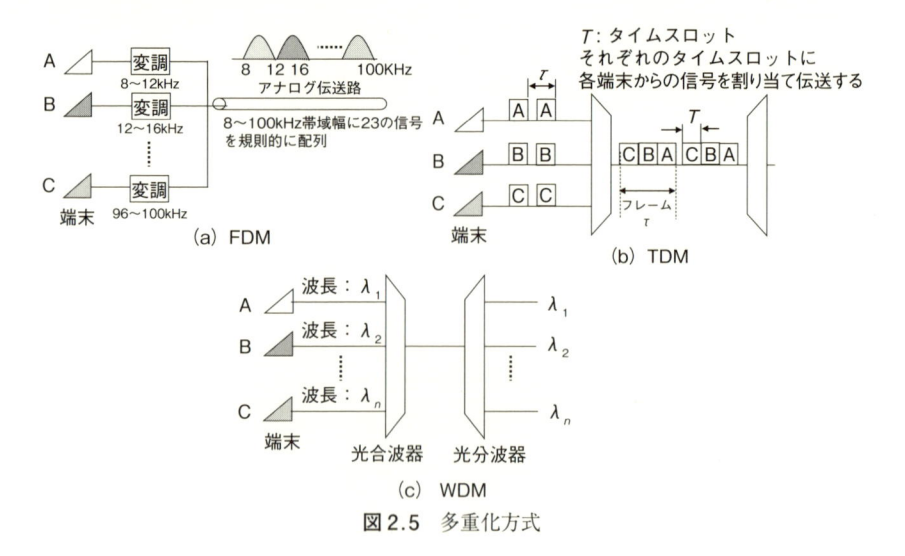

28 第2章 情報を伝達する伝送技術

```
           8  12 16    100KHz
A →[変調]→  ∩  ∩  ∩ ······ ∩
   8〜12kHz    アナログ伝送路
B →[変調]→  8〜100kHz帯域幅に23の信号
   12〜16kHz  を規則的に配列
     ⋮
C →[変調]→
   96〜100kHz
端末
         (a) FDM
```

```
                        T: タイムスロット
                        それぞれのタイムスロットに
                        各端末からの信号を割り当て伝送する
                      ├T┤
A →  ┌─┐┌─┐            ├T┤
     │A││A│
B →  ┌─┐┌─┐    ▷│CBA CBA│◁
     │B││B│     フレーム
C →  ┌─┐┌─┐       τ
     │C││C│
端末
         (b) TDM
```

```
A →[波長:λ₁]→ ╲    ╱ → λ₁
B →[波長:λ₂]→  ╲  ╱  → λ₂
     ⋮          ╲╱
C →[波長:λₙ]→   ╱╲   → λₙ
端末          光合波器 光分波器
         (c) WDM
```

図2.5 多重化方式

送路を利用する方式.
- 波長分割多重化方式（WDM：Wavelength Division Multiplex）：光ファイバを通過するおのおのの信号は，干渉しないという性質を利用し，光合波器により1本の光ファイバに複数の異なる波長の光信号を重ねて伝送し，光分波器により個々の波長を取り出す方式．理論的には大容量伝送が可能であるが，利用できる波長帯が光ファイバの伝送特性に依存するため，無限に波長を重ねることができないのが課題.

2.9 誤り検出方式

データを受信したときに，正しく受信できたかどうかの検出が重要である．正しく受信できないと，間違った情報を受け入れて，大きな誤解が生じる原因となる．そこで，送信され受信したデータに対して，いくつかの誤りチェック方式が提案されている．1つは，パリティチェック方式と呼ばれるもので，図2.6に示すとおり，通常の情報に加えてパリティビット（Bp）を付加したものである．例えば，垂直パリティチェック方式の場合，"NET"という情報を送信する際に，おのおのの文字を7ビットで表現し，さらに8ビット目にパリティ

2.9 誤り検出方式　29

```
    Bp  0 1 1              Bp  0 1 1  0
    B7  1 1 1              B7  1 1 1  1
    B6  0 0 0              B6  0 0 0  0
    B5  0 0 1              B5  0 0 1  1
    B4  1 0 0              B4  1 0 0  1
    B3  1 1 1              B3  1 1 1  1
    B2  1 0 0              B2  1 0 0  1
    B1  0 1 0              B1  0 1 0  1
         ⋮ ⋮ ⋮                   ⋮ ⋮ ⋮
         N E T                   N E T
  (a) 垂直パリティチェック方式   (b) 垂直水平パリティチェック方式
```

図 2.6 誤りチェック方式
(針生時夫 他：『わかりやすい通信ネットワーク』，日本理工出版会 (2005). を参考に作成)

ビット (Bp) を追加する．これは，1 の数が偶数ならば 0 を，奇数ならば 1 を追加して送信するものである．また，垂直水平パリティチェック方式では，垂直型に加えて，送信情報にもう 1 つの文字を追加し送信する．追加する情報は，横に見て，1 の数が偶数の場合に 0，奇数の場合に 1 を追加するものである．

他の方法に，CRC 方式（巡回冗長検査符号方式）がある．これは，送信データに CRC 符号と呼ばれる冗長ビットを付加する方式で，冗長ビットを作る方法として特別な生成多項式が準備されている．以下にそのアルゴリズムを示す．

手順 1．ITU－T 勧告の例：$G(X) = X^{16} + X^{12} + X^5 + 1$（生成多項式）

手順 2．CRC 符号の作り方

①もとのデータを $P(X)$ とし，生成多項式の最高次の項を掛けたものを $P'(X)$ とする．

②この式を生成多項式で割る．

③割った余りが CRC 符号．

手順 3．送信データの作り方

④この CRC 符号を $P'(X)$ に付加して送信．

手順 4．受信側での誤り検出

⑤受信したビット列を生成多項式で割る．

⑥割り切れれば受信データは正常，割り切れなければ再送．

2.10 サービス統合

図 1.3 で示したネットワークの変遷にも関連するが，電話網で提供されていた音声通話サービスは，図 2.7 のとおりアナログ信号をアナログ伝送する方法で提供されていた．データ通信としてのファクシミリは信号自体ディジタルでありながら，前節で述べたようにこの電話網を利用して，つまりアナログ伝送を使用して送信していた．一方，コンピュータによる通信が盛んになると，電話網では速度が遅く負荷がかかるので，データを送信する際にパケット通信サービスという名称で，データ通信網を個別に構築した．さらに，技術の進展により音声通話やそれを提供する電話網のディジタル化（ディジタル伝送）が進み，データ通信網との統合を図り，ディジタル信号として統一され，ISDN というサービスとして提供されることになった．

一方，LAN（Local Area Network）の世界から生まれたインターネットもパケットを単位とした通信であることから，電話網との統合を試み，2008 年よりサービスが開始されているのが NGN である．これは IP 技術を基本にしたネットワークを実現している．

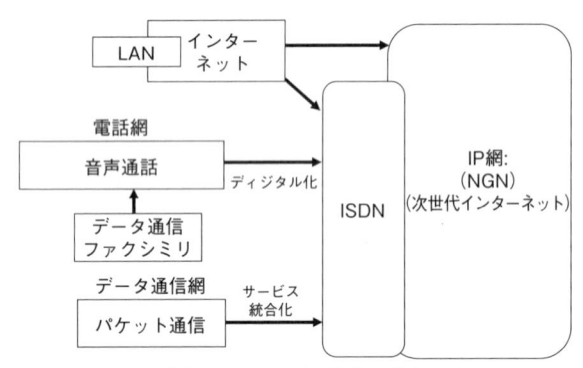

図 2.7 サービス統合の動き
（針生時夫 他：『わかりやすい通信ネットワーク』，日本理工出版会（2005）．を参考に作成）

2.11 階層化とパス

情報を効率的に伝送する仕組みとして，階層化の概念がある．電話網を例に説明する．電話網においては，送受信者間で音声情報が行きかう．ネットワークでは，この複数の送受信者の組を同時に扱うわけであるが，ネットワーク内を行きかう情報量の増大とともに混雑度が増したり，遅延が生じたりというのを防ぐため，ユーザが通信要求を出した際に，通過する経路を設定しておくと処理が速くなる．そのため，図 2.8 のとおり，送受信者間で設定された経路を回線トレイルと言う．経路は予め固定しないで，スイッチ（電話網では交換機と言う）を利用して，その都度適した経路を決定する．いったん通信モードに入ると，決定された 1 つの経路上で情報が流れる．さらに，たくさんの回線トレイルが同じ対地に行く場合は，多重化した方が効率的に情報を運べる．この仕組みを実現するのがパストレイルである．最初は複数の方面に向けてのパスを大束にして，伝送するが，ある地点で別々の方向に分かれるため，クロスコネクトと呼ばれるパスレベルの切替えを行う装置を導入する．ここまでは論理的なトレイルとなるが，情報を運ぶため物理的なトレイルとしてセクショントレイルを準備する必要がある．これは，例えば，1 本の光ファイバとレーザ信号で実現する（長距離の伝送には，リピータを適用する場合がある）．以上のように，情報を伝送するためには，レイヤごとに役割を持って，それを秩序立てて構成する階層化が重要な要素技術となる．

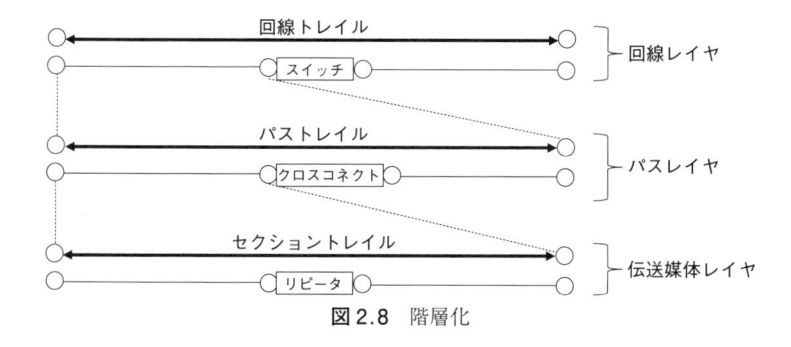

図 2.8 階層化

2.12 光通信の歴史

ここで，現在では当たり前に用いられている高速かつ大容量の伝送が可能な光通信の話に移る．光通信は図2.9に示すとおり，端末から発する信号は電気信号だが，それを半導体レーザによりE/O（電気/光）変換し，光信号として光ファイバの中を通すものである．光通信用の波長は，$1.25 \sim 1.65 \mu m$ に設定するのが基本とされている．受信側は，フォトダイオードによりO/E（光/電気）変換する仕組みである．

また，光通信の大まかな歴史を参考まで以下に示す．

1960年：ルビーレーザの発明（周波数と位相がそろったコヒーレントな光の発振が可能となった）．

1970年：半導体レーザによる常温での連続発振を実現．また，米コーニング社により，20dB/kmの低損失光ファイバ試作に成功．

1981年：日本における光ファイバ伝送の実用化が開始（初期の用途はLANなどのコンピュータどうしの通信に限定）．

1980年代中期：NTTから光専用線・ISDN1500が一般企業向けに提供開始．そのため光モデムが導入．1本の光ファイバで複数の通信を行う多重化装置が導入され，企業のマルチメディア化が進展．

1988年：全都道府県の県庁所在地に光ファイバケーブルを敷設．

2000年代：光波長多重通信による幹線部分の高速化により，企業向け回線の高速化も進展．多チャンネルの動画を高速に高品質で配信できる特徴を生かして，ケーブルテレビの幹線部分に使用．今日では，ブロードバンドサービスの発展，光ケーブルの低価格化にともなって，FTTHなど

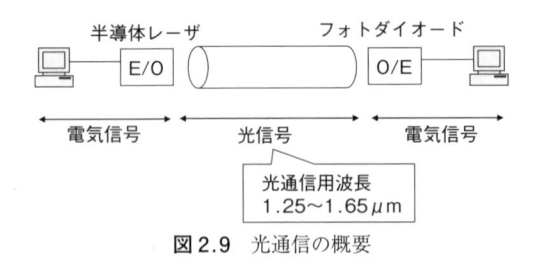

図2.9 光通信の概要

家庭での普及が拡大．

2.13 光ファイバの構造と特徴

次に光通信の主役である光ファイバの構造を図 2.10 で説明する．図に示すとおり，中心に数 μ〜数十 μm の直径を持つコアとその周りを 125 μm の直径を有するクラッドが覆う構成になっている．材質は通常石英ガラスを利用している．一般に，コアは細いので屈折率が大きく，クラッドは屈折率が小さいという特徴がある．この屈折率の差を用いて光信号を送信するわけである．コアの直径の値により光のモード数（1 つの光信号が伝搬する通り道の数）が異なる．そのモード数により，シングルモードファイバ，マルチモードファイバ（ステップ形とグレーデッド形）の 2 種類のファイバが存在する．

マルチモードファイバの特徴は，"コア径が太く曲げに強い"，"コア径が太いため，光ファイバどうしの接続などが比較的容易"，"モード数が多いので，伝送損失などが大きく長距離伝送に向かない"，他方で製造しやすく"安価"であるといったものが挙げられる．ステップ形は，コアの屈折率が一定で，複数のモードに分かれて光が伝搬するので，伝搬信号は大きく歪むといった性質がある．それを改良したのが，グレーデッド形である．コアの屈折率を滑らかに分布させ，伝搬信号の歪みを改善したものである．

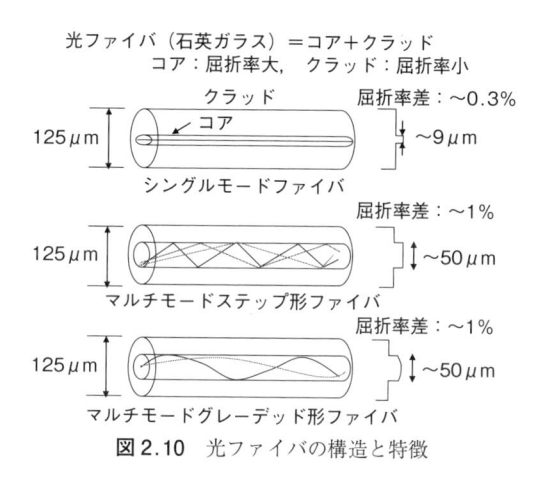

図 2.10 光ファイバの構造と特徴

シングルモードファイバの特徴は，マルチモードファイバの逆で，"モード数が1つなので，伝送損失などが小さく長距離伝送に適合"，"コア径が細く曲げに弱い"，一方で"高価"といったものが挙げられる．

2.14 光の分散

光ファイバはいくつかのモード（光の通り道）を持って光信号が送られることは前節で説明したとおりである．その際に伝搬信号が歪む様子を図2.11で説明する．

信号の入力地点では，各モードのパルスは同じ時間位置にある．すなわち狭い幅のパルスが送出されるわけである．光ファイバ，つまりコア内で反射を繰り返すと，通過する距離が長くなり，モードによってある時間における振幅の大きさに差が生じる．つまり光のモードが遅れて到達するために，ある程度の距離（時間）が経過すると，パルスが分散を持った形，すなわち広がったパルスとなる特徴がある．これは，受信側が受け取った光を分析したときに，情報が"0"なのか"1"なのかはっきりしない状態が生じる問題が発生するのである．

したがって，モード数の違いという観点から，マルチモードファイバは，モード数が複数であることから，分散が生じやすいので，伝送帯域も狭くならざるをえなくなり，そのため，伝送距離も短くなる．一方，シングルモードファイバは，モードが1つなのでモード分散が生じないので，長距離伝送が可能となる．

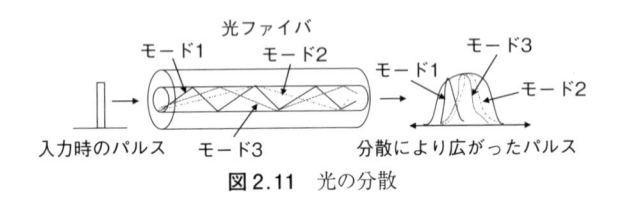

図2.11 光の分散

2.15 光の損失

音は，遠くにいくに従って小さくなるが，光も同様の性質を持っている．この光の減衰量のエネルギー比較にデシベル（dB）という大きさの単位を用いる．入射光パワーを「p1」と表し，減衰して弱くなった出力光パワーを「p2」とすると，

光損失：$\gamma = -10 \times \log(p2/p1)$ ［dB］

という式で表される．もし2段階で減衰が発生した場合は，その損失の加算になる．すなわち，

$\gamma = -10 \times \log(p3/p1) = -10 \times \log(p2/p1) - 10 \times \log(p3/p2) = \gamma 1 + \gamma 2$

となるわけである．

一般に光の減衰量といってもなかなかピンとこないと思うので，参考に音のレベルでデシベルとはどの程度の減衰があるのかを以下に示す．

　120デシベル　・飛行機のエンジンの近くで，話す会話．
　100デシベル　・電車が通るときのガードの下で，話す会話．
　 90デシベル　・犬の鳴き声・カラオケ（店内客席中央）で，話す会話．
　 80デシベル　・地下鉄の車内・電車の車内で，話す会話．
　 60デシベル　・静かな乗用車・普通の会話の中で，音楽を聴く．
　 40デシベル　・市内の深夜・図書館・静かな住宅の昼に，話す会話．
　 20デシベル　・置時計の秒針の音（前方1m）を前に，話す会話．

全く減衰が無い（0デシベル）状態で話す会話が上記の状況で，どれだけ話しにくくなるかを想像してもらうと，理解しやすいと思う．

2.16 大容量伝送技術

ディジタル通信による伝送容量の増大は，電話サービスといういわゆる音声情報を中心に検討された技術であった．さらに，光ファイバの導入により，音声だけでなく映像などのさまざまな情報を伝送することが可能となった．現在は，そのようなさまざまな情報に対して，インターネットが普及し，年々利用するユーザ数が爆発的に伸び，さらに個々のユーザが発信する情報量も飛躍的に増大していることから，ネットワークもこれまで以上に桁違いの超大容量伝

送可能な技術が求められている．伝送容量が，メガ（M）からギガ（G）さらにはテラ（T）へと加速度的に伸びていったが，現在および近い将来にはそのさらに先のペタ（P）やヘキサ（H）級の容量が必要となってくるはずである．

ここでは，光通信を基本として，現在検討されている超大容量伝送技術について説明する．図2.12に示すとおり，2種類の案がある．1つは，光ファイバの中に複数のコアを導入し，大容量伝送を行う技術である．現在と同じ太さの光ファイバに入る複数のコアは当然現在のシングルモードファイバのコア径よりも格段に細いものが求められる．光の分散があまりないため，より大容量で長距離伝送が可能となるわけであるが，そのためには，光ファイバの中に極細のコアを複数本入れ込む製造技術が鍵を握ることになる．

もう1つは，光ファイバのマルチモード性を利用して，それぞれのモードに光信号を割り当てる方法である．通常であれば，光信号自身がファイバの中でいくつもの光の通り道があり，それに分散されてしまうのであるが，1つの光信号は1つのモードしか割り当てないという意味では，レーザに関する新技術が鍵を握るという特徴がある．

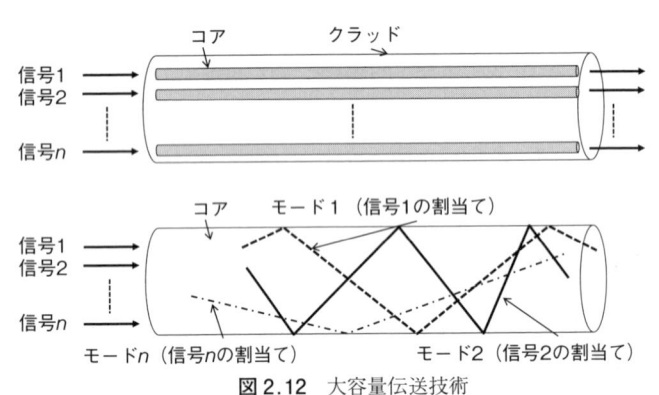

図2.12 大容量伝送技術
（日経コミュニケーションズ（2010年3月1日号），p.67, 日経BP社．を参考に作成）

2.17 低損失化，長延化技術

・EDFA

　製造工程で少量のエルビウムを添加した短いファイバは増幅器として機能する．このエルビウム添加ファイバ増幅器（EDFA）は，長距離通信の技術として注目されている．図2.13に示すとおり，波長1550nmで運用中のファイバに，短いエルビウム添加ファイバと3ポート光合分波器を使って分岐接続し，波長980nmまたは1480nmのレーザ光をエルビウム添加ファイバに注入して，エルビウムを励起する．励起したエルビウムが基底状態に戻るとき，励起エネルギーを波長1550nmの光に与えると30dBも増幅できる．注入光の波長は信号の波長とは異なるので，干渉することはない．EDFAを使った実験では，伝送距離を100倍も伸ばせることを確認している．

・ソリトン

　ソリトンは伝搬中に分散しない特殊な光のパルスのことである．通常は分散によってパルスが広がる．ソリトンはパルスが広がろうとするのに対し，光の

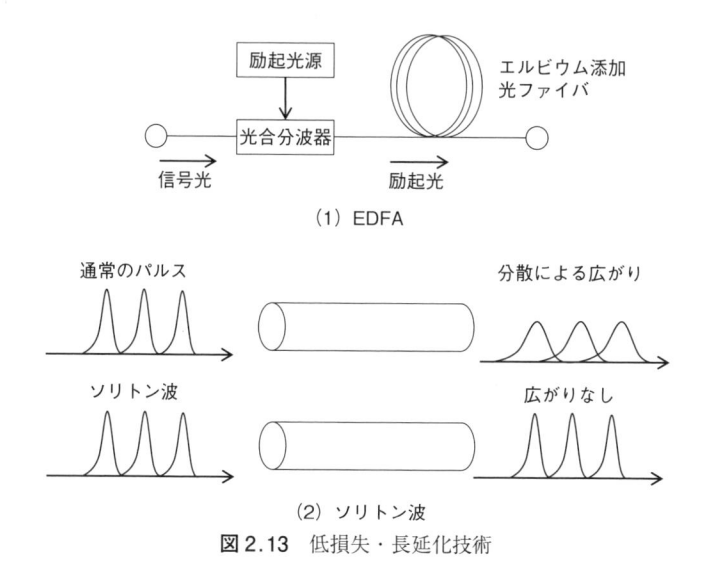

(1) EDFA

(2) ソリトン波

図2.13　低損失・長延化技術

Kerr効果がそれを圧縮しようとする2つの現象のバランスによって，同一のパルス形状を維持するものである．Kerr効果とは，一定レベル以上で，同一波長でも強度によって進行速度が異なる現象を言う．Kerr効果を生み出すには非線形性の強い特殊な光ファイバが必要である．実験では，約1万kmの伝送距離でパルスの広がりはほとんどなかったと言われている．ソリトンとEDFAを組み合わせれば，ギガビットクラスで何千kmの距離を，元のパルス形状を維持したまま伝送できる可能性があるわけである．

2.18 光ファイバによるブロードバンド化構成

　光ファイバの開発・実用化の発展により，長距離・大容量伝送が可能となったことは既に述べたとおりである．そのため，当初，主に県間を結ぶ中継ネットワークに有効な方法として適用された．情報の大容量化に伴い，さまざまな伝送方式と光ファイバを組み合わせることにより，長距離・大容量伝送を実現してきた．その変遷を以下に示す．

　PDH（Pre Synchronous Digital Hierarchy）では，伝送速度が，1次群（1.5Mbps）→ 2次群（6.3Mbps）→ 3次群（32Mbps）→ 4次群（100Mbps）→ 5次群（400Mbps）というように，5段階により多重度を上げていく大容量伝送方式である．そのため，上位群への変換などには，特別な装置が必要となり，多重度を上げると高価なものとなる短所があった．

　SDH（Synchronous Digital Hierarchy）では，上記PDHの短所を改善するため，世界的に多重度の階層を標準化した．SONETといった方式はその実現例であるが，具体的な速度は，1.5Mbps → 150Mbpsの2段多重度構成である．

　ATM（Asynchronous Transfer Mode）は，それまでのPDHやSDHにおいては主に電話サービスを対象にしていた伝送方式を，テキストや映像といった情報も同時に扱えるようにセル（53バイト固定長）による転送を実現した．そうすることによって，伝送容量を可変にできる特徴を持つようになった．

　POS（PPP over SONET）は，2点間でのやりとりを可能とするPPP（Point-To-Point Protocol）をSDHの標準方式であるSONETにより伝送する方式で，主にIPサービスなどの情報転送に用いられている．伝送するための変換の手間を削減することにより，高速かつ安価に伝送を実現したと言える．

GbE（Gigabit Ethernet）も，POS 同様に，ギガクラスの容量をイーサネットにより，直接伝送する方式である．

　GMPLS（Generalized Multi-Protocol Label Switching）は，IP 技術と MPLS というパスレベルの高速転送技術の概念を統合し，光クロスコネクト技術（光レベルでの信号切替え）を適用した方式である．

2.19　さらに勉強したい人のために

　本章では，アナログの音声をディジタル変換して信号を送信するいわゆるディジタル伝送に関して，符号化・同期・多重化・誤り検出という観点を簡潔に紹介した．これら基本技術の詳細は，例えば [1] や [2] などをはじめ，多くの参考文献がある．興味のある人は，原理を詳しく調べてみるとよいと思う．

　ディジタル伝送に際して，階層化という概念が標準化された．情報そのものを表す回線，回線を束ねたパス，パスを束ね光信号を送受信するセクションといったおのおのの詳細は，[3] や [4] などにまとめられている．

　光ファイバに関する文献も多く，通信方式・光ファイバ製造技術・光ファイバ構造・大容量伝送方式などの多数の技術に関して，例えば [5]，[6]，[7] などを参照するのがよいであろう．今後も新たなサービスの出現に伴い，高速大容量伝送に向けた研究が続いていくと思われるが，最新の技術に関しては，電子情報通信学会誌やその論文誌，IEEE（Institute of Electrical and Electronics Engineers：米国の電気電子学会）の雑誌や論文誌などが参考となる．

■参考文献

[1]　山下　孚：『やさしいディジタル伝送』，電気通信協会（2002）．
[2]　植松友彦：『よくわかる通信工学』，オーム社（1995）．
[3]　河西宏之 他：『わかりやすい SDH/SONET 伝送方式』，オーム社（2001）．
[4]　木村達也 訳：『光ネットワークの活用技術』，オーム社（2008）．
[5]　山下真司：『光ファイバ通信のしくみがわかる本』，技術評論社（2002）．
[6]　篠原弘道：『やさしい光ファイバ通信』，電気通信協会（2006）．
[7]　木村達也 訳：『光ファイバ通信部品―システムからネットワークへ―』，オーム社（2010）．

演習問題

1. 地上波ディジタル放送の周波数帯域幅は，470〜770MHz で，1 つの映像チャネルの帯域幅は，6MHz である．この映像チャネル帯域幅の信号を光ファイバケーブルによりディジタル伝送する際，シャノンの標本化定理を利用して，伝送速度は何ビット秒必要になるかを計算せよ．

2. 光ファイバで伝送する際に，光パワーが 20,000mW から 20mW に減衰した．光の損失は何デシベルになるか．

3. 2.13 節で説明した光ファイバの構造と特徴をもとに，全国至る所に光ファイバを導入し，光ネットワークを構築するとしたとき，マルチモードファイバとシングルモードファイバをどのように適用していったらよいか考察せよ．

4. 日本語で使われる漢字の数は約 60,000 字と言われている．これらを符号化する場合は，何ビット必要か．

第3章

情報通信ネットワークを支える情報交換技術

3.1 ネットワークにおける交換機能の必要性

電話や携帯電話を利用して誰とでも話すことができ，またメールで誰とでもやりとりすることができるようになった．たくさんの人の情報を相手まで届けるには，通信網という設備を皆が利用することになる．そのため，通信網が混雑しないように行き交う情報の交通整理が必要となる．本章では，情報の方路切替え（スイッチング），経路選択（ルーティング）の仕組みを学ぶことにより，この疑問を紐解いていくことにする．

通信の基本は，まず相手と情報を送受するため，なんらかの線がつながっていることである．そのため，図3.1（a）の網状通信網に示すように，通信する

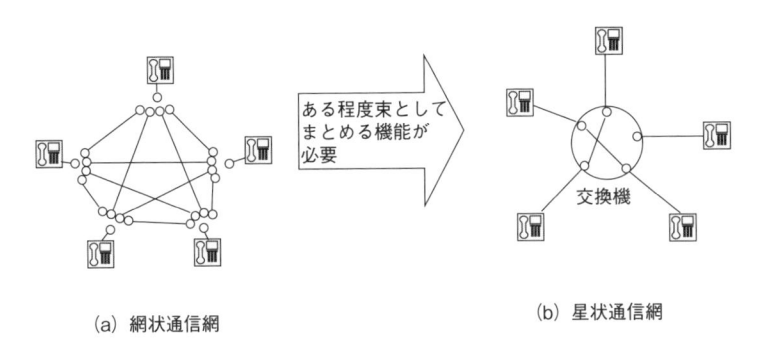

(a) 網状通信網　　　　(b) 星状通信網

図3.1 交換機能の必要性

相手ごとに通信線を持つことにる．しかし，この形態では，ユーザごとに通信線を用意すれば通信は可能であるが，通信相手の数の増加とともに通信線の数が多くなり（通信端末数がnの場合に$n(n-1)/2$本になってしまう！），膨大な設備量とコストを要することとなる．また，故障時の措置が大変になるリスクがある．そのため，ユーザの中心に交換機を設けて，そこで通信したいときに相手との通信線をその都度結ぶという星状通信網（図3.1（b））にすると，通信線はn本必要となるが，交換機内において一度に使用される通信線（伝送路）は高々$n/2$本で，交換機は効率的に各通信端末を接続することができる．

以上のように考えると，交換機能は効率的に通信サービスを提供する上で不可欠な要素と言える．

3.2 サービス品質保証のための交換機の役割

電話網において交換機が有する機能の特徴を以下に示す．
・前節で示した図のとおり，交換機を有する星状通信網では，伝送路は常時利用しているわけではないので，複数のユーザで交換機を共用することが可能となり，効率的となる．そして全てのユーザが交換機と伝送路によりつながっているので，通信をしたいユーザに自由につなぐことができる．
・交換機を利用した星状通信網では，安価にサービスを実現できる半面，多くのユーザが同時にサービスを利用すると，いずれかのユーザが設備不足により接続できない可能性もある．
・いったん交換機が故障すると通信ができなくなるリスクがある．

このような課題や問題点を克服するために，どのような機能が必要かを検討する必要がある．交換機それ自身においては，大別すると以下の4つの役割が最低限必要となる．
・ルーティング機能：ダイアル情報に基づいて発信局交換機から着信局交換機に至る中継経路を選択する機能．
・スイッチング機能：選択された中継経路の中から1回線を選択接続する機能．
・通信サービスの実行機能：短縮ダイアル，留守番電話などのサービスを実行する機能．
・通信網の管理機能：トラヒック測定，異常時の通信網制御，通信料金の課金

を行う機能.

3.3 交換機の構成

前節では，複数の交換機を経て，通信したい相手と話すのに交換機がどういった役割をしているかを述べた．本節では，1つの交換機に着目し，通信を効率的に行うための交換機の構成について述べる．

まず，交換機への入力と出力であるが，それは加入者線と中継線に他ならない．交換機に接続される加入者線数は，ユーザ数に対応している．一方，中継線数は，ユーザは利用している時間帯もあれば利用していない時間帯もあるので，利用効率を上げるためには，加入者線数からどの程度の本数が共有できるかを検討した本数分が準備される．すなわち，一般に「加入者線数」＞「中継線数」となる．この中継線を絞り込むのが交換機の1つの役割である．

次に交換機自身は，図 3.2 に示すとおりスイッチ回路網と制御回路から構成される．スイッチ回路網は，例えば，M 本の加入者線と N 本の中継線をスイッチングし，情報の行先を決定する機能を有する．一方，制御回路は，通信相手先の交換機までの経路を決めるいわゆるルーティングの管理を実施する．この制御回路は，具体的にはスイッチング手順やスイッチ回路網の制御を実施する機能を有することになるわけである．

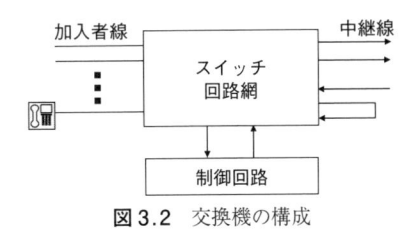

図 3.2 交換機の構成

3.4 交換機の種類

電話サービスを提供してきたこれまでの交換機の変遷を説明する．まず，最初は，手動交換機により，交換手が通話路や課金制御を行う単純なものであった．交換手はかなりのスキルを有していたと思う．それが，ステップ・バイ・

ステップ交換機となり，これは発信ユーザのダイアルパルスをハードウェアで段階を追って接続していき，特定の相手先電話に接続する仕組みで，接続までに時間を要する方式であった．日本では京都電話局に1926年から導入された方式である．

さらに技術が進展し，クロスバー交換機が普及した．それは，クロスバーという「バー」と「リレー」を用いる装置で，エリクソン社（スウェーデン）が初めて開発した．この方式は，全ての動作がハードウェアで決定されるのが特徴である．日本では，1955年から導入された．

1970年代にそれまでの電磁機械的な仕組みから電子回路を利用した電子交換機が導入された．それまでの交換機との違いは，今ではあたりまえとなったソフトウェアによる制御が実現したことである．そのため，従来と比べて，低コストで短期間にさまざまな機能が実装可能となったことである．代表的な交換機としては，D10がある．

ディジタル交換機は，音声信号やそれを制御する信号に対して全てディジタル信号処理を実施する交換機である．1980年代に導入され，現在でも電話サービスを提供する電話網を提供する最後の交換技術になっている．実際の交換機としては，D60やD70などがある．

3.5　スイッチ回路網（空間分割）

次にスイッチ回路網の仕組みを見てみよう．スイッチ回路網は，多くの入端子（入線）と出端子（出線）を効率よくつなぐ役目を果たす．このスイッチを構成する回路網には，空間分割型と時分割型の2種類がある．

図3.3に示す空間分割スイッチ回路網では，開閉素子を空間的に配列した構成により，数千〜数万端子を切替え可能とする．入線と出線において格子状に開閉素子を配列した格子スイッチが代表的な例として挙げられる．この格子スイッチのようにスイッチの出線数を多くすると，入線から出線への自由度は向上するが，入線当たりの所要開閉素子数が増加し，全体の使用能率は低下する恐れがある．また，空間分割型の場合は，入端子数と出端子数が多くなれば，当然のことながら物理的にも大きな回路網となってしまう．

一方，入線に対する出線数が少なすぎると選択の自由度が低下するという欠

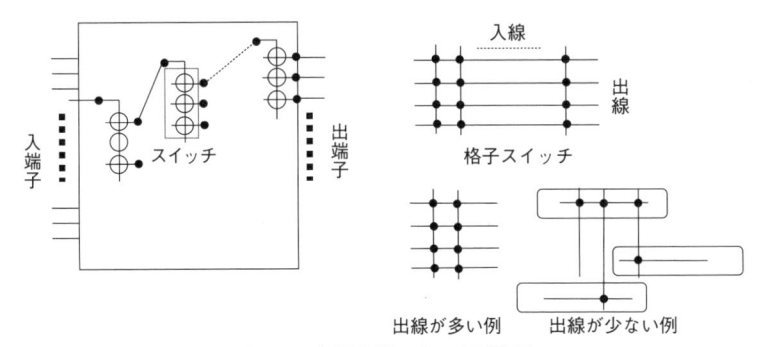

図 3.3 空間分割スイッチ回路網

点があるため，自由度を上げようとするとスイッチ段数が多くなり，回路が複雑になるといった問題が生じる．すなわち，これらを総合的に見ていくと，使用能率とスイッチ段数のトレードオフにより空間分割スイッチ構成を検討していく必要があるというわけである．

3.6 スイッチ回路網（時分割）

通信の利用者が増大することにより，情報を交換する容量が多くなると，パルス符号変調PCM方式を用いたディジタル多重化方式が主流となってきた．すなわち，前章でも説明した時分割多重化技術が発達したのである．そのため，図3.4に示すように，各入線の信号に対して，それらに応じた出線のタイムスロットに割り振る時分割スイッチ回路網が発達した．

時分割スイッチ回路網は，主に多重化スイッチ部と位相変換スイッチ部の2つの機能から構成されている．多重化スイッチ部は，入力されてくる各ユーザの信号を変復調器によりパルスに変換し，図3.4でA，B，Cの3種類の信号を順番に配置しているように，予め与えられたタイムスロットに割り当てる．位相変換スイッチ部は，パルスに変換されかつタイムスロットに割り当てられた各ユーザの信号を，出共通線の任意のタイムスロットに位相を並べ替えるため，パルス位相変換器を利用する方式である．この2つの機能を組み合わせることにより，時分割による情報交換（スイッチング）を実現している．

(a) 多重化スイッチ

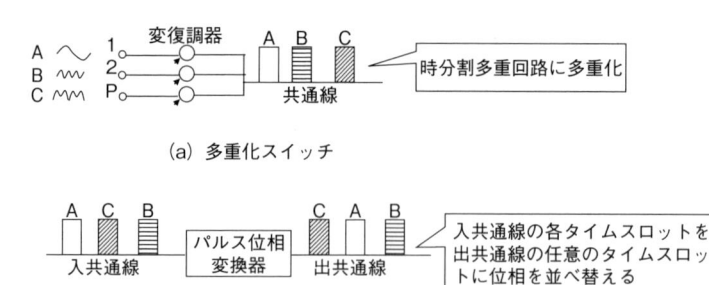

(b) 位相変換スイッチ

図3.4 時分割スイッチ回路網

3.7 ルーティング方式

　ユーザが通信相手に対して電話を発呼すると，まずユーザが収容されている交換機に接続される．そこからいくつかの中継交換局を経由して，相手ユーザが収容されている交換機までの経路を探し，それらの経路をつなげることにより相手との電話回線が接続される．一般に，その接続経路は複数本あり，その中から1経路選択することをルーティングと言う．このルーティングには，図3.5に示すとおり2通りの方式がある．

　多段迂回中継方式は，通常は第1方路により接続を行うのだが，そのルートが混んでいてつながらない場合は，第2方路を利用する．第2方路も混んでいれば，第3方路へと順に迂回ルートをつなげていく方式である．この方式は，まず第1方路に接続して，つながらなければ第2方路につなげるといったように，一度試してみないと代替案を利用しない方式である特徴がある．したがって，相手への回線接続の実現可能性という観点では，特に網が込み合っているときなどには，その可能性が低いことがありえる．

　一方，ダイナミックルーティング方式は，ネットワークから実時間でトラヒックと迂回状況のデータを獲得し，現時点での迂回ルート候補群を作成する．すなわち，トラヒックの交流状況の変化に応じて，その迂回ルート候補群の中から，動的にルーティングを変更する方式である．そのため，多段迂回中継方式のような，代替経路を探すまでの時間は短く，回線接続の実現可能性は極め

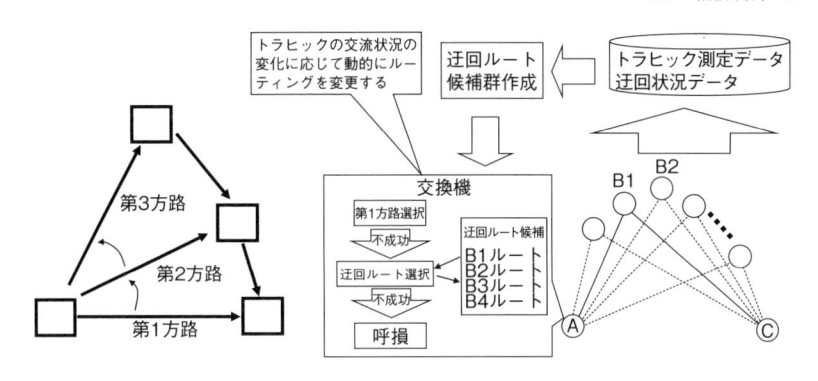

(a) 多段迂回中継方式　　(b) ダイナミックルーティング方式

図 3.5　ルーティング方式

て高い方式と言える．

3.8　輻輳制御

　障害や災害時，さらには社会的事件などによるトラヒックの異常増加，または異常集中など，非常に膨大な数のユーザが一斉に通信をしようとすると，ネットワークの持っている容量をはるかに超える通信が発生することがある．その結果，交換機がその大量な処理をしきれなくなり，その影響が他の交換機に波及し，ネットワーク全体が麻痺してしまう恐れがある．このような状況のことを輻輳と言う．

　そういった状況に陥ると，ユーザは通信ができないため，例えば緊急時の連絡ができないといった社会的に影響の大きな問題に発展してしまう恐れがある．そのため，輻輳にならない対策を検討しておく必要がある．すなわち，ネットワークを制御する必要があり，それを輻輳制御と呼ぶ．これは，各エリア間で流れるトラヒックを規制することにより，ネットワーク全体に影響が波及するのを防ぐことが目的となっている．

　電話網を例にとり，輻輳制御対策を紹介する（図 3.6 参照）．まず，第 1 に発信規制を行う．さまざまなユーザが通信サービスを利用しているわけだが，異常時には，真に通信を必要とする重要ユーザからの接続を優先する．したがっ

図 3.6　輻輳制御

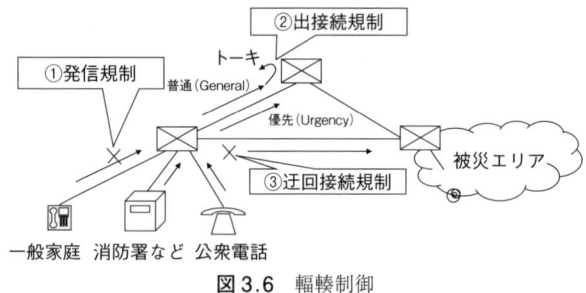

て，警察・病院・消防署といったユーザおよび公衆電話は優先接続される．第2に出接続規制を行う．上位の交換機まで到達した信号において，普通の信号か優先の信号かを見極め，普通の信号にはトーキを流して，それより先の交換機へ接続しない制御である．第3に迂回接続規制がある．これは，通常であれば被災エリアに直接存在する経路をふさぎ，被災エリアへ集中するトラヒックを極力少なくする方法である．

3.9　交換制御の基本動作

通信したい相手と電話をつなぐ際に，実際交換機では，どのような手順の動作が行われているのだろうか．交換機制御の基本的な仕組みを図3.7に示す．

まずは，電話の受話器を取り上げることにより，通信要望が発生したことを確認する発呼検出からスタートする（これを起呼処理と呼ぶ）．次に，電話番号をダイアルすることにより，信号の送受回路へ接続し，端末（電話機）からはダイアル音が送出されることになる（ダイアル音送出）．交換機がダイアル情報を受信すると，ただちに番号翻訳や分析処理を実施する．具体的には，ダイアルの数字の把握，加入者のサービスクラス，信号種別などの変換処理を実施するわけである．その後，呼出信号を送出し，着信者への呼出しと，その応答を検出する．応答検出は，相手側が電話機の受話器を取ったかどうか，その信号により確認する．双方が通信の準備ができた段階で，スイッチ回路網を接続し，電話サービスが開始されることになる．このように相互の通信が可能なようにするのが基本的な動作である．通話中は，通信の監視を実施し，通話が完了するとその検出を行い，占有していた回路網をもとに戻すという操作を行う

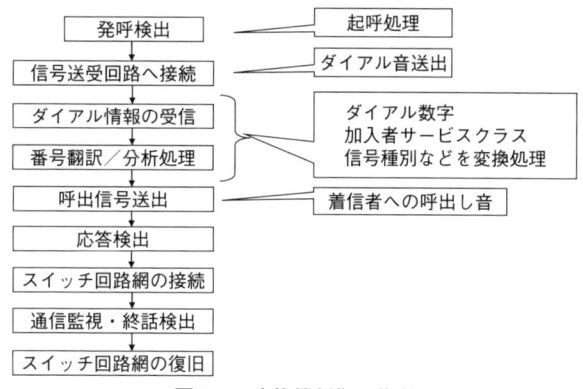

```
発呼検出 ──────→ 起呼処理
    ↓
信号送受回路へ接続 ──→ ダイアル音送出
    ↓
ダイアル情報の受信 ┐   ダイアル数字
    ↓            ├→ 加入者サービスクラス
番号翻訳／分析処理 ┘   信号種別などを変換処理
    ↓
呼出信号送出 ──────→ 着信者への呼出し音
    ↓
応答検出
    ↓
スイッチ回路網の接続
    ↓
通信監視・終話検出
    ↓
スイッチ回路網の復旧
```

図 3.7 交換機制御の基本

（スイッチ回路網の復旧）．

3.10 交換方式種別（1）

　交換機を利用した通信の接続方式（交換方式）は，図3.8に示すとおり大きく回線交換方式と蓄積交換方式の2種類に大別される．

　回線交換方式は，通信開始から終了まで，物理的または仮想的な伝送路を設定し，回線を占有して行う通信の交換方式のことである．コネクション指向（Connection oriented）通信とも言う．利点は，データを蓄積したり，流量・再送などの信号制御の必要がなく，交換設備の機能が簡便であることである．予め回線を占有するため，基本的には，接続速度や品質が保証されたギャランティ型となるのが特徴である．そのため，輻輳などによる伝送遅延時間の変動は比較的少ないかもしくはないが，その代わりに同時に利用するユーザが多い場合など，空き回線の不足のために接続不能となる事があるといった特徴がある．

　一方，蓄積交換方式は，データをパケット単位で伝送する蓄積型交換サービスのことである．利点は，送信されたパケットはいったん交換機にたくわえられ，その先の速度やパケット形式に合わせて交換機が通信を行うため，どのような種類や速度の回線間でも任意に通信を行うことが可能となることである．またパケットという単位で伝送を行うため，回線の共有が容易で効率が良いことが挙げられる．反面，交換機に一度蓄積されてから伝送されるため，伝送に

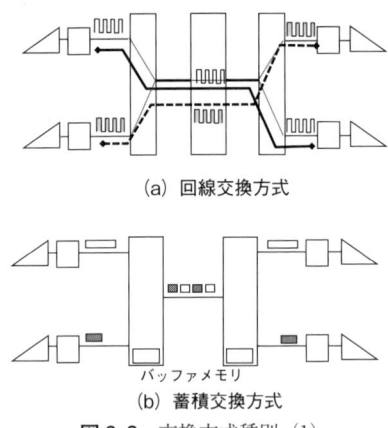

50　第3章　情報通信ネットワークを支える情報交換技術

(a) 回線交換方式

(b) 蓄積交換方式

図 3.8　交換方式種別（1）

多少の遅延が生じるという問題もある.

3.11　交換方式種別（2）

　情報をパケットという単位に区切って転送するパケット交換方式には図 3.9 に示すとおり，さらにコネクション型接続とコネクションレス型接続の2種類の接続タイプがある.

　コネクション型接続とは，送信相手に対して送信しなければいけない全てのパケットが同一径路で配送される方式である．そのため，各通信相手との間に仮想的に通信路を確保する（コネクションを確立）ため，万が一パケットが網内で損失したとき，再送信する仕組みを備えているものである（例えば，データ通信サービスで利用する X.25 プロトコルなどがこれに相当する）.

　一方，コネクションレス型接続とは，送信相手に対して送信しなければいけないパケットの配信径路は必ずしも同一でなくてよいのが特徴である．パケットのヘッダ情報を見て，宛先を識別し送信する方式である．したがって，パケットが網内で損失したとしても，どこで誰宛のパケットが損失したかわからないので，パケットの再送はしない．IP プロトコルなどがこれに相当し，相手に届けばよいという程度のあまり重要でない情報を送信する際に利用される（ベストエフォートサービス）．仕組みが簡単なため，網のコストも安価になり，サ

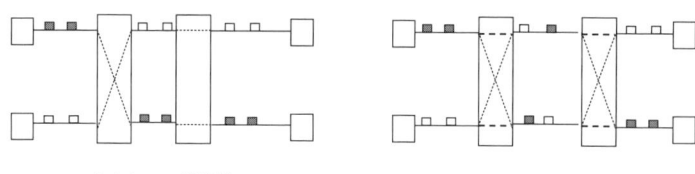

コネクション型接続：　　　　　　　　コネクションレス型接続：

図 3.9 交換方式種別（2）

ービスも安価に提供可能となるのが特徴である．

3.12 光交換方式

　インターネットの普及によりユーザが送受信する情報量は年々飛躍的に増大している．そのため，ネットワーク内の情報交換の処理が，従来の技術レベルでの切替え（スイッチング）では限界に達しているのが現状である．1つのボトルネックは，情報を交換する際に，伝送部分では光信号として運ばれるので高速なのだが，この切替えの部分は，電気信号として処理される点が挙げられる．したがって，光信号のまま切替えすることができれば，より高速な処理が実現すると期待できるわけである．このように，電気信号レベルに変換することなく，光パケットのまま，光スイッチを使用したカットスルーにより，中継

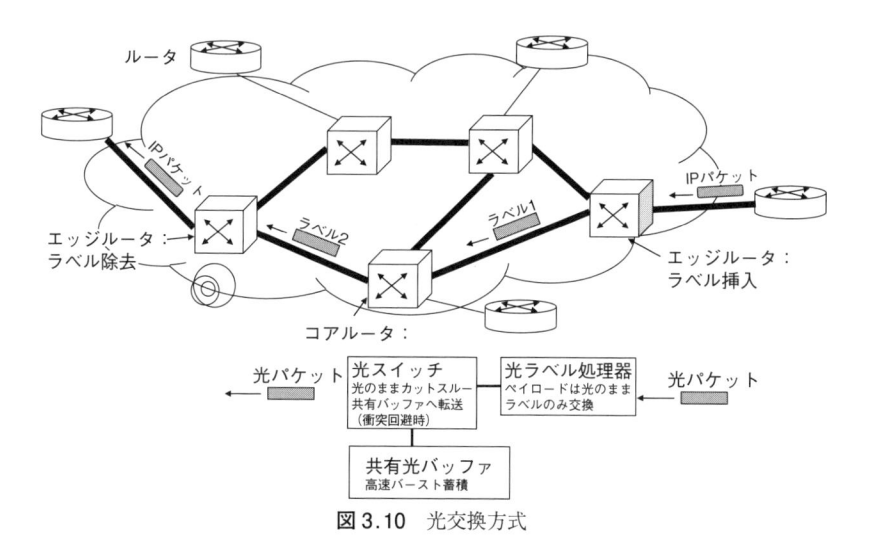

図 3.10 光交換方式

するルータ数を削減し，高速化を実現した方式が光交換方式となる．

図3.10に方式を示す．通常ユーザからのパケットは従来のルータを通り，そこから先は，光ルータを介した高速転送網を用いた形態になる．すなわち，通常のルータから送られてくるIPパケットに新たにラベルを挿入し，光交換方式内のエッジルータや中継ルータでは，そのラベルのみを解析・処理し，高速に切替えが可能な構成としているわけである．

光交換の構造は，図下方に示すとおり，入力された光パケットに対して，まず光ラベル処理器で，ラベルの交換を実施する．次に光スイッチにおいて，カットスルー転送を行う．その際に，高速バーストパケットを共有光バッファで一時的に蓄積する形態となる．

3.13 光スイッチの構造

今後さらなる情報量の増大，情報形態の多様化が進んだ場合に，光のままオン・オフし，光を用いた交換技術が考えられるわけであるが，この中で光スイッチは，どのような仕組みにしたらよいのだろうか．光交換技術は高速性と同時に，光の重要な特徴である「並列性」や「波長多重」という電子にない特徴を持っているので，これを活かすことによって，より一層の伝送容量の拡大が可能となる新しい光通信システムが期待できる．

光スイッチの種類は，大きく機械式，MEMS，導波路型に分類できる（表3.1）．機械式は，光ファイバを電磁アクチュエータなどで駆動し，光ファイバを別の光ファイバに物理的に切り換える方式やレンズで拡大された光ビームをプリズムやミラーの動きで切り換える方式がある．そのため，構造が簡単なので比較的低コストかつ低損失で実現できるが，機械が制御するので，スイッチ規模が大きくなったときに，小型化や低電力化が課題となる．MEMS（Micro

表3.1 光スイッチ構造の特徴

	長 所	短 所
機械式	低コスト，低挿入損失	小型化，低電力化，大規模マトリクス
MEMS	Siプロセスライン使用	行路長増大，アライメント許容誤差
導波路型	小型化，ファイバとの容易な接続，屈折率変化大	挿入損失，偏波依存性

Electro Mechanical Systems）は，電子回路などをシリコン基板上に集積化したデバイスで実現する技術である．これは空間を伝搬する光ビームに対してマイクロマシン技術を用いてミクロンサイズのミラーやシャッターを挿入して光の行路を変える光スイッチである．集積規模がこれまでより細かいので，アラインメント許容誤差が厳しいなどの課題もある．導波路型は，平面光波回路（PLC：Planar Lightwave Circuit）技術によって作製され，熱，光，電気などの外部入力による屈折率の変化と導波路構造とを組み合わせて動作させる光スイッチである．光導波路なので，ファイバとの接続の親和性は高いと言えるが，挿入損失が大きいなど克服すべき課題もある．

3.14　さらに勉強したい人のために

　交換機の仕組みについては，本章にて説明したとおりハードウェアとしての実装とソフトウェアでの制御と，歴史的には高速切替えを目指して技術が進展している．特にディジタル交換方式についての詳細は，[1] に詳しく述べられている．スイッチ回路網に関する構成については，先にも説明したとおり，使用能率と多段構成のトレードオフに関する検討になる．これらはかなり前に，電子通信学会誌や BSTJ（Bell System Technical Journal）などに多数の文献を見つけることができる．また，情報をセル単位で交換する ATM（Asynchronous Transfer Mode）方式にも多く適用されており，[2] や多くの電子情報通信学会論文誌に紹介されている．

　輻輳制御について，まずは発信される信号を規制することから開始するのは，おそらく全てのネットワークで最低限必要となる対策だと思う．電話網に限らず，IP 網でも同様の事象が発生するので，それぞれの技術やネットワークの特徴に応じて，どのような対処をしているのかを把握するには，輻輳制御をキーワードとし，電話網については NTT 電気通信研究所研究実用化報告を，移動体通信網や IP 網などの最近のネットワークにおいては電子情報通信学会誌やその論文誌などを参照するとよいであろう．

　パケット交換方式でコネクション型接続を実現する X.25 プロトコルについては，[3] などの文献に詳細が掲載されている．

　大容量の情報を高速に処理する光交換に関する最新の技術については，まだ

体系化された書籍はないが，電子情報通信学会誌（例えば［4］など）やその論文誌，IEEE の雑誌や論文誌などが参考となる．

■参考文献
［1］ 電子情報通信学会編：『ディジタル交換方式』，電子情報通信学会（1989）．
［2］ マルチメディア通信研究会編：『ポイント図解式—標準 ATM 教科書』，アスキー（1995）．
［3］ 杉野　隆 訳：『X.25 プロトコル入門』，オーム社（1992）．
［4］ 和田尚也 他：光パケットスイッチング技術の最新動向，電子情報通信学会誌，Vol. 94, No. 2, pp.100-105（2011）．

演習問題

1. 通信したい相手が自分も含めて 10 人いるとき，網状通信網および星状通信網のそれぞれでネットワークを構築すると，何本の伝送路が必要となるか．

2. 3×3 の空間分割型のスイッチ回路網があるときに，全ての入線から全ての出線に接続するように開閉素子を配列する場合の，開閉素子の最小数の配列はどのようになるか図示せよ．

3. 輻輳制御は，トラヒックの異常が起こってからではなく，その兆候を捉えて事前に対処すると大きな効果がある．では，その兆候をどのように捉えたらよいと考えられるか．

4. 災害発生時にはネットワーク全体が停止しないように，まずは発信規制をかけるが，これにより一般ユーザはしばらく通信ができなくなる．一般的な利用は我慢せざるを得ないが，家族，親戚，知人，友人などがいる被災エリアの状況を少しでも早く把握することが望まれる．そういった場合は，ネットワークにどのような工夫をすればよいか．

5. 交換方式には回線交換方式と蓄積交換方式があるが，「電話サービス」，「映像配信サービス」，「データ通信サービス」，「TV 会議サービス」，「ソシアルネットワーキングサービス」は，おのおのどの方式で提供するとよいか．

第4章

ネットワーク性能評価のための通信トラヒック理論

4.1 情報量の見積もり方

　多くの人が同時に通信サービスを利用すると，ネットワークは混雑し，相手に情報が伝達されるのが遅くなったり，つながらなかったりする．これは，車が渋滞の道路を走っている状況と似ている．例えば，3車線ある高速道路は，十分に車が走るための余裕があるので，通常の日だけでなく，休日に車を利用する人が多くなったとしてもスムーズに運転することができる（実際は，休日はすぐに渋滞になってしまうので，理想とは違っているかもしれない！）．一方，1車線しかない道路の場合は，普段から車が頻繁に通るため，休日でなくても混雑し，渋滞となる場合がある．これを解消するには，車線数を増やすということも考えられる．しかしあまり車線数を増やすと，通常時にはほとんど利用しない車線が存在することになり，設備コストがかかるわりに利用率は低くなってしまう．どの程度の混み具合を考えて設備を構築したらよいのか悩ましいところである．通信ネットワークでは，こういった問題を解決するためには，どの程度の設備容量にしておけばよいかを決定する必要がある（図4.1）．本章では，このネットワークの容量を決めるために，情報量をどのような単位で考えていくのかを学ぶことにより，この疑問を紐解いていくことにする．

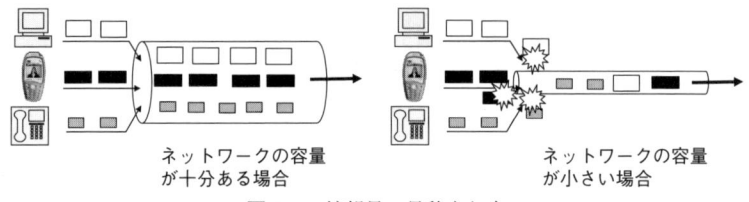

図 4.1　情報量の見積もり方

4.2　トラヒックとは

ここでは，まず情報量をどのように測って，その情報量が多いとか少ないとか考えたらよいのかを説明する．そこで，「トラヒック」という概念を取り入れる．トラヒックとは，通信網を設計する際に必要となる通信量のことである．前節で説明したとおり，交通工学でいうところのある道路を通った車の数に相当するものである．車といっても，乗用車もあれば，大型のバスやトラックも存在するため，一概に道路を通過する車の台数だけでなく，その大きさや種別にも着目する必要がある．

通信（特に電話サービスの世界）では，交通工学でのこの車種に応じた車の台数を，時間長や情報内容に依存した個々の通信を対応させ，呼（Call）と定義し，以下の式で与えることとする．

・トラヒック量＝通信回線の延べ保留時間（ただし，ここで保留時間とは，回線を使用した時間のこと）．
・呼量＝トラヒック量／観測時間（単位はアーラン）．

また，最繁時とは，1日のうちで呼量が最大となる連続した60分（電話サービスの場合は，通常午前9時～10時頃）のことを指す．

さらに，基礎呼量は，1年を通じた最繁時呼量分布における最大30日分の平均値で，電話の場合は，日単位，週単位，年単位で周期性があるのが特徴である．

4.3　待ち行列モデル

交換機の中の情報の流れを，呼が交換機に入るところから出るところまでを

捉えた構造を待ち行列モデルとして扱う（図4.2）．呼の発生（生起）に対して，呼はいったんその待ち室に入る．この待ち室における許容系内呼数が多いと待ち時間が長くなるが，少ないと行列に並んで待つことをせずにあふれ呼として離脱していく．ちょうど長い行列を見てあきらめて退散するという行動に対応する．処理をする設備が空いていれば，そこで呼は対応したサービスを受けて，呼は退去する（通信網では，次の交換機へと転送される）．このサービスを処理する設備数が多いか少ないかにも依存して処理される時間が長いのか短いのかが決まるわけである．この待ち行列モデル表現における用語とその意味を以下に示す．

- 呼数（Call）：電話サービス利用のため電話を発呼するユーザ数．
- 呼数密度（λ）：単位時間に到着する呼数で，$\lambda = C/$単位時間で表される．
- 平均保留時間（h）：通信の時間，使用している時間であり，平均処理時間／平均サービス時間で表される．
- トラヒック量（T）：観測期間（τ）内に回線，装置などが占有されている時間のこと．
- 呼量（a）：単位時間当たりのトラヒック量であり，$a = T/\tau$で表される．特に単位アーラン（Erlang）を利用する．

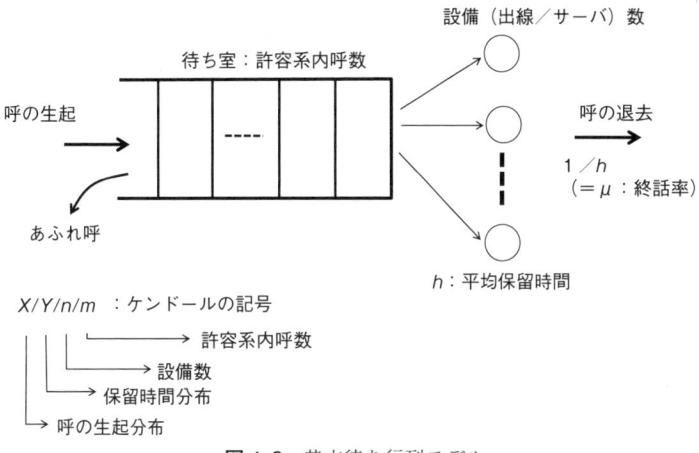

図4.2 基本待ち行列モデル

また，この待ち行列モデルを，$X/Y/n/m$ といった待ち行列モデルの一般式（ケンドールの記号）を通常用いて表す．X は呼の生起分布，Y はサービスの保留時間分布，n は設備数，m は許容系内呼数（すなわち待ち室数）である．

4.4　トラヒックのモデル化

電話サービスの加入者数は，日本全国で約 6 千万と言われているが，これらのユーザの個々の振る舞いは，ライフスタイルに依存してばらばらである．すなわち，いつ電話サービスを利用するのかは，個人の行動に依存しているので，確定的ではないと言える．したがって，通信網における必要な設備量を求めるため，通信網を流れる情報量，すなわちトラヒックを見積もるとき，確率の考え方を導入する必要がある．

通信網の設計においては，呼の生起数は，時間帯や曜日によって異なることから，「呼がどのような確率分布で生起するか」，また，個々のユーザの通話要件により，通話時間も異なることから，「どのような確率分布で呼が終了するか」をもとにモデル化する．

・呼の生起分布

呼の発生源はユーザだが，ユーザ数が少ないとある程度ユーザの特徴を把握した形でのモデル化が可能と言えるが，全国に広がった数千万のユーザに対して，特徴を把握するのは不可能である．そのため，不特定多数の加入者が電話を利用するとした場合，全体的にみた呼の発生状況は，個々のユーザに独立でランダムに生起すると考えるモデル化（ランダム生起）が有効となる．

・呼の保留時間分布

同様に，不特定多数のユーザの電話利用時間，すなわち保留時間を確率分布から呼の終了時刻を推定する．経験的に，電話の場合はランダム性が強い傾向にある．この場合は，指数分布でモデル化し，データ通信などのように，コンピュータ間通信ではおおよその保留時間にあまり変動がないため，一定分布を仮定したりする．

4.5 確率分布（ポアソン分布）

　前節において，呼の発生源が不特定多数の加入者である場合，全体的にみた呼の発生状況は個々に独立でランダムに生起すると考えるランダム生起であると記述した．このランダム生起を表す確率分布としてポアソン分布がよく利用される．図4.3に示すとおり，ある観測時間 t において，その観測時間を Δt ごとに分割し，その中で何個の呼が生起したかを見るわけである．これをさまざまな時間帯および曜日において繰り返し，呼の生起率の平均値（λ）を得るのである．平均的な呼の生起率が λ のとき，t 時間の間に x 個生起することとし，グラフを描くと図4.3に示すようにポアソン分布となる．図では，$\lambda=1$ の場合から10の場合までのポアソン分布に従う確率密度関数を示している．ポアソン分布を活用することにより，x 個の生起に応じた確率が求められる．ちなみに，この確率密度関数の積分値は，当然であるが1となる（確率の全事象の性質より）．

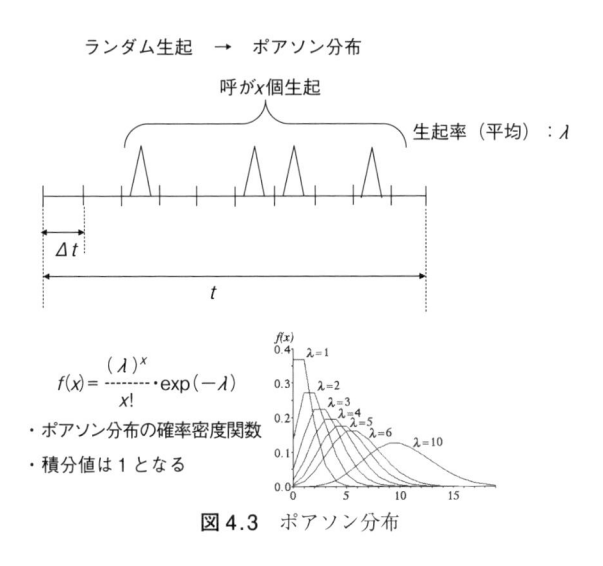

ランダム生起　→　ポアソン分布

呼が x 個生起

生起率（平均）：λ

Δt

t

$$f(x) = \frac{(\lambda)^x}{x!} \cdot \exp(-\lambda)$$

・ポアソン分布の確率密度関数
・積分値は1となる

図4.3 ポアソン分布

4.6 指数分布・一定分布

4.4節において,通話サービスの発呼から終了までの時間,すなわち保留時間の確率分布から,呼の終了時刻が推定できると記述した.特に電話サービスのように,ユーザ個々に保留時間(いわゆる通話時間)が異なるものは,ランダム性が強いと解釈できる.そのため,平均保留時間 λ を中心にした指数分布としてモデル化できる.式で表すと,確率密度関数 $f(x)$ は,

$$f(x) = \lambda \cdot \exp(-\lambda x)$$

となり,図4.4にも示すとおり,これは保留時間 x が長いものほど発生する確率が急激に減少する特徴を有するグラフとなっている.

一方,データ通信などは,人が行動を起こすことによりサービスが設定される電話とは異なり,バッチ処理などの計画的に実施される処理を行うコンピュータ間の通信となるため,決められた時間内にデータを転送すると想定される.そのため,図に示すとおり,一定保留時間長が d 以下である確率を1とする一定分布を仮定してモデル化する.

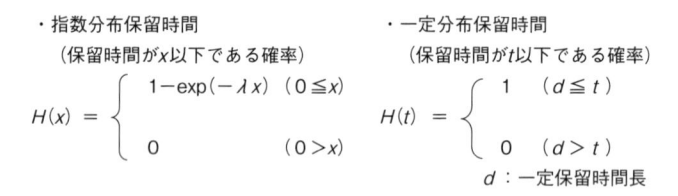

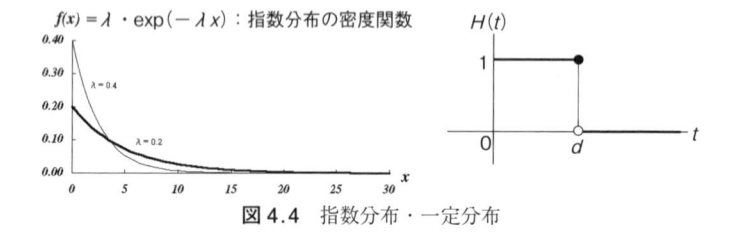

・指数分布保留時間
(保留時間が x 以下である確率)

$$H(x) = \begin{cases} 1 - \exp(-\lambda x) & (0 \leq x) \\ 0 & (0 > x) \end{cases}$$

・一定分布保留時間
(保留時間が t 以下である確率)

$$H(t) = \begin{cases} 1 & (d \leq t) \\ 0 & (d > t) \end{cases}$$

d:一定保留時間長

図4.4 指数分布・一定分布

4.7 電話トラヒックをモデル化する理論

本節では，電話トラヒックをモデル化する際の前提となる考え方について述べる．図4.5の左側に示すとおり，実際のトラヒックでは，呼源からのトラヒックに対して，交換機を経由して，方路Aおよび方路Bへトラヒックが流れていく．その際の，おのおのの方路にどの程度の回線数を準備しておいたらよいかが問題となる．ここで，方路A行きのトラヒックを考えたとき，呼量a_Aアーラン，方路B行きのトラヒックでは，呼量a_Bアーランとする．現実には図の交換機内の矢印で示すとおり，スイッチ回路網では，方路A行きのトラヒックa_Aは，方路B行きのトラヒックa_Bの干渉を受けており，入線に対して接続できない出線が存在する．このような交換線群を不完全線群と呼ぶ．しかし，一般には，この干渉はごくわずかであり，干渉を受けないと仮定したモデル，すなわち完全線群としてモデルを構築する．図4.5の右側に示すとおり，呼源に対して，交換機内では，方路A行きのトラヒックは交換機内で独立に区分されていると考えて，方路Aに何回線必要かを検討する形態になる．その場合，4.3節で述べたように，ケンドールの記号を利用し，$X/Y/n/m$で表現することが可能となるわけである．ただし，ここで，Xは呼の生起分布形，Yは保留時間分布形，nは回線数，mは許容待合せ数を表す．

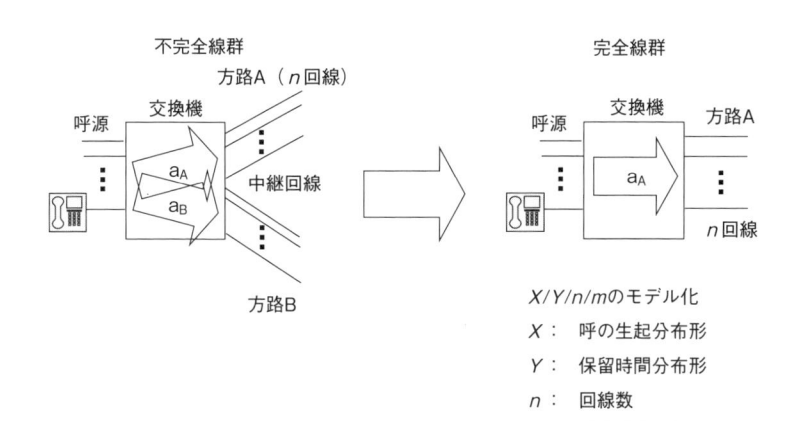

図4.5 電話トラヒックをモデル化する理論

4.8 応用例

トラヒック理論を用いて，交換機の呼損率（全回線を利用している状態で，新たな回線接続要求が生じる確率，すなわち接続できない確率）を求める以下の問題を考えてみよう．

【問題】 $M/M/2/0$ において，すなわち，M は呼生起確率がポアソン分布で，保留時間は指数分布，出線数が2本で許容待合せ数が0の完全線群とする．このとき，このシステムの呼損率を求める．図4.6に示すとおり，多くの入線に対して，出線は2本であるモデルが構築される．

次に，以下の手順でモデル化を進める．

・状態の定義

　　呼損率の算出→出線上の同時接続確率を計算することに相当する．

　　r：同時接続数 r の状態（例えば，同時接続数が2本のときは "2" となる）

　　Pr：平衡状態における状態確率

・状態推移図の作成（状態は3つ，呼の出生過程，死滅過程と考える）

1. モデルの設定

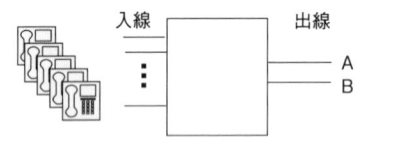

　　ポアソン分布　→　ランダム生起：a　　（アーラン）
　　電話：保留時間は指数分布

2. 状態の定義

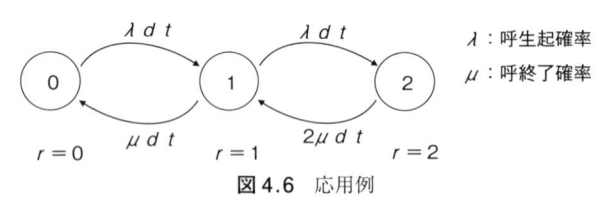

　　状態 0 ⇄ 1 ⇄ 2
　　λdt（右向き），μdt（0←1），$2\mu dt$（1←2）
　　$r=0$，$r=1$，$r=2$

　　λ：呼生起確率
　　μ：呼終了確率

図4.6 応用例

- 微小時間 dt 内での変化は高々 1 個と仮定し，すなわち呼が 1 個生起するか，1 個終了するかのいずれかで，

  呼が 1 個増加する確率：$\lambda\, dt$

  呼が r 個の中から 1 個終了する確率：$r\mu\, dt$

  とする．

  最後に，状態方程式の算出と目的量の計算を行う．ここで，マルコフ過程（未来の挙動が現在の値だけで決定され，過去の挙動と無関係である性質）を用いて，以下の式を得る．

  $\lambda\, dt P_0 = \mu\, dt P_1$　　　　　　　　　（状態 0）

  $(\lambda + \mu) dt P_1 = \lambda\, dt P_0 + 2\mu\, dt P_2$　　（状態 1）

  $2\mu\, dt P_2 = \lambda\, dt P_1$　　　　　　　　（状態 2）

  P_1，P_2，P_0 の連立方程式を解く．

呼が破棄されるのは，全ての回線が使用されているときであることから，呼損率 B は同時接続数が 2 本（全話中）の確率 P_2 に等しいので

呼損率：$B = \dfrac{a^2/2}{1 + a + a^2/2}$

ただし，$a = \lambda/\mu$，となる．

4.9　大群化効果

a を交換機に加えられた呼量とし，B を呼損率とすると，出線で運ばれる呼量 Ac は，

$Ac = a(1-B)$

となる．ここで，n を出線数としたときの出線の使用能率を

$\eta = Ac/n$

とすると，呼損率 B をパラメータとし，出線数と使用能率の関係は図 4.7 のようになる．

一般に，加わる呼量 a が増えると，それに伴い出線数 n も増えるので，出線使用能率 η も増大する．そのため，出線使用能率を向上させるには，なるべく多くの呼源を同一交換線群に集め，加わる呼量を増やし，完全線群になる出線の数を多くすればよいことがわかる．これを大群化効果と言う．

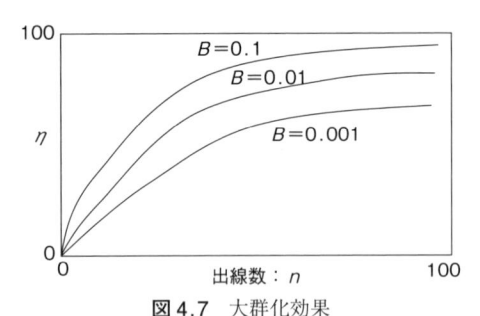

図 4.7 大群化効果
(秋山 稔：『通信網工学』, コロナ社 (1981). を参考に作成)

ここで，呼損率 B をパラメータとして，変化させてみよう．呼損率 B が小さいときと大きいときを比較する．図 4.7 に示すとおり，小さいときに比べると，大きいときに使用能率が高くなる．

4.10 多様なサービスをモデル化するための課題

電話網を対象としていた従来は，電話サービスのトラヒックのみを考慮したモデル化を検討していればよかったわけだが，今日ではインターネットの発展に伴い，多様なサービスが通信網内を流れている．ここでは，従来と今後の対比の形で，これからの課題をまとめてみよう．

- 情報量の扱い：従来は電話トラヒックを中心としたアーランで計測するのが基本であったが，今後は単位時間当たりに何ビットの情報が流れたか，すなわち bps（bit per second）が主流になる．
- インターネット接続の扱い：従来は音声・データ通信が中心であったが，今後はインターネット利用の増加に伴い，映像などさまざまなサービスが加わる．
- キラーコンテンツの扱い：従来は音声通信・データ通信などの利用帯域は小さい（音声は 64kbps, データは高々 1Mbps）ものであったが，今後は映像配信・映像通信アプリの発展により，数〜数十 Mbps もしくはそれ以上の帯域が必要となる．
- キャリア間の競争の扱い：従来は国内＝NTT，国際＝KDD という単一キャリアによる提供であったが，今後はキャリア間の競争だけでなく，各種プロ

バイダとのインタラクションを考慮する必要がある.
・ユーザ種別の扱い：従来は一般ユーザといえば電話ユーザを想定し，企業ユーザは専用線ユーザを想定していたが，今後は一般ユーザでもサーバを設置する人がいて，企業並みのヘビーユーザとなる可能性や，企業ユーザも異業種間接続など水平連携が存在する.
・異常トラヒックの扱い：意図的にサービスを停止したり妨害する DoS（Denial of Service）攻撃やウィルスなどの振る舞いを考慮する必要がある.

4.11 電話トラヒック

電話のトラヒックはどのような挙動をするのだろうか．実際に毎年総務省から我が国の通信利用状況として，通信時間帯別のトラヒック推移が発表されている．図 4.8 に示すように，1日（24 時間）の電話トラヒックの変動を見ると，興味深いことがわかる．深夜帯から早朝にかけては，通話がほとんどないことがわかる．これは人のライフスタイルを考えれば当然と言えるが，その後朝 9 時〜11 時頃にピークを迎える．これは，企業に出勤して，仕事が開始されることによる影響が大きいと思われる．前日の夜にあったオーダーなど，その日の早くから検討できるように，さまざまな指示や依頼などの情報が企業内および企業間で飛び交うわけである．昼時はトラヒックが下がるが，午後は仕事に応

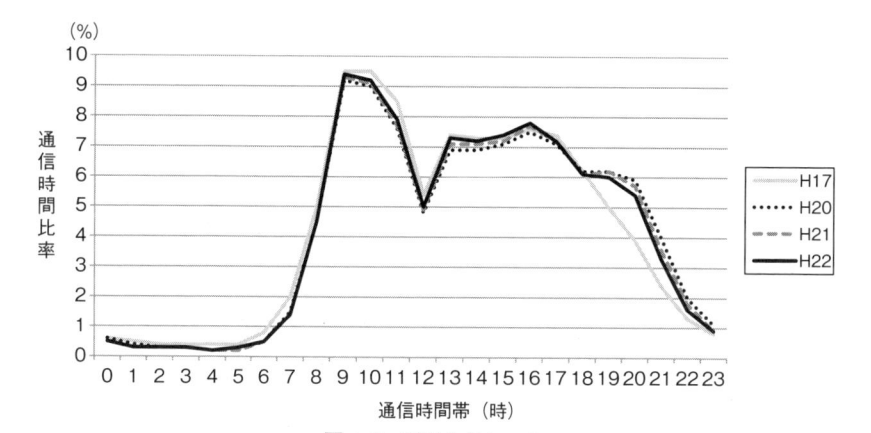

図 4.8 電話トラヒック
（総務省・総合通信基盤局「トラヒックから見た我が国の通信利用状況」．を参考に作成）

じて一定のトラヒックが続く．夜遅くになるにつれてトラヒックは低下する傾向にあることがわかる．これは，典型的な電話トラヒックの挙動である．住宅用と事務用を分けてみると，さらに詳細な動きが把握できることがわかる．住宅用では，特に夜の18時から21時といった時間帯でトラヒックが増大している．これは，帰宅後に個人的な理由で電話をする，すなわち誰でも帰宅してつかまる時間であろうという推測のもとに行動することが多いことを表している．一方，事務用は，昼間帯が圧倒的にトラヒックが多く，18時以降は帰宅とともに，極端にトラヒックは減少することがわかる．

4.12 ブロードバンドトラヒック

近年発達したインターネットのトラヒックがネットワークを占有する機会が増えている．このブロードバンドトラヒックは，どのような挙動をするのだろうか．図4.9に，一般ユーザのブロードバンド契約者に対するトラヒックの変化を示す．どの曜日も，昼間の時間帯は，トラヒックが少ないことがわかる．これは，戸外での活動，例えば企業での勤務などによるものである．また，電話トラヒック同様，深夜帯では，トラヒックが少ないものの，夕方から夜に向けては，トラヒックが急激に増大する傾向にあると言える．これは，企業などから帰宅後，インターネットを利用するという行動特性を表していると思われる．最近では，特にインターネットを利用した動画配信サービスなどを利用する影

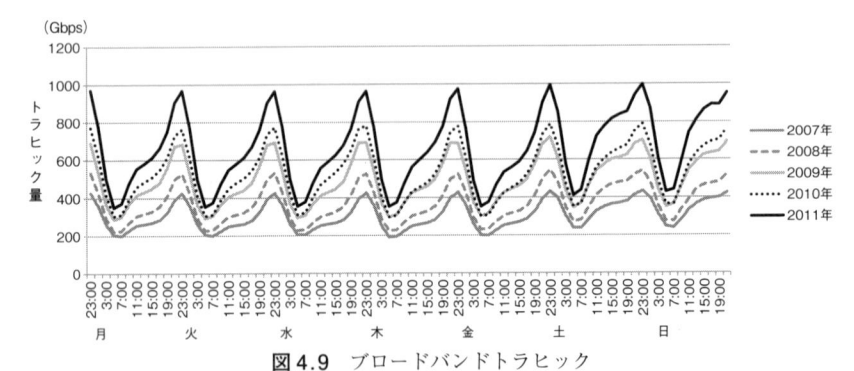

図 4.9 ブロードバンドトラヒック

（総務省・総合通信基盤局 電気通信事業部 データ通信課「我が国のインターネットにおけるトラヒック総量の把握（2007年8月22日）」．を参考に作成）

響が大きいため，まとまった時間インターネットを利用する必要があることから，夜の時間帯でトラヒックが急増していると言える．また，曜日の観点から，月曜から金曜では，夜の時間帯にトラヒックが急激に増大する傾向にあるが，週末は，どの時間帯も比較的トラヒックが高い傾向にある．これは，週末は，家でゆっくりとインターネットを利用できる状況にあるため，昼からでも動画配信などのサービスを利用するユーザが存在するためと推測できる．

4.13　性能評価のためのさまざまな指標

　ネットワークの性能評価には，トラヒック理論を利用する以外にもいろいろな指標がある．電話サービスだけの時代から映像などを含むマルチメディアサービスの時代となり，さらに通信分野の電話機からコンピュータ中心に変わってきているので，以下に示すような指標により多面的な評価を実施していくことが望まれる．

・遅延時間：ネットワークの特定ノード間（送受信者間，中継ノード間など）の信号応答に要する時間（往復伝搬遅延時間：RTT）や片方向伝搬遅延時間がある．これらの遅延を把握することで，ネットワーク内の混雑度合を把握することができる．

・パケットロス：エンド～エンド間で送出したパケットに対して，ネットワーク内で消失したパケットの割合を指標とするものである．これも遅延時間と同様に，ネットワーク内の混雑度合を把握するための指標である．特にIP網において利用される．

・スループット：単位時間当たりに処理できる情報量である．実際には，ユーザがネットワーク内に複数設置されている回線速度測定サイトにアクセスし，そのサイトに用意されているテストファイルをダウンロードする時間を計測することで算出する．

・フロー計測：利用するアプリケーションによって情報量が異なるので，パケットごとに送信-受信アドレスとポート番号（後述）およびプロトコル番号により，パケット単位の計測だけでなく，アプリケーション単位でパケットを再グループ化したデータをフローと呼ぶ．各アプリケーションの性質を把握するために有効な手段である．

4.14 さらに勉強したい人のために

　交換機に接続するユーザの信号をどのように処理していくかを目的に，待ち行列の研究を最初に発表したのは，コペンハーゲンの電話会社に勤務するアーランであった．その後，ケンドールが確率論を導入し，現在の待ち行列理論の基礎を作ったと言われている．電話だけでなくデータサービスまで広げて，いわゆるトラヒック理論を鳥瞰するには，数多くの本が出版されているが，例えば[1]をお薦めする．基礎知識として，統計確率論を事前に理解しておくとよいだろう．この分野に関しては，例えば[2]などをはじめ，多数の文献があるので，参考にしてほしい．1955年頃まで，M/M/1だけでなく，扱う確率分布を拡張し，GI/G/1などの研究がなされた（呼の到着時間間隔が互いに独立で一般的な共通分布に従い，サービス時間が一般的な分布に従うモデル）．このように対象とする確率分布を拡張した検討も[1]にまとめてある．1960年以降は，待ち行列が数段直列につながる複雑なネットワークを扱うようになった．このように，複雑なネットワークになるに従い，シミュレーション手法も並行して検討された．例えば，[3]に実践的な計算方法について説明されている．

　毎年の電話トラヒックの推移については，総務省が「トラヒックから見た我が国の通信利用状況」というデータを発表しているので，傾向がつかめるだろう．一方，ブロードバンドトラヒックの推移についても，総務省が「我が国のインターネットにおけるトラヒック総量の把握」といったデータを発表しているので，参考になる．このブロードバンドトラヒックは，電話トラヒックと異なり，自己相似性と呼ばれる特性を持つ．この特徴とそれをどのように用いていくかといった解説[4]が，今後の研究の基礎的な知識となると考えられる．

■参考文献

[1] 秋丸春夫：『通信トラヒック工学』，オーム社（1985）．
[2] 石村園子：『やさしく学べる統計学』，共立出版（2006）．
[3] 高橋敬隆 他：『わかりやすい待ち行列システム―理論と実践』，電子情報通信学会（2003）．
[4] 中村　元 他：ポアソンモデルに基づくIP網設計の可能性，電子情報通信学会

誌，Vol. 87, No. 4, pp. 309-313（2004）.

演習問題

1. ある回線群を時刻 $t_1 \sim t_2$ の T 分間調査したところ，運んだ呼量が A_c アーラン，運んだ呼の平均回線保留時間が h 秒であった．この回線群がこの時間帯に運んだ呼数の式を表せ．

2. 130台の電話機のトラヒックを調べたところ，電話機1台当たりの呼の発生頻度（発着呼の合計）は4分に1回，平均回線保留時間は45秒であった．このときの呼量は何アーランか．

3. 単一処理を行うオンラインシステムがある．トランザクションは1秒当たり平均0.8件到着し，このトランザクションに対する平均保留時間は500ミリ秒/件である．このオンラインシステムの処理に，M/M/1の待ち行列モデルが適用できるものとするとき，1トランザクション当たりの平均到着率，平均サービス率を求めよ．また，呼量はいくらになるかを計算せよ．

4. ある回線群について50分間トラヒックを調査したところ，表に示す結果が得られた．この場合の呼量は，何アーランか．

保留時間	100秒	160秒	250秒	300秒
呼　数	8	5	8	6

第5章

面的に広がる通信設備を管理するアクセスフィールド技術

5.1 屋外設備の構成

　電話網においては，図5.1に示すとおり，電話局からユーザ宅まで，1本（正確には1対）のケーブル（銅線）がつながっている．ケーブルをむき出しのまま地上に放置していれば，当然さまざまな理由でケーブルが切断されたり劣化し，故障する可能性が大きく，復旧に時間を要する．そのため，ケーブルを守るための屋外設備が必要となる．電話局近辺では，エリア内の全ユーザのケーブルが集まってくるので，かなり大束になる．その大束のケーブルを守るため，

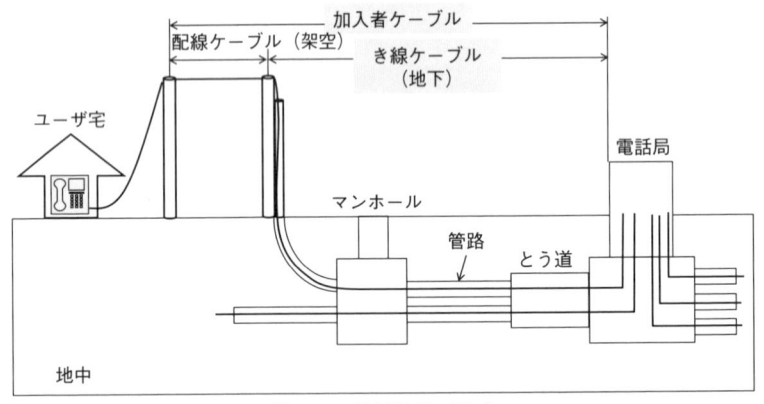

図5.1　屋外設備の構成

とう道を準備している．このとう道はトンネルを想像してもらうとよいかもしれない．さらに，電話局から離れるに従って，各方面別にケーブルが接続されるため，ケーブルの太さが細くなる．そのため，ケーブルを個々に保護するため管路を用いる．地下において，管路間でのケーブル接続作業は，マンホールで実施する．方面別にケーブルを地下に敷設するが，この部分のケーブルをき線ケーブルと呼ぶ．そこからさらに少数のユーザ単位に配線を実施していくが，この部分は，主に電柱を利用した架空に配線ケーブルを敷設し，ユーザ宅まで接続する．これら，き線および配線ケーブル部分を合わせて加入者ケーブルと言う．

5.2 土木設備の分類

通信ケーブルを保護する土木設備の構成は前節で述べたが，設置場所や用途により図5.2に示すとおりに分類することができる．

まず，土木設備が地中に準備されるか，もしくは地上（空中）に準備されるかにより，地下線路か架空線路に分類される．

地下線路では，電話局の近くでは大束のケーブルを収容する必要があるため，その設備がとう道である．また，面的に広がったユーザに対して効率的にケーブルを敷くため，東西南北の面的に伸びた地下設備で，ある程度太い束のケーブルを収容するのが管路である．またその管路間の接続部分には，マンホールやハンドホールなどの作業可能な地下線路設備が必要である．地下線路は以上の3つに分類することができる．地下線路は，地下の環境に対応できる材質や各種要件を満たすように構築される．一般に費用がかかる部分である．

一方，架空線路では，通常戸外で目にする電柱が通信の役割を担っている土木設備である．これも以前は木柱が主流の時代があったが，木は朽ちてしまう

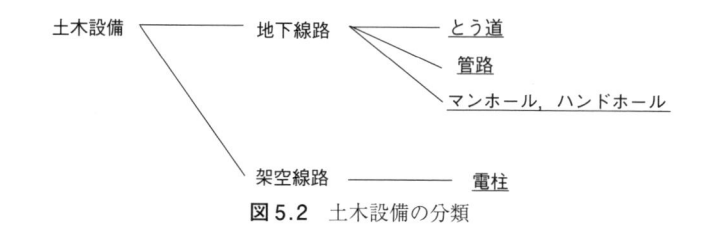

```
土木設備 ─┬─ 地下線路 ─┬─ とう道
         │             ├─ 管路
         │             └─ マンホール，ハンドホール
         └─ 架空線路 ─── 電柱
```

図5.2 土木設備の分類

ため強度面から望ましとは言えない．そこで，コンクリート柱を経て鋼管柱などの戸外での環境に耐えうる材質や要求条件を満たすよう工夫されている．

5.3 とう道の特徴

まず，土木設備の中で，電話局に近い部分であるとう道について説明する．とう道は，多くの大束ケーブルを収容する設備だが，そのため通常人が中で作業がしやすいようにトンネル形状になっている．電話網の構築においては，とう道を準備するかしないかの判断基準は，一般に60条以上のケーブルを収容するか否かである．

構成については，とう道の断面形状により，矩形とう道，円形とう道に大別される．矩形とう道は，地上から地盤を掘削して矩形の土木設備を埋設する方法，いわゆる開削工法で築造される．そのため，地盤掘削に多くの費用と時間を要する工法であるのが特徴である．一方，円形とう道は，トンネル外径断面よりわずかに大きなシールド（鋼製円筒状の筒）を地中に推進させ，その刃口で切羽掘削を行い，後部の中でトンネル壁を築造していく，いわゆるシールド工法で築造していく．この方法は，作業場所をあまり必要とせず，効率的に掘削を進めることができる．大都市のように深度の深い場所にとう道を準備する必要がある場合などに有効であると言える．

5.4 管路の特徴

管路（直径75mm管でケーブル接続点にはマンホールが設置される）は，細長いパイプを地下に埋設し，その中にケーブルを収容できるように敷設した設備である．予め地下に埋設された管路の中にケーブルを敷設するため，その都度路面を掘削する必要がないので，主に市街地内で適用される．収容するケーブル種別，使用目的などにより，以下に示す主線管路，引上げ線管路，地下配線管路などに分類される．

・主線管路：多対ケーブル（数百〜3600対の心線を構成するケーブル）を収容する．ケーブル接続点にはマンホールが設置される．
・引上げ線管路：地下ケーブルと架空ケーブルを連結するため，マンホールと電柱との間に敷設する管路である．加入者配線には，一般に経済的な架空配

線が用いられる．
- 地下配線管路：以下の地域で地下化により設備の安定化を図るために用いられる．
    - 商店街など需要密度が高く，需要の安定した地域．
    - 需要数の変動が少ない団地などで，地下線路の建設，保守が容易な地域．
    - その他架空線路とすることが不適当な地域．
- 直埋線路：道路下にケーブルを直接埋設する方式で，地下形式の線路の中で，創設費は安価だが，障害時の対応など保守が困難な方式である．

5.5 マンホールの特徴

マンホールは，ケーブルを接続するために設けられた設備である．このマンホールで，ケーブル接続作業を実施する．図5.3に示すように，方面別にケーブルを分岐し，敷設するため，マンホールの形状により大きく4種類に大別される．直線型は，距離の長いエリアへケーブルを運ぶ際に，そのままの方向にケーブルを接続する場合に利用する．分岐L型は，ケーブルを敷設する方向を変える場合に利用する．分岐T型は，2方向にケーブルを分岐させる場合に利用する．分岐十字型は，3方向へ分岐させる場合に適用されるというわけである．また，材質は地下線路設備なので，コンクリートで構成されている．

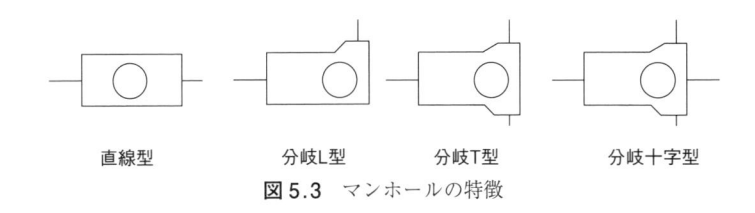

直線型　　分岐L型　　分岐T型　　分岐十字型

図5.3 マンホールの特徴

5.6 ケーブルの分類

ケーブルは，敷設するエリアの範囲や用途に応じて，それぞれ使い分けがなされている．図5.4に示すとおり，平衡ケーブル，同軸ケーブル，光ファイバケーブルの3種類のケーブルが広く利用されている．

74　第5章　面的に広がる通信設備を管理するアクセスフィールド技術

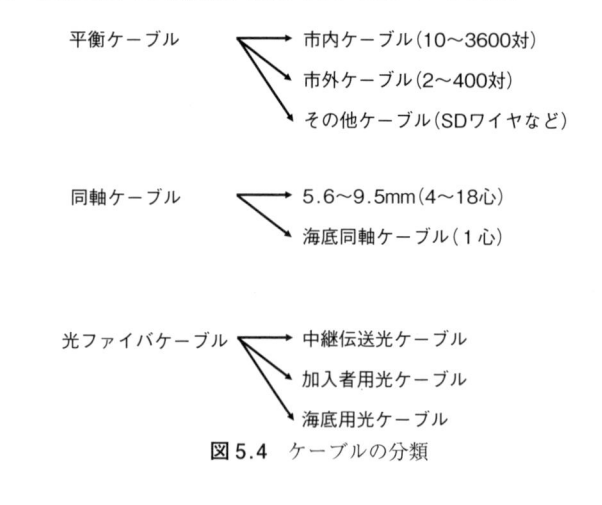

```
平衡ケーブル ─┬→ 市内ケーブル(10～3600対)
              ├→ 市外ケーブル(2～400対)
              └→ その他ケーブル(SDワイヤなど)

同軸ケーブル ─┬→ 5.6～9.5mm(4～18心)
              └→ 海底同軸ケーブル(1心)

光ファイバケーブル ─┬→ 中継伝送光ケーブル
                    ├→ 加入者用光ケーブル
                    └→ 海底用光ケーブル
```

図5.4　ケーブルの分類

　平衡ケーブルは，往復の2導体がほとんど同じ構造で，電気的にもほぼ同じ電圧がかかるようになっている．通信サービスにおいて，一般に市内ケーブルや市外ケーブル，もしくはユーザ宅に引き込む部分のケーブルなどの，エリアの比較的狭い範囲で用いられる．

　同軸ケーブルは，1対の導体の片方を円筒形にし，他方を導体の円筒の中心に同軸心を配置した構成となっている．ケーブルが太いという特徴から伝送距離を長くすることができ，長距離伝送や海底ケーブルなどに用いられる．最近は，光ファイバケーブルの低コスト化に伴い，光ファイバケーブルに置き換えられつつある．

　光ファイバケーブルは，レーザを利用し光信号を通すことにより，大容量かつ高速な伝送が可能なケーブルである．したがって，長距離系に適用がある．最近では，ユーザへのサービスも音声だけでなく，画像情報などの大容量の情報量を伝送しなくてはならないため，光ファイバケーブルが平衡ケーブルにかわり，加入者用ケーブルとしても利用が普及している．

5.7　平衡ケーブル

　前節で説明したとおり，平衡ケーブルは一般に市内の配線に利用されている．平衡ケーブルは，またPEC（Color Coded Foamed Polyethylene Insulated

導体径(mm)	最大対数
0.4	3000
0.5	2000
0.65	1200
0.9	600

図5.5 平衡ケーブル

Conductor Cable) ケーブルとも呼ばれ，その特徴は，図5.5および以下のとおりである．

・き線ケーブルとして使用し，アクセス網の経済化を目的としたこと

　図に示すとおり，4種類の導体径（0.4mm～0.9mm）を用意し，導体径が細ければ最大対数が多く，太ければ少なくなるといった特徴を有している．一般に導体径が細いと，伝送距離は短いので，電話局に近いエリアで利用され，より多くのユーザ線を収容した．一方，導体径が太いと，伝送距離は長くなるので，電話局から遠いエリアにおいて利用された．

・心線外径の細径化による多対化の実現

　特に導体径が0.4mmと細径化することにより，最大3000対の心線を収容することが可能となり，敷設するケーブル本数を少なくすることが実現できた．

・カラーコード絶縁タイプの10対単位のサブユニット構造による保守の向上

　10対単位の絶縁タイプカラーコードで収容することにより，多対のケーブルの各ユーザへの接続に関して，効率的かつ管理が容易になり，作業効率を向上させている．

5.8　同軸ケーブル

　5.6節で説明したとおり，同軸ケーブル（Coaxial Cable）は，平衡ケーブルに比べて太いので，海底ケーブルなどの比較的長距離の伝送に向けて開発されたケーブルである．構造を見てみると，同軸ケーブルは図5.6に示すとおり，銅線を中心に，樹脂素材でできた非導体で包まれ，さらにその周りを金属製の網状シールドで覆い，表面をポリ塩化ビニールなどの絶縁体でできたジャケッ

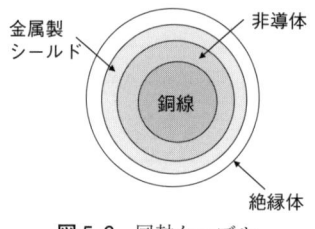

図 5.6 同軸ケーブル

トで巻いている．ただし，海底用に適用する場合は，その敷設，修理，潮流といった張力を受けるので鉄線で外装する．一般的な構造は，テレビのアンテナ線と同じ材質のものである．

5.9 光ファイバケーブル

光ファイバ心線の構造については，中継網用，アクセス網用の用途にかかわらず同様の構造である（2.13節を参照）．ここでは，心線を束ねたケーブルの構造について説明する（図 5.7）．

光ファイバは大容量の情報を送信し，長距離伝送が可能である．1本1本の光ファイバは細いのだが，強度を高め，運用・保守がしやすいようにある程度束にしたケーブルとして扱う．このような特徴を持つ光ファイバ心線を1本のケーブルにより多く収容できれば超大容量の伝送が可能となるわけである．ケーブルとしての構造（取扱いの容易性や強度など）を考慮し，テープ心線という構造を単位としている．すなわち，4本の光ファイバ心線を並べ，テープ被覆で保護したものである．さらに収容効率を高めるために，テープ心線を20心ファイバユニットとしてまとめる．ケーブルの強度を保持するため，真ん中に

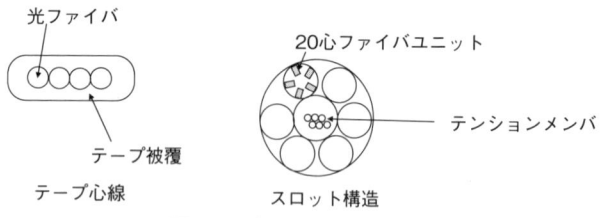

図 5.7 光ファイバケーブル

テンションメンバを装備し，その周りに複数のユニットを配置する構成で，いわゆるスロット構造の大束ケーブルが構築される．

5.10 光ファイバケーブルの製造法

光ファイバの素材はガラスであることは説明したが，どのように製造するのかを本節で説明する．

第1段階は，光ファイバ素線（光ファイバ心線）を製造する工程である．最初に，外径10〜30mmのプリフォームという母材を作る．製造方法には，VAD法（気相軸付け法），MCVD法（内付け化学気相蒸着法）の2種類がある．MCVD法に比べてVAD法は，大型のプリフォームが作れるので，量産化に向いた方法である．ここで，先端部を加熱し，軟化させて一定速度で線引きを実施する（この工程により，所要の外径の光ファイバ素線を製造する）．

第2段階では，出来上がった光ファイバ素線に以下の被覆を行う．

① 1次被覆：素線表面の傷発生を防ぎ，ガラスを保護する．
② 緩衝層：温度変化，ケーブル集合時の側圧によるうねり曲がりを防ぐ．
③ ジャケット層：光ファイバを物理的保護，着色による心線識別を行う．

第3段階では，最終的にケーブルとして準備するため，中心に鋼線を配置し，周りに光ファイバ心線を配置するユニット構造を実現する．

5.11 光ファイバケーブル接続技術

光ファイバであろうとメタリックケーブルであろうと，1本の長さには限界がある．そのため，長い距離を接続しようとすると，ケーブルどうしを接続する必要がある．それでは，この2種類のケーブルの接続の違いはあるのだろうか．表5.1に光ファイバとメタリックケーブルの接続に関する違いを表した．心線の特徴として，光ファイバはガラスなので，細くてもろいことがわかる．一方メタリックは銅なので，太くて柔らかい性質がある．したがって，メタリックでは，ねじ止めやかしめ，半田上げなどの手作業により簡単にケーブル接続が可能だが，光ファイバはそれができないと言える．

また，接続に際しては，光ファイバでは光ファイバ端面相互の突合せにより接続するのに対して，メタリック心線の場合はその線どうしを接触させるだけ

表 5.1　光ケーブル接続技術

	光ファイバ心線	メタリック心線	光ファイバケーブルの接続が従来のケーブル接続と異なる点
心線材料	ガラス	銅	ねじ止めやかしめ，半田上げができない
材質	もろい	やわらかい	
太さ	細い	太い	
接続形態	端面相互の突合せ	心線相互の接触	ほこりや異物混入をきらう
接触面の状態	極めて高精度	精度には無関係	
接続損失	大	小	損失が無視できないほど大きい

でよいことがわかる．さらに，光ファイバの場合はコア部分を一致させなければならないのに対して，メタリックの場合はあまり精度にはこだわらなくてよいのが特徴である．

以上より，光ファイバでは接続の端面へのほこりや異物混入による影響が大きいので，これら要因を排除する必要がある．

総合的に見ると，光ファイバはメタリックに比べると，接続損失が非常に大きいので，光ファイバどうしを接続する際は，慎重さ，正確さを要するということがわかる．

5.12　融着接続技術

光ファイバの心線どうしを接続する方法として，融着接続とコネクタ接続の2種類の方法がある．融着接続とは，光ファイバ心線の端面を融解させて接続する方法であり，コネクタ接続とは，予め接続用の装置に光ファイバ心線をつないでおき，その装置間で着脱を行う方法である．

融着接続は，図5.8に示すとおり，以下の手順により行う．

①光ファイバ心線は径が非常に細いので，光ファイバどうしの軸（コア）の端面相互を予め突合わせる必要がある（軸合せ）．

②その後，電極による放電を利用して熱で突合せ部分を溶融し，端面成形を行う．

③軸方向にわずかに圧力を加えて，光ファイバ心線どうしを接続し，融着する．

図 5.8 融着接続技術

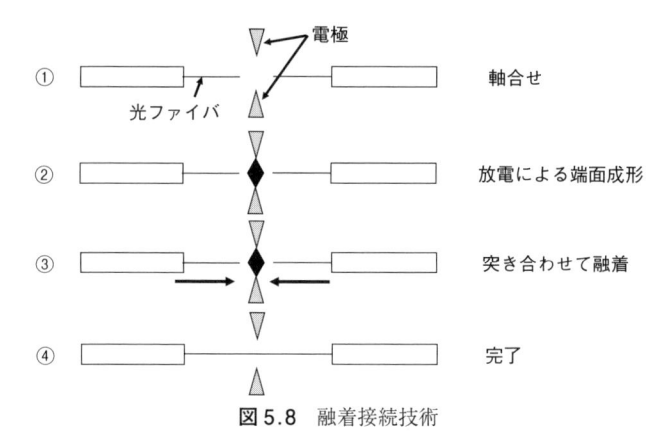

④接続状態を確認し完了である．

①の端面の軸合せには高い精度が求められる．また②の放電の程度や③の融着でも，どの程度の加減にしたらよいかが実験などにより求められている．

融着接続では，高い精度で軸合せが実施できることから，接続損失は小さいと言える．一方で，作業ステップが多いことから，一度に大量の光ファイバ心線を接続するのは難しいとも言える．すなわち，作業時間を要する方法であるわけである．また，電極などの装置が必要となることから，屋外，特に電柱の上といった高所での作業には向かないという欠点があるが，そのための改良研究が実施されてきた．

5.13 コネクタ接続技術

コネクタ接続法とは，図5.9に示すとおり，それぞれの光ファイバ心線をコネクタプラグにつなげる．このコネクタは光ファイバ溝を持っており，心線をその溝に設置する．1心だけでなく，4心や8心といった光ファイバテープ心線にも対応できる特徴がある．さらに，プラグにはガイドピンが付いており，互いのプラグをそのガイドピンの凹凸であてはめ，接続する．最後に，お互いのコネクタどうしを固定するため，クリップにより留める．

コネクタ接続の場合，光ファイバ溝がお互いのプラグで軸が合っていること，またガイドピンの軸が合っていることが必要とされる．したがって，コネクタ

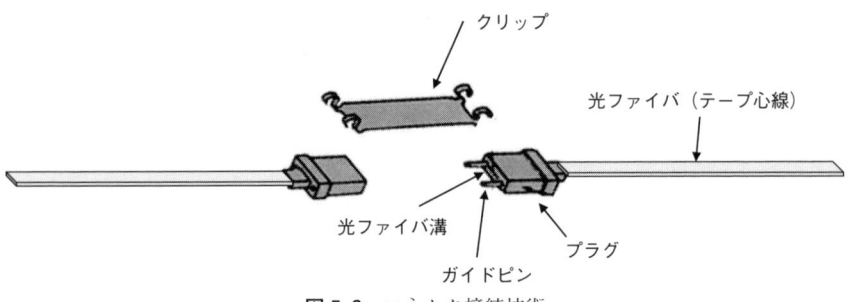

図 5.9 コネクタ接続技術

の製造にはかなりの精度が必要とされるが，一般には，融着接続ほど接続損失は小さくないのが実情である．一方，光ファイバテープ心線単位で接続できることから，効率的に接続作業が行える．また，光ファイバ心線の接続替えに際して，接続部の着脱を容易に行える方法であると言える．したがって，屋外の至るところで作業を効率的に行うことが可能となる．また，頻繁に心線の切替えを行う場所にも適した接続方法と言えるであろう．

5.14 ケーブル外被

ケーブルは外部の厳しい環境にさらされるため，外被が必要となる．このケーブル外被の具備すべき条件には，以下のようなものが挙げられる．

- 一般に戸外は，風雨にさらされるので，長期間の使用に耐えるためには，ケーブル内に湿気を侵入させない防水性や気密性が高いことが条件となる．
- 各家庭に電気と電話はケーブルにより接続されるが，戸外でこれらは電柱を共有している．したがって，電力ケーブルなどにより，外界からの電気的妨害を受けにくいことが条件となる．
- 風雨に加えて，雪，塩害，雷や，鳥類や虫などによる浸食などの外界の自然現象に耐えて寿命が長いことが条件となる．
- 予想される衝撃に耐える機械的強度を持つことが条件となる．
- 工事などの作業の容易性の観点からは，可とう性（柔軟性）がよく，重量が軽く，接続が容易であることが条件となる．
- また，製造が容易で，かつ価格が適当であることも必要である．

以上のような観点から，外被の材質が決められている．

5.15 アクセス系オペレーション

アクセス網は，ユーザに直接接続される設備であり，そのため膨大な量が存在し，その大半が屋外に設置される．したがって，交換機や伝送装置などの局内に設置される設備とは異なるアクセス系特有のオペレーションが存在する．その特徴を以下に示す．

・サービス開通申込，故障修理などの個々の加入者に対するものから，通信設備の移転など共通的な業務まで幅広く，対象もケーブル，電柱，地下管路などの多様な形態，性質を持つので，自然，社会条件と深くかかわっている．
・対象となる設備は基礎設備的な単純なものが多く，故障に関する情報は設備から自動で配信されない．また，センタ内よりも屋外に広く分布していることから劣化が多くかつ早く，故障状況を的確に把握することが必要となる．
・作業を効率的に実施するため，設備・加入者データベースに基づいて行う必要がある．

以上の特徴を踏まえたアクセス系オペレーション機能には，以下のものがある．

・加入者線監視・試験：加入者線の使用状態，端末のダイアル機能試験，線路特性試験，接続機能試験など．
・局外設備監視：ガス圧遠隔監視，とう道管理（センサなど）．
・故障管理作業支援：ハンドヘルドコンピュータなど．
・線路設備管理：データベース．

5.16 配線法

電話局やセンタとなる建物からユーザ宅までは，ユーザごとに1対ずつの心線を設置する必要がある．大まかな構成は電力会社の配線網に類似しているが，ユーザごとに心線が必要な部分が異なる．したがって，多数のユーザ間での共同利用が不可能なため，使用効率が低い通信網部分である．また，電話局からユーザまでの長さなので，伝送距離が短いという特徴がある（全国平均2km）．

加入者線路網の構成を決める重要な要因は，

- ケーブル内の心線をケーブル途中に設置される端子函にどのように予め配置しておくかという問題である．これは，ユーザが新規にサービス申込をした場合は，いちばんユーザに近い端子函から接続するので，どのエリアでユーザが出るかある程度予測するとともに，端子函の間での心線の融通が可能なような構成が必要である．
- そのため，加入者の需要が広い地域に不規則に発生するため柔軟性をもったケーブル配線を行い，少ない余裕でできるかぎり多くの需要に対処しうる経済設計を目標とする必要がある．

メタルケーブルがユーザ宅へ配線されている場合は，代表的な方法として，き線ケーブル配線法とFD配線法がある（図5.10）．き線ケーブル配線法は，各配線区画で利用できるケーブルを予め敷設しておくのと同時に，複数の配線区画で利用できる共通線を準備しておくものである．FD配線法は，き線ケーブル配線法で用いる共通線の数を，各配線区画にキャビネットを設置して効率的な切替えをすることにより，最小限まで減らす方式である（詳しくは［2］を参照）．

光ファイバ配線法に関しては，第11章で紹介する高速アクセスサービス技術のFTTH構成で，8分岐のスプリッタ（光ファイバと同素材の光分岐装置）

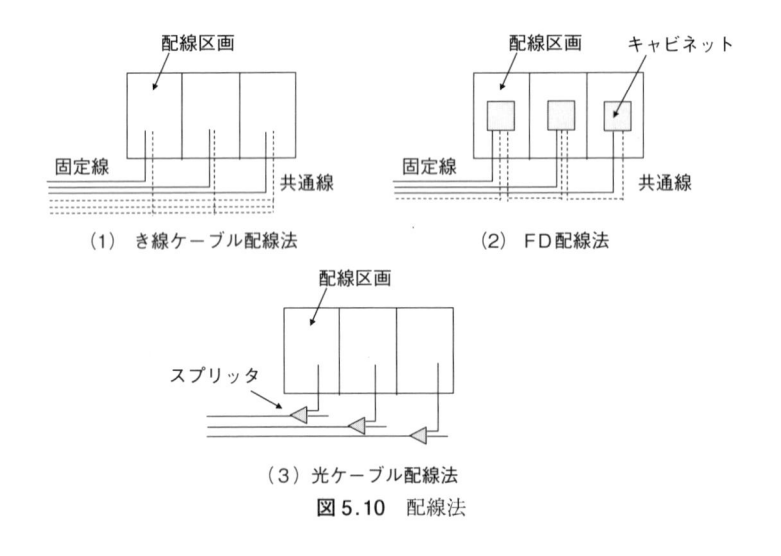

図5.10 配線法

(1) き線ケーブル配線法
(2) FD配線法
(3) 光ケーブル配線法

を各配線区画で利用することにより，融通性を高めている（詳細については，[5]を参照）．

5.17 さらに勉強したい人のために

屋外設備を構成するとう道，管路，マンホール，電柱などの各要素の詳細技術に関しては，[1]が参考になる．また，ケーブル構築技術に関しては，これまでにどのような検討が実施されてきたか[2]に詳細が掲載さいている．また，電子情報通信学会誌などを参考にするのもよいと思う．

光ファイバ施工に関する技術は，1970〜1980年代に盛んに行われた．光ファイバの材料そのものの研究，製造方法，融着接続やコネクタ接続に関する研究は，[3]をはじめ多数の文献にまとめられている．

アクセス系のオペレーションは，前節でも述べたように，屋外の膨大な設備を管理していくため，効率的な管理方法が求められる．コンピュータの性能の向上とともに，現在実際に運用されているシステムの紹介が[4]に掲載されている．また，屋外作業では事故撲滅に向けた検討も実施されている．安全かつ確実に作業が行えるような装置や部品の開発，効率的な施工方法など多岐にわたり検討が進んでいる．

通信設備の運用面からの検討として，メタルケーブルの配線法については[2]にまとめられている．光ファイバの配線法については，[5]を参考にするとよいだろう．

■参考文献

[1] 情報流通インフラ研究会：『情報流通インフラを支える通信土木技術』，電気通信協会（2000）．
[2] 久保田俊昭：『加入者線路設計』，電気通信協会（1988）．
[3] 菊池拓男 他：『現場エンジニアのための光ファイバ施工技術』，オプトエレクトロニクス社（2001）．
[4] 渡辺 悟 他：所外業務支援システム群（Optos）の動向 所外業務支援システム群（Optos）の導入に向けた取り組みデータベースを中心とした業務運営の確立，NTT技術ジャーナル，Vol. 9, No. 11, pp. 73-75（1997）．

[5] 米元　保　他：大容量開通・即応化に向けた光配線法，NTT技術ジャーナル，Vol. 18, No. 12, pp. 48-52（2006）．

演習問題

1. き線ケーブルは，局を中心に，地下に敷設される．大都市などでは，地下に設備を敷設しようとすると，地下鉄や地下街が存在したり，さらには水道やガスなどの公共設備が網の目のように埋設されており，新しく敷設するのは大変困難な作業だと言える．特に大都市で，新規に地下設備を建設する際に，効率的に進めるにはどのようにしたらよいか．

2. 導体径0.4mmの平衡ケーブルが収容する最大対数は3600対だが，これを基本とすると導体径0.9mmのケーブルの最大対数はなぜ600対になるのか説明せよ．

3. 光ファイバケーブルの接続方法に融着接続とコネクタ接続があるが，おのおのの接続方法の特徴（メリットとデメリット）を述べよ．

4. 下の図のような状況で，電話局からユーザまでの光ファイバケーブルの接続点では，融着接続かコネクタ接続かどちらが望ましいか説明せよ．

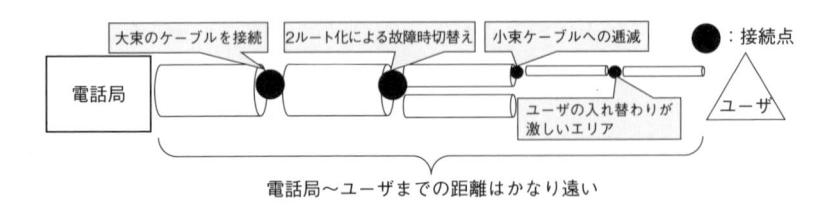

第6章

情報通信ネットワーク構成技術

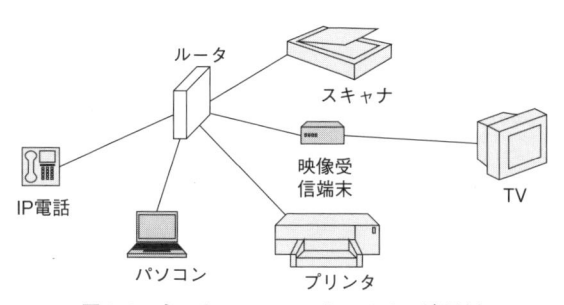

6.1 通信ネットワークアーキテクチャ

アーキテクチャ（Architecture）とは，日本語で言えば"建築様式"となる．部品だけを見ていると何が出来上がるのかわからないが，それぞれの部品を組み合わせて，目的にあったシステムを構築する際に，秩序だった完成品を目指すためのルールであると言える．通信の世界でもアーキテクチャ（ネットワークアーキテクチャ）が定められている．ネットワークアーキテクチャとは，ネットワークシステムを効率よく構築するため，それ自体の構造と機能が明確にされた体系が必要なので，通信網がどのような機能を持ち，どのように組み合わせたらよいかを規定したものを指す．

例えば図6.1に示すように，家庭内にある各種機器を考えよう．一昔前は，

図6.1 ネットワークアーキテクチャ適用例

パソコン，電話，テレビなどは全て独立した端末であり，サービスであった．現在は，全ての機器は基本的にはルータに接続されることにより，情報の共有が可能となり，効率的にかつ低価格でさまざまなサービスを享受できる．これら機器類は，さまざまな機能を有し，製造メーカもさまざまであるため，限定された条件でしか接続できないのでは，利用するのにたいへん不便になる．そういった制約や問題が無いように，予め接続に関する取り決めを定めておく，その規約がアーキテクチャになるわけである．

6.2 ネットワークアーキテクチャの必要性

ネットワークアーキテクチャはなぜ必要なのだろうか．それは前節で述べたとおりであるが，もう少し整理してまとめてみよう．通信ネットワークを構築し運用するに際しては，図6.2に示すとおり，ネットワークを構築し運用する通信事業者，そのネットワークの上でサービスを提供するプロバイダ，ネットワークの構成要素を提供する装置ベンダが，関与するプレーヤとして存在する．それらのプレーヤは利害関係にあるので，当然おのおのの立場における要求があり，その要求条件を満足していかなければならない．

通信事業者の要求としては，需要変動を吸収する拡張性の高いネットワーク

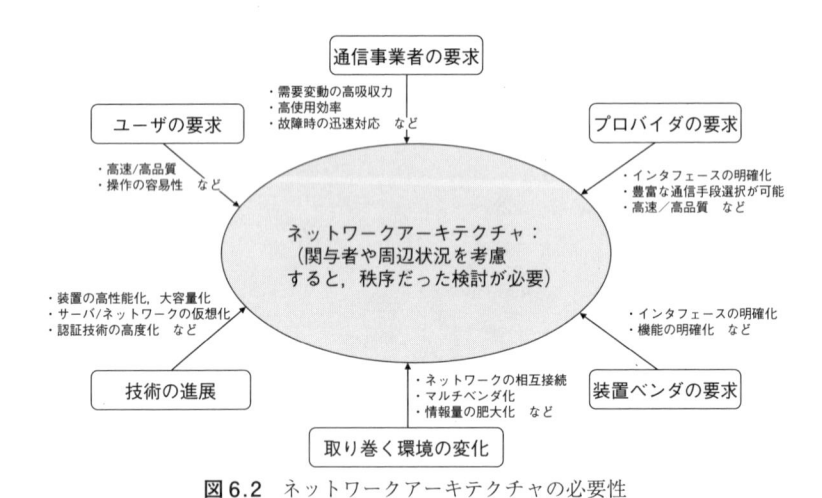

図6.2 ネットワークアーキテクチャの必要性

にすること，使用効率を向上させること，故障時の切り分けが容易なことなどが挙げられる．プロバイダの観点からは，ネットワークに接続するためのインタフェース条件を明確にしてほしいこと，多くの通信サービスに選択肢を与えるネットワークであってほしいこと，高速かつ高品質に提供できる環境であることなどが挙げられる．一方，装置ベンダの要求は，機種数の低減や機能の明確化さらにはどの機種でもネットワークに接続できるようにインタフェースや機能の明確化が挙げられる．

一方，近年の急速な技術革新への対応・周辺環境の変化への対応したネットワークが必要となる．

以上の事柄を総合的に考慮し，ネットワークアーキテクチャといった秩序だった検討が必要となる．

6.3 ネットワークアーキテクチャの基本的考え方

それでは，ネットワークアーキテクチャの実際の検討はどのように進めていったらよいのだろうか．前節のさまざまな状況を考慮し，必要となるネットワークを構成するためには，まず部品という最小単位で機能を構築し，それらを組み合わせる考え方が基本となる．部品を構成し，組み合わせていく際の基本的な考え方を図6.3に示す．大きなポイントは3点ある．

・情報通信ネットワークの部品を明確に認識する部品化

部品化自体は，物（ハードウェア）を本体から電子回路まで細かく部品に

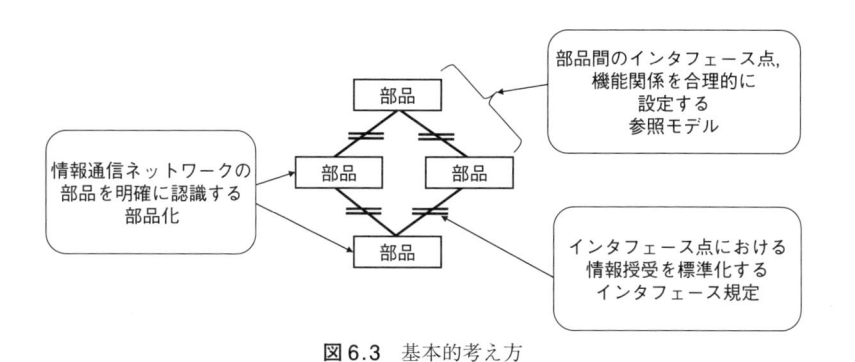

図6.3 基本的考え方

分解していくだけではなく，ソフトウェアにも適用される．どこまで細かく部品化するかで，得られた部品の粒度が異なる．例えば，交換機能といった際には，情報や信号を交換する役割を指すが，さらに詳細を見ていくと，情報や信号の宛先を認識する機能，どの経路で伝達するかを決める機能，装置内のスイッチをどのように切り替えていくかを計算する機能などがあり，階層的に考えていくことが有効であることがわかる．

・インタフェース点における情報授受を標準化するインタフェース規定

　各部品の独立性を高め，部品間を結合する際に，当該部品で他の部品から受け取る情報は何か，また他の部品へどのようなメッセージや情報を送るのかをきちんと規定しておくことが必要である．そうしないと，部品間の結合がうまくいかず，ネットワークアーキテクチャ全体が動作しなくなってしまう恐れがあるからである．逆にこのインタフェース規定がきちんと設定されていると，おのおのの部品の開発を独立に進めることが可能となり，効率的に検討を進めることができる．

・部品間のインタフェース点や機能関係を合理的に設定する参照モデル

　構築される部品にはさまざまな粒度があることは既に述べたが，これは階層的なモデルを複数部品組み合わせることにより整理できる．すなわちどの部品どうしを同じ階層として組み合わせるかを設定すると効率的に検討を進めることができるわけである．

6.4　標準化動向

ネットワークアーキテクチャを構築していく際に，重要な点は誰でも問題なく接続し，利用できることである．そのため，関与者どうしのルール化，特にコミュニケーションが重要となる．これは標準化団体での取組みにおいて実現されている．通信系の標準化団体として代表的なものを以下に示す．

◆ ISO：International Standardization Organization（国際標準化機構）

　電気分野を除く工業分野の国際的な標準である国際規格を策定するための民間の非政府組織であり，本部はスイスのジュネーブ．

◆ ITU：International Telecommunication Union（国際電気通信連合）

　電気通信に関する国際標準の策定を目的とする国際連合の下位機関であり，

本部はスイスのジュネーブ．
◆ IEEE：The Institute of Electrical and Electronics Engineers（電気電子学会）
アメリカに本部を持つ電気・電子技術の学会．
◆ ETSI：European Telecommunications Standards Institute（欧州電気通信標準化機構）
ヨーロッパの電気通信の全般にかかわる標準化組織．
◆ TTC：The Telecommunication Technology Committee（情報通信技術委員会）
総務省所管の社団法人であり，情報通信ネットワークにかかわる日本国内標準を作成している業界団体．

また，通信端末系では，以下の標準化団体が挙げられる．
◆ DLNA：Digital Living Network Alliance
家電，モバイル，およびパーソナルコンピュータ産業における異メーカ間の機器の相互接続を容易にするための業界団体．

さらに，インターネット系では，以下の活動が代表的である．
◆ IETF：Internet Engineering Task Force
インターネットで利用される技術の標準化を策定する組織．
◆ W3C：World Wide Web Consortium
WWWで使用される各種技術の標準化を推進するために設立された標準化団体．

6.5 通信分野の標準化例（OSI）

OSI（Open Systems Interconnection）とは，開放型システム間相互接続であり，ISO（国際標準化機構）により，1978年から作業が進められたデータ通信の標準化体系である．すなわち国際標準のネットワークアーキテクチャのことである．この標準化の効果は，メーカの異なる製品に対して，ネットワークアーキテクチャが同一なら，各種装置間を接続するインタフェースが同じになり，接続しやすくなるということと，標準インタフェースに準拠した装置を利用して，データ形式を統一すればシステム開発，拡張，保守運用が容易となるとい

90　第6章　情報通信ネットワーク構成技術

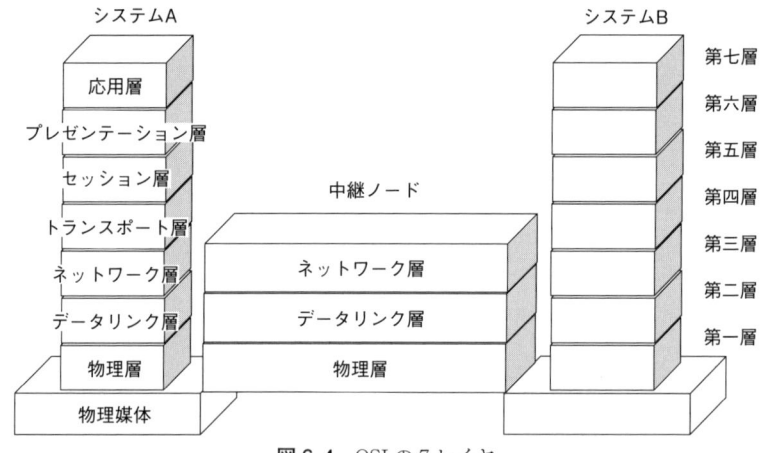

図6.4 OSIの7レイヤ

うことである．

　図6.4にOSIの7レイヤを示す．システムAとB間で情報のやり取りをする際に，どのように伝達していくかを階層的に整理したものである．最下層（第一層）は物理層で，光ファイバなどの物理媒体がこれにあたる．第二層はデータリンク層，第三層はネットワーク層，第四層はトランスポート層，第五層はセッション層，第六層はプレゼンテーション層，第七層は応用層と呼ばれ，おのおの通信における独自の役割を担っている．これはその当時検討されたもので，各レイヤで通信の役割分担を決めた規則になる．

6.6　通信におけるサービス品質

　通信サービスは，ユーザが快適に情報を入手できるのが当たり前のサービスとなっている．したがって，相手に情報を送るのに時間がかかったり，映像などを視聴しているときに画像が乱れたりといったトラブルが起きるが，ユーザはこのようにサービスの品質が低下したときに，ストレスを感じ，その頻度が多くなれば，そのサービスを誰も利用しなくなってしまう．そのため，ユーザから見たサービスの品質として，音声，画像，データの品質をどのように規定・保持していくかが重要な問題となる．要するにユーザの満足度をいかに維持・

向上していくかが問われるわけである．

例えば，音声サービスであれば，雑音，声の途切れ，電話がかかりにくい，あるいはつながらないといったことである．一方，画像を提供するサービスであれば，画像の乱れ，画像が固まるフリーズ状態，コマとび（スキップ），突然画面が消えて真っ暗になってしまうブラックアウトが，ユーザへのストレスを生じさせる要因である．さらに，データサービスであれば，変換されて送信されたデータの文字化け，相手に届かない状態などのサービス品質の低下が考えられる．

そのため，停電によるバッテリー電池切れ，天災による電柱などの設備の倒壊，一斉発呼による輻輳，ケーブル内の心線断，風雨による銅線の漏話，サーバからの情報のバースト的発出，ネットワーク内装置の故障および故障時の迂回路への切替え，端末環境の適切な設定，優先度の設定など想定される原因を解明しなければならない．

6.7 電話サービスの品質

電話サービスにおいて，ユーザの満足度を維持・向上するための品質を具体的に紹介しよう．電話サービスにおける品質を考慮する際に，「相手と通信が容易にできるかどうか」，「障害や負荷などのネットワークの異常状態でどの程度通信が可能か」，「相手の声が明瞭に聞き取れるかどうか」という観点から，以下に示す3つの品質基準が規定されている．

・接続基準：電話サービスを利用する際に，通信相手への接続がネットワークの理由によりできない場合（呼損）が少なく，通信要求が迅速にかなえられる度合いが接続品質であり，それがどの程度であるか，その品質を確保する規定を接続基準と呼ぶ．
・安定基準：ネットワークにおける障害や過負荷などの異常な予知できない使用状態において，確保すべき接続基準，伝送上の品質とその維持に関する信頼性に基づいた技術基準である．
・伝送基準：通話相手の声が明瞭に聞こえる度合いが通話品質であり，それがどの程度で明瞭であるべきかを定め，その品質を確保する規定である．

6.8 電話サービスの接続品質

ネットワークにおける設備が正常に動作しており，トラヒックが異常でない状態において，利用者が電話利用の意志を持って，発呼してから，正規の取扱いによって被呼者に接続されるまでの過程に関するサービスの良さを規定する品質である．接続品質にかかわる要因は主に以下の2つがある．

- 接続損失：利用者が発呼してから接続される途中で，話中や無応答などの状態になり，呼が損失することである．例えば，通話相手が他の相手と電話を接続している場合は話中となる．この場合は，しばらくしてから電話をかけなおせば接続されるが，一般に交換機の入線に対して出線の数は少ないため，一度に多くのユーザが接続しようとすると無応答状態になる．このような状況を呼損と言うが，接続損失が高いとユーザのサービスに対する満足度が低くなるので，呼損になる確率を低くするようにネットワーク設備を設計する必要がある．
- 接続遅延：利用者が発呼してから，ダイアル可能状態になるまで，ダイアルしてから呼出信号が出されるまでの時間のことである．この遅延には，通話相手との距離はどのくらいか，いくつの交換機や伝送装置を経由するかに依存する．特に利用者は全国至る所にいるので，それら利用者間の平均距離や最大距離，およびそのときに経由する交換機数や伝送装置数などをもとに，遅延条件が設計される．

6.9 電話サービスの安定品質

電話サービスの安定品質とは，障害が発生した際に，どの程度通信が可能かというのを検討したものである．表6.1にネットワークのおのおのの箇所における安定品質の考え方をまとめた．大きく3つに分類される．

- 加入者系安定品質：加入者ごとの宅内および加入者経路といった比較的影響範囲の小さい障害により発着信不能となる度合であり，個々の加入者ごとに対する品質である．
- 接続系平常障害に関する安定品質：呼が設備の小規模障害に遭遇し，不接，雑音などのために正常に扱われない度合である．

表6.1 安定品質の分類

分　類	内　容
加入者系安定品質	加入者ごとの宅内および加入者経路障害により発着信不能となる度合い
接続系平常障害に関する安定品質	呼が設備の小規模の障害に遭遇し，不接，雑音などのため，正常に扱われない度合い
接続系異常障害に関する安定品質	呼が設備の大規模障害もしくは予知し得ない異常トラヒックにより，著しいサービス低下がかなりの時間継続する状態に遭遇し，平常サービスの維持ができない度合い

・接続系異常障害に関する安定品質：呼が設備の大規模障害もしくは予知しえない異常トラヒックにより，著しいサービス低下がかなりの時間継続する状態に遭遇し，平常サービスの維持ができない度合である．

6.10 電話サービスの通話品質

通話相手の声が明瞭に聞こえる度合いが通話品質であり，それがどの程度であるべきかを定め，その品質を確保する規定が伝送基準であったが，もう少しこの品質を広く捉えると表6.2に示すとおり，ネットワークのおのおのの箇所における通話品質を考慮し，送話品質，受話品質，伝送品質の観点から規定されている．

・送話品質は，利用者の表現力・発声能力，室内騒音や音場特性などの利用している側の環境に依存して決まる．

表6.2 通話品質の要因

通話品質	要　因
送話品質	表現力，発声能力，室内騒音，音場特性
受話品質	聴力，理解力，室内騒音，音場特性
伝送品質	加入者系送受話特性 側音（電話機を通って送話口から受話口へ伝わる音） 伝送損失 伝送周波数帯域制限 雑音 伝送特性の変動 鳴音，反響，漏話

- 受話品質は，被呼者の聴力・理解力，室内騒音や音場特性などの通信を受けている側の環境に依存して決まる．
- 伝送品質は，加入者系特有の送受話特性，電話機を通って送話口から受話口へ伝わる側音，伝送損失や伝送周波数帯域制限，その他の雑音や伝送特性の変動，鳥音，反響，漏話などを要因として考慮する必要がある．

6.11 主観評価（オピニオン評価）

提供されている電話サービスの通話品質を評価する際に，そもそも聞こえやすさ，聞こえにくさをどう評価するかという問題がある．これは，個々の人がその音を聞いて感じる度合に個人差があるからである．では，通話品質は一般にどのような評価がなされているのであろうか．通常は，オピニオン評価という，主観評価を適用する．オピニオン評価とは，被験者に対して，標準的な音声を聞いてもらい，それを基準に，さまざまな品質を持つと想定される音声を聞いてもらい，感じた印象をスコア化するという通話品質を評価する際に，最もよく用いられる方法である．ここで，音声は男性および女性の話者が複数の文章を読んだ音声を標準的な音声として聞く．その後さまざまな媒体を経由することにより，その媒体の通話品質を評価するという方式である．与えられた評価条件に対して，5段階のカテゴリの1つを被験者が選択するスコアをMOS値（Mean Opinion Score）と呼ぶ．表6.3に示すとおり，非常に良いから非常に悪いまでの評価を与える．

音声情報を通信ネットワークを介して送信する際に，コーデックやディジタル信号処理を施すが，これまでその際の通話品質を図る手段として利用された．

表6.3 オピニオン評価

ランク	品 質
5	非常に良い（Excellent：E）
4	よい（Good：G）
3	まあよい（Fair：F）
2	悪い（Poor：P）
1	非常に悪い（Bad：B）

6.12 客観評価（PESQ）

前節で，通話品質評価は，主観評価が一般的であると述べたが，感じ方には個人差があることから，そのばらつきを少なくしようとすると，被験者の数を増やさなくてはならない．これは結構な手間がかかるため，PESQ（Perceptual Evaluation of Speech Quality）と呼ばれる客観評価手法が開発された．

PESQ による MOS 値評価では，実音声データを使用している．通常音声データは，男女それぞれが読み上げる文章を無音区間を挟み 10 秒程度に編集したものである．PESQ の測定時は少なくとも男女各 2 名，計 4 音声データを使用する．PESQ は，図 6.5 に示すとおり，送出されたこの実音声データと，IP電話用のネットワークやコーデックなどを通過して劣化した音声データを比較して，その劣化の度合いから MOS 値を推定する．これは，人間が通話（相手の話）を耳で聞いて音質の良し悪しを判断することとほぼ同じである．PESQの出力する MOS 値が低いときには，その劣化音声を聞くことで，通話音質を実際に体感することも可能である．

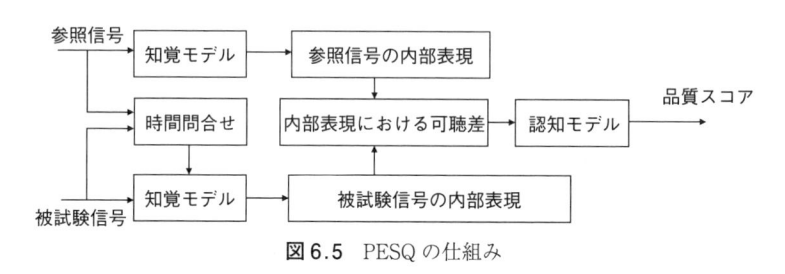

図 6.5 PESQ の仕組み

6.13 IP 電話

近年インターネットの普及により，インターネット技術を利用した電話接続が可能となった．ユーザのインタフェースは電話機（PC の場合もあるが）なので，通常のアナログ電話サービスと IP 電話サービスの違いは，ユーザにはわかりにくいものである．この IP 電話サービスには，IP 電話とインターネット電話の 2 種類がある（図 6.6）．これら 2 つは違うサービスである．

図6.6 IP電話の構成

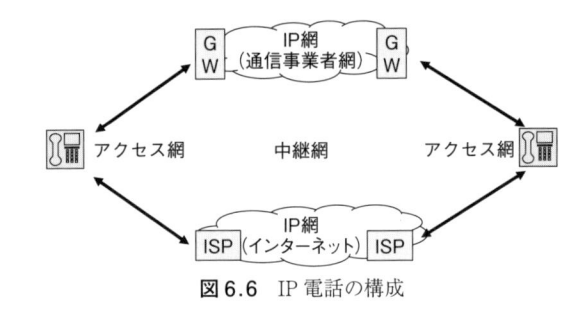

　まず，ネットワーク構成の観点から説明しよう．両者の共通点は，メインとなるネットワークにIPというプロトコル技術を利用しているIP網という点である．異なる点は，利用するネットワークの違いにより区別する．すなわち，ユーザがISP（インターネットサービス提供事業者）にアクセスした後，ネットワークとしてインターネットを利用する場合をインターネット電話と言う．一方，ゲートウェイ（GW）を経由して，IP技術を利用した通信事業者のIP網を利用する場合をIP電話と言う．

　サービスの観点からも違いがある．インターネット電話は，インターネット経由なので，設備を世界の多くのユーザと共有している．そのため，混んでいるときはつながらない場合がある．また，警察や消防署などの緊急の通話ができない．一方IP電話は，通信事業者が提供するネットワークを利用するため，品質を考慮したサービス提供が可能である．そのため，緊急の通話も可能となる．ただし，料金がかかるという特徴がある．

6.14 IP電話の品質条件

　現行の事業用電話通信設備規則に定める技術基準において，固定電話の品質基準として通話品質および接続品質を定めていることを踏まえ，IP電話の品質クラスについては，通話品質（エンド-エンド遅延）と接続品質（呼損失）に加えて，総合的に判断して定めることとしている．これを総合伝送品質率（一般にR値と呼ばれる）と言う．表6.4に品質により分類された3種類のクラス条件について示す．

　クラスAのIP電話サービスは，各基準ともに厳しい条件が設定されており，

表 6.4 IP 電話の品質条件
(総務省「IP ネットワーク技術に関する研究会報告書 (2001)」. を参考に作成)

	クラス A	クラス B	クラス C
総合伝送品質率（R）	>80	>70	>50
エンド-エンド遅延	<100ms	<150ms	<400ms
呼損失（接続品質）	≦0.15	≦0.15	≦0.15

参考　30ms：通常の電話サービスでの国内最大遅延
　　　400ms：国際電話での遅延時間許容値（ITU 勧告）
　　　120ms：地上から静止衛星までの遅延時間

固定電話並みの品質が求められる．クラス B の条件は少し緩和されるが，携帯電話相当の品質が要求される．IP 電話としてクラス C に満たないものについては，ユーザが電話サービスとして利用することが困難な品質と考えられ，他の電話網と相互接続して音声通話を行うサービスとしては，すなわち IP 電話サービスを提供するプロバイダが 050 番号を取得するには，クラス C 以上の品質が求められるわけである．ちなみに，リアルタイムの会話では，片方向での遅延時間の合計が 150msec 以内であることが望まれる．

6.15　QoS について

これまで述べたとおり，通信におけるサービス品質の中で，特に電話サービスを取り上げたが，一般にそれは QoS（Quality of Service）と言われている．

従来の電話サービスでは，接続品質，伝送品質，安定品質の 3 つが規定され，それらを満足するようにネットワークが設計された．電話という単一のサービスを提供していたので，こういった品質規定が明確に定まっていたと言える．

現状の IP 網は，情報をパケットに詰めて網内に送る仕組みである．網が混雑していれば，ボトルネックとなる箇所においてパケットの送信が順番待ちの状態になり，あふれて送信できないといったように，何も品質向上に関する制御を行わない単純なベストエフォート網である．すなわち明確な品質規定がされていないとも言える．

電子メール，Web 接続，映像配信などのさまざまなサービスを 1 つの網で運べるのは IP 網の大きなメリットであるが，ユーザにはおのおの個別のサービスとして見えるので，何らかのサービス品質を規定する必要がある．具体例で

示すと，提供するIP網がベストエフォート網の場合，今後のサービス形態によっては品質劣化によりサービス性が低下し，問題となる可能性がある．例えば，高画質の映像配信サービスを有料で利用しているユーザがいたとする．網内の他のサービストラヒックの増大によりパケットが損失し，ユーザが視聴している映像が乱れたり，停止してしまうといった事象が起こりかねない．また，IP電話を利用して03-xxxx-yyyのような0AB-J番号と呼ばれる従来の固定電話の番号形態を利用する場合には，固定電話並みの品質が求められるため，音声が途切れたり，つながりにくくなるといった状況が起こっては困る．さらに，同じサービスを提供しているときに，ある特定のユーザが既に多くの網内帯域を占有している場合，後からサービスを利用するユーザに対して，つながりにくいといった問題が発生することもある．こういった事象を解消するために，品質を確保する制御技術（QoS技術）が必要となるわけである．

6.16 さまざまなQoS技術

IP技術を基本とした次世代のネットワークでは，提供するサービスやネットワークの提供ポリシーに応じてQoS技術を使い分けることが必要となる．図6.7に示すとおり，何を保証するもしくは優先させるかで制御の方法が変わってくる．

ベストエフォートは，積極的にはQoS制御を行わないため，ネットワーク内が混雑しているときには品質が低下することがあるというサービス提供形態である．これは，通常のインターネット接続に適用されている．

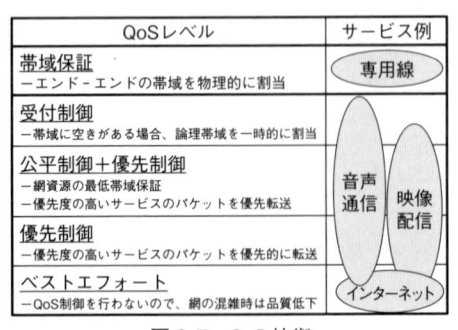

図6.7 QoS技術

優先制御は，優先度の高いサービスのパケットを優先的に転送する仕組みである．例えば，TV 放送を見る場合は，少し画像が乱れてもあまり気にしないユーザが多いと思われるが，電話サービスでは音声の途切れがあったりすると，サービスの劣化をかなり感じるというのがある．そのため，サービスごとに優先制御するというものがこれに相当する．

優先制御に公平制御を付加すると，同じ優先度であれば，全てのユーザに対して公平に網資源を割り当てる公平制御を作用させることにより，最低限の提供帯域を保証するというものである．

受付制御は，帯域に余裕がある場合に，論理帯域を一時的に割り当てる方法で，優先制御および公平制御とともに，電話サービス（IP 電話）や，映像サービス（放送や VoD）などに用いられる方式である．論理帯域を予め割り当てるという考え方は電話網の回線に似ている．

帯域保証は，エンド‐エンドの帯域を物理的に割り当てるもので，専用線サービスが具体例となる．

6.17 電話番号計画

普段なにげなく利用している電話番号だが，この電話番号はある決まりに基づいて運用されている．しかも，国内だけでなく世界的にも電話番号割当てのルール化がなされている．E.164 とは，ITU-T による公衆交換電話網などの電話網の電話番号計画の勧告である．「＋」が頭に付けられた 15 桁以下の電話番号として表記され，以下の要求条件を満足するように計画されている．

  永続性：将来予想される加入者および新サービスの増加に対して，十分余
     裕を持ち，長期にわたり変更の必要がないこと．
  普遍性：発信点に無関係に同一被呼者は同じ番号で接続できること．
  衆知性：簡単で規則があるなど加入者にわかりやすく，誤りが少なく使用
     できること．
  経済性：桁数などの決定に必要な翻訳装置が経済的に構成できること．
  国際性：国際基準への適合があること．

6.18 通信の信頼度と設計手順

　一般に，信頼度は，単位時間内にシステムや機械が動いている確率のことである．例えば，信頼度0.9のある装置が2台直列に並んでいたとする．そのとき，システム全体の信頼度は，$0.9 \times 0.9 = 0.81$ となり，全体の信頼度は低下するわけである．

　一方，故障率は，観測時間当たり何件故障したかを表す信頼性の尺度である．すなわち，"件/時間"で表現される．この故障率から信頼度を求める計算もある．故障の発生が偶発的でポアソン分布に従う場合，$R = e^{-\lambda t}$（R：信頼度，λ：故障率，t：時間）で計算できる．

　では，これらの考え方を利用して，通信網の信頼度の設計は実際にはどのように実施するのであろうか．一般に信頼度を上げようとすると費用がかかる．その費用を切り詰めると信頼度が低下するというトレードオフの関係になっている．図6.8に示すとおり，まず適用方式を選定するとともに，実現しなければならない信頼性品質規格を設定する．それらを用いて信頼性評価を行う．評価した結果，品質規格を満足していれば，次に経済的かどうかの判定をする．ここで経済的でなければ，もう少し余分な要素を削った方式を検討し，再度信頼性評価を実施して，経済的になるまで検討を繰り返す．

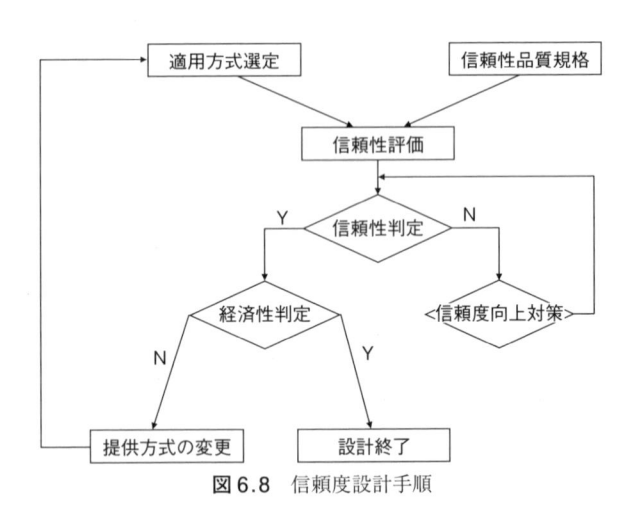

図6.8　信頼度設計手順

6.19 不稼働率

信頼性評価に利用される代表的な尺度である不稼働率について紹介する．まずはその準備段階として，MTBF（Mean Time Between Failure）を説明する．MTBF は，あるシステムや機械が故障するまでの時間の平均値である．すなわち，直しながら使う修理系システムに使う．

　　MTBF ＝総稼働時間 / 総故障件数

で表され，図 6.9 に示す挙動を示すシステムがあった場合に，システムの MTBF は $(100+120+140)/3 = 120$（時間 / 件）と計算できる．

次に，MTTR（Mean Time To Repair）は，修理にかかった時間を平均したものである．これも修理系システムに適用する．

　　MTTR ＝総修復時間 / 総故障件数

で表され，図に示す挙動を示すシステムの場合，MTTR は $(3+2+4)/3 = 3$（時間 / 件）と計算できる．

故障したユニットは直ちに修理を受けるものとしたとき，MTBF と MTTR を用いた装置 i の稼働率（Ai）は以下のようになる．

$$\text{装置 i の稼働率}\quad Ai = \frac{\text{MTBF}}{\text{MTBF}+\text{MTTR}}$$

したがって，装置 i の不稼働率（Fi）は，

　　Fi ＝ 1 － Ai

となる．

ここで，2 つの装置 i と j からなる直列システムの稼働率は，各ユニットの稼働率の積（Ai×Aj）となり，並列システムの稼働率は $(1-(1-Ai)\times(1-Aj))$ となる．

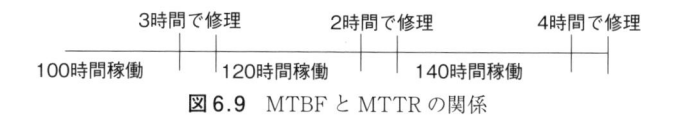

図 6.9　MTBF と MTTR の関係

6.20 さらに勉強したい人のために

電話サービスやインターネットサービスにかかわらず，ネットワーク構成の基本となるネットワークアーキテクチャは，文献［1］に詳細が掲載されている．ソフトウェアの機能設計と同様な考え方で，ネットワーク構成要素および運用に関する機能設計方法を説明している．

従来の固定電話の品質と信頼性については［2］を，IP 電話の品質に関しては，ITU-T 国際標準の Recommendation や［3］で，検討の概要を把握できる．また，映像配信サービスなどの動画情報を容易に視聴できる状況になったが，この映像の品質については，評価方法の検討が始まったばかりである．特に客観品質評価法に関しては，ITU-T などで標準化審議が行われており，取組み状況や主な技術などは［4］や電子情報通信学会誌の特集記事などで紹介されている．

QoS 技術の仕組みの詳細や各種サービスの QoS は，［5］，［6］などに掲載されているので，基礎的な知識を得るのによいと思う．

信頼性に関する一般的な知識は［7］を，ネットワークの信頼性に関する事項は［8］を，実際の利用方法に関しては，プログラミング言語 R を用いた［9］があるので，参考にしてほしい．

■参考文献

[1] 井上友二 他：『ネットワーク・アーキテクチャ』，オーム社（1994）．
[2] 浅谷耕一：『通信ネットワークの品質設計』，電子情報通信学会（1993）．
[3] TTC 標準 JJ-201.01：IP 電話の通話品質評価法，（社）情報通信技術委員会（2003 年 4 月）．
[4] NTT サイバーソリューション研究所監修：『ユーザが感じる品質基準 QoE-IPTV サービスの開発を例として』，東京電機大学出版局（2009）．
[5] 村田正幸：マルチメディアコンピュータネットワークの通信品質保証，電子情報通信学会誌，Vol.81，No.4，pp.362-370（1998）．
[6] 戸田　巖：『ネットワーク QoS 技術』，オーム社（2001）．
[7] 福井泰好：『入門信頼性工学―確率・統計の信頼性への適用』，森北出版（2006）．

[8] 林　正博 他：『通信ネットワークの信頼性』，電子情報通信学会（2010）．
[9] 船越裕介：『実践通信ネットワーク信頼性評価技術―基礎からRを用いたプログラミングまで』，電子情報通信学会（2011）．

演習問題

1. 音声サービスに対する通話品質を評価する方法として，オピニオン評価（主観評価）やPESQ（客観評価）などが確立されているが，映像サービスに対する品質評価方法には，どのようなものが考えられるか？　音声サービスと対比して考察せよ．

2. 通信事業者が提供するIP電話とISPが提供するインターネット電話は，どのような違いがあるか．

3. 故障の発生が偶発的でポアソン分布に従うシステムの場合，故障率が0.2件／年のシステムの2年間の信頼度はいくらになるか．

4. ある2局間の通信回線のアベイラビリティ（稼働率）は0.9であった．通信回線部分の2重化を行ったところ，アベイラビリティが0.999となった．このとき，新たに設置した通信回線のアベイラビリティはいくらか．

第7章

情報を経済的に伝達する
LANの概要

7.1 LANの網形態

　皆さんは，大学の研究室や実験室，企業内のオフィスなどで，新たにパソコンをつなぐとき，ケーブルを延ばしたり，分岐したり，LANをつなげるボックスを利用して，簡単に設定した経験があると思う．このように簡単に接続できるようになるには，多くの技術者達の苦労があったからである．本章では，LANの構成を体系的に学び，どうして簡単に設定できるのかといった知識を広げよう．

　複数のコンピュータ間で情報のやりとりを行う際に，パソコンをケーブルでつなぐ．このネットワークをLAN (Local Area Network) と呼ぶ．LANには，図7.1に示すように3種類の網形態がある．

・スター型：ネットワーク上のノードが1つの制御装置を中心として放射線状に配置された配線形態である．星の形に似ていることからスター型と呼ばれ

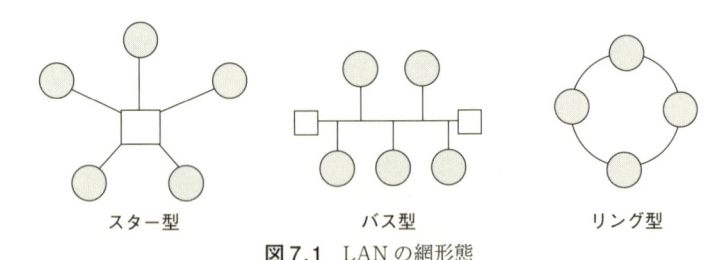

　　　スター型　　　　　バス型　　　　　リング型
図7.1　LANの網形態

ている．網形態を代表する例としては，電話網における交換機が代表例として挙げられる．
・バス型：幹線となる1本のケーブルを中心として，そこから適当な間隔をあけて支線ケーブルを延ばし，複数のノードを配置し構成される直線的な形状の配線形態である．この形態では，通信路上をデータが両方向に向かって流れていくが，ケーブルの終端まで届いた際の反射によるデータの破壊を防ぐために，必ず幹線ケーブルの両端にはターミネータ（終端抵抗）を取り付ける．そのため構造がシンプルである．
・リング型：ケーブルの両端を結び，輪（リング）形状にし，そこに各ノードを配置する形態である．幹線内ではデータを一方向に流すので，高速伝送で使用可能である．

7.2 網形態の特徴

前節で示した3種類の網形態（網トポロジー）の特徴，経済性，信頼性，柔軟性，用途について表7.1に示す．

まず，バス型の特徴は，ノードの追加や撤去が容易であることが挙げられる．スター型は中央に制御装置が設置される構成であるのに対して，リング型の通信制御機能は各ノード側に分散される構成であることがわかる．

表7.1 網形態の特徴

	スター型	バス型	リング型
特　徴	中央に制御装置が設置	ノード追加，撤去が容易	通信制御機能は各ノード側に分散配置
経済性	各端末ノード以外に中央の制御装置の費用が必要	特別な装置は不要	各ノードが高機能なので費用は大
信頼性	中央の制御装置が故障するとネットワーク全体が稼働しなくなる．制御装置の2重化対策などが必要	あるノードが故障しても他のノードへは影響を及ぼさない	1つのノードが故障しただけで，ネットワーク全体が通信できなくなるため，バイパス回路が必要
柔軟性	制御装置の最大能力までノードを接続可能	ノードの追加や幹線ケーブルの増設が容易	ノード追加に伴い，既存ノードの設定変更が必要
用　途	—	小規模から中規模でのLANに適している	中規模から大規模までのLANに適している

経済性の観点では、スター型は各端末ノード以外に中央の制御装置の費用が必要となる。バス型は幹線ケーブルの両端にターミネータを取り付ける以外は特別な装置は不要であり、低コストで実現可能である。一方、リング型は、各ノードが通信制御機能を有するためコストが高く、ネットワーク全体としても費用がかかる構成となる。

信頼性の観点からは、スター型は中央の制御装置が故障するとネットワーク全体が稼働しなくなる欠点があるため、制御装置の2重化対策などが必要であると言える。バス型は、あるノードが故障しても他のノードへ影響を及ぼさないという利点がある。一方、リング型は1つのノード故障がネットワーク全体に影響を及ぼすため、バイパス回路を設けるなどの対策が必要となる。

柔軟性の観点からは、スター型は制御装置の最大能力までノードを接続可能となる。バス型はノードの追加やそれに伴う幹線ケーブルの増設が容易に行える。一方、リング型はノード追加に伴い、既存のノードの設定変更が生じる可能性がある。

最後に、どういったネットワークでおのおのの網形態が用いられるかを検討すると、小規模から中規模といったLANに対しては、バス型がすぐれていると言える。一方、中規模から大規模なLANに対しては、リング型のLANがすぐれていると言える。

7.3 伝送媒体

LANを構成するケーブル（伝送媒体）としては、ツイストペアケーブル（より対線とも言う）、同軸ケーブル、光ファイバケーブルの3種類に大別される。

表7.2に示すとおり、ツイストペアケーブルは銅線で作られているので、安価で工事が容易であるメリットを持つ反面、雑音に弱いという難点がある。また、一般によく用いられるカテゴリー5（Cat5）ケーブルは、伝送速度や伝送距離も短く制約が大きいので（近年技術改良により100Mbpsや1Gbpsの方式対応のケーブルも存在する）、企業内の組織ごとに割り当てられたオフィスの利用などに適用があると言える。

同軸ケーブルはやや高価であるがツイストペアケーブルに比べて太く、雑音

表7.2 伝送媒体

	ツイストペアケーブル（より対線）	同軸ケーブル	光ファイバケーブル
特徴	安価 工事は容易 雑音に弱い	ツイストペアケーブルに比べて高価 雑音に強い	高価 電磁雑音の影響を受けない 伝送損失が少ない
伝送速度	1Mbps 〜 10Mbps	数 Mbps 〜 数十 Mbps	数十 Mbps 〜 1Gbps
最長伝送距離	約数百 m	約 10km	約 100km
用途	オフィス内の利用	オフィス間に利用	企業の本社 – 支社間などに利用，またはオフィス内の超大容量データの送受信に利用

に強くなる．そのため，伝送速度も数十 Mbps を実現することができ，距離的にも 10km 伝送することが可能となる．したがって，少し場所の離れた場所でも通信することが可能となる．

さらに光ファイバケーブルは，高価だが，電磁雑音の影響を全く受けないので伝送損失が少なく，長距離伝送や 1Gbps といった大容量・高速伝送に有効であることがわかる．

7.4 パケット

LAN 上では複数のノードが接続されており，特定の 1 台の端末があまりに大きいデータを転送すると，複数のノードでネットワーク資源を共有している LAN では，他のノードが長い間送信できなくなってしまうという事象が発生する．また，複数のノードから同時にデータが転送されると衝突する可能性が高まる．そのため，いったん衝突が発生すると再送信の処理にも時間がかかってしまい，高速通信のメリットを活かせない場合がある．そこで，LAN 上でデータを送信する場合は，データの大きさを約 1 〜 4KB 程度に分割して送る．この分割されたデータのことをパケット（「小包」という意味）と呼ぶ．図 7.2 に示すように，パケットの中には，相手側に送りたいデータの中身そのもの（データ）と，送信先，送信元のアドレスや分割の順序などの付加情報（ヘッダ）が含まれる．受信側では受け取ったパケットを組み立てて（再構築），元の

108　第7章　情報を経済的に伝達するLANの概要

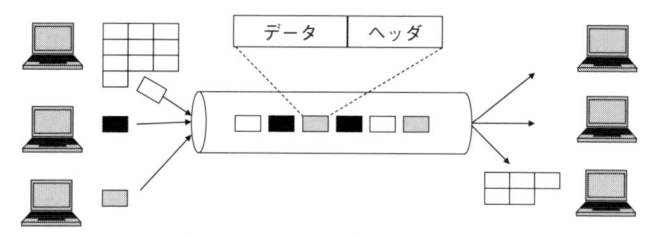

図7.2　パケット伝送の仕組み

データに復元する．

7.5　CSMA/CD方式

次に，LAN上でのデータ送受信方法について説明する．いくつかの方法があるが，最初は，CSMA/CD（Carrier Sense Multiple Access with Collision Detection）方式である．これは，LANで最も普及しているイーサネット（Ethernet：後述）で利用されている有名な方式である．伝送路上の電圧の変化を随時検査してキャリア（データ）の存在をチェックし，キャリアが存在していなければ自分のデータを転送するという方式である．このとき，図7.3に示すとおり，いまノードAからノードC向けのパケット1と，ノードDからノードE向けのパケット2が共有伝送路上を同時に流れようとしている．この場合，すなわち複数のノードから同時にデータが転送されると，データの衝突

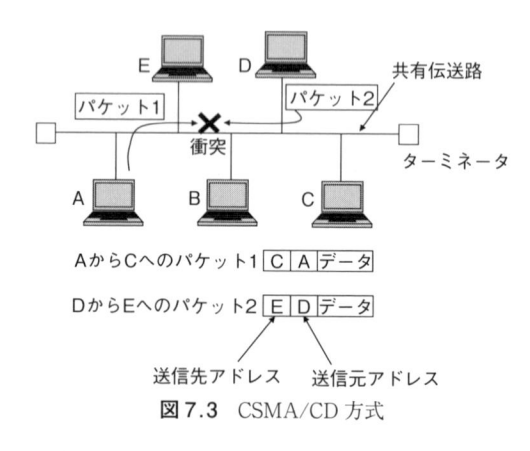

図7.3　CSMA/CD方式

が起こり，データが破壊されてしまう恐れがある．このような事態に対処するため，衝突検出の機能も持ち合わせている．

7.6 イーサネット

Ethernetは，今日ではLANの代名詞になっているが，1976年にアメリカのXerox社から発表されたCSMA/CD方式のLAN規格である．セグメントと呼ばれる単位の1本の幹線ケーブルに複数端末を接続する構成である．図7.4に示すように，方式の呼び方として最初の"10"は伝送速度を表す．すなわちこの例の場合は10Mbpsの伝送速度ということがわかる．次の"BASE"は伝送方式を表す．最後の数字は，セグメント長を表す．例えば"2"の場合は細い同軸ケーブルで幹線ケーブルの最大長は200mになり，"5"の場合は太い同軸ケーブルで幹線ケーブルの最大長は500mになる．また，数字のかわりに"-T"と表記することにより伝送媒体を表すこととなり，ツイストペアケーブルを利用している方式であることがわかる．"-F"の場合は光ファイバケーブルを利用した方式となる．

近年，技術が発達し，100Mbpsや1Gbpsの伝送が可能となった．特に100Mbpsのイーサネットを，Fast Ethernetと呼び，1GbpsのイーサネットをGigabit Ethernetと呼ぶ．

伝送速度	伝送方式	最高セグメント長 ×100m	伝送媒体
10:10Mbps 100:100Mbps など	BASE:ベースバンド BROAD:ブロードバンド	2:細い同軸ケーブル 5:太い同軸ケーブル	-T:ツイストペアケーブル -F:光ファイバケーブル
例： 10 BASE 2 100 BASE 5			
例： 10 BASE-T			

図7.4 イーサネット

7.7 アドレス

LAN上の全てのノードは，基本的に全てのパケットを受信するため，各パケ

ットに宛先（Destination Address）フィールドが必要である．さらに，どのノードがそのパケットの送信元であるかを識別するために，送信元（Source Address）フィールドも必要となる．これらのアドレスには，MAC（Media Access Control）アドレスが利用される．MACアドレスは当初Xerox社が全世界のアドレスを管理していたが，現在ではIEEEがこの仕事を行っている．

このアドレスは，6オクテット（48ビット）の値で，ベンダがIEEEにアドレス取得の申請を行うと，3オクテット（24ビット）のベンダコードが割り当てられる．残りの3オクテットはベンダが自由に割り当てる．ベンダコードの内，1ビットはグループ（マルチキャストアドレス）/個体を識別するために使われる．もう1ビットはローカル/グローバルを識別するために使われる．IEEEから割り当てられたアドレスはグローバルでこのビットが1になり，ローカル（ビットが0）のアドレスは申請，取得せずに自由に使えるアドレスになる．

MACアドレスは48ビットの値だが，人間が扱いやすいように8（1オクテット）ビットずつ16進数に変換して，以下のように表記する．

00 — 00 — F4 — D7 — 79 — D5　または　00：00：F4：D7：79：D5

パソコンが保有するMACアドレスは，ネットワークコマンドで確認できる．Windowsの場合は，コマンドプロンプト上で，"ipconfig/all"というコマンドを入力すると，MACアドレスが表示される．

7.8　トークンパッシング方式

CSMA/CD方式以外のLANの方式としては，トークンパッシング方式がある．トークンパッシング方式とは，トークンと呼ばれる制御信号で情報を送信する権利を特定の端末に与える方式である．権利を持っている端末だけが送信することができるので，網内でパケットの衝突を起こすことはない．

網形態がリング型かバス型かによって，図7.5に示すとおりトークンリング方式，トークンバス方式に分かれる．原理的にはどちらも同じで，送信権を与えるトークン信号を設定された端末順に設定していくという方式である．また，送信データを含んだものをフレーム信号と言う．

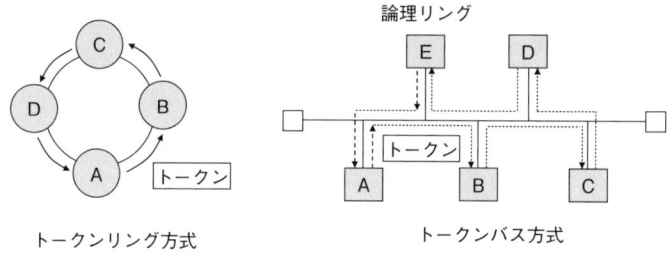

図7.5 トークンパッシング方式

7.9 TDMA方式

CSMA/CD方式，トークンパッシング方式と並んで，LANにおける転送方式にはTDMA方式がある．TDMA方式は，第2章の多重化で述べたとおり，伝送路の中のおのおののノードの信号を与えられたタイムスロットに分けて，そのタイムスロットを各ノード間通信に割り当てる方式である．図7.6に示すように，リング型トポロジーの中心に通信制御装置があり，例えばノードAの信号は1番目のタイムスロットに，2番目はその次のタイムスロットにといったように，タイムスロットの割当てを管理している．伝送路内は，あたかも複数本のパスが各ノード間に割り当てられているように設定されている（すなわちタイムスロットを割り当てている）．また，伝送路内の一般的な制御のため，共通制御チャネルが設けられている．

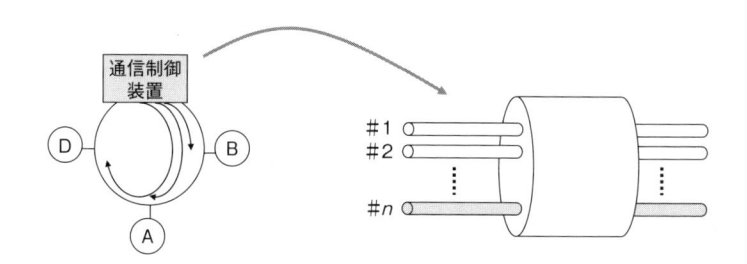

#n：共通制御チャネル

図7.6 TDMA方式

（針生時夫 他：『わかりやすい通信ネットワーク』，日本理工出版会（2005）．を参考に作成）

7.10 LAN アクセス方式のまとめ

　情報の衝突が発生するかしないかの観点，伝送遅延の観点，送信タイミング，構成の特徴およびネットワーク規模への適用性の観点から，CSMA/CD 方式，トークンリング方式，TDMA 方式の特徴比較を表 7.3 に示す．CSMA/CD 方式はパケットの衝突が発生する可能性があるが，他の 2 方式は無いのが特徴と言える．物理的にも論理的にも伝送路を共有している CSMA/CD 方式では，トラヒックが増大すると遅延が大きくなるが，TDMA 方式では，論理的には各端末間のパスは独立なので，遅延は発生しない．CSMA/CD 方式は空きがあれば自由に送信できるが，トークンリング方式では，そのトークンがないと送信できない．また TDMA 方式では割り当てられた時間しか送信できないという欠点がある．また，需要増加に伴う運用については，CSMA/CD 方式はパケットの衝突の監視時間を把握するのが必要だが，制御方式の改良を検討する案もある．全般的には，CSMA/CD 方式は，企業内や大学構内などの小規模 LAN に適用性が高く，TDMA 方式は複数のエリア間などの大規模 LAN に適している．また，トークンリグ方式はその中間といった特徴がある．

表 7.3　LAN 方式の比較

	CSMA/CD 方式	トークンリング方式	TDMA 方式
衝突	衝突する可能性あり	衝突は無し	衝突は無し
遅延	トラヒック増大により遅延時間増大		伝送遅延は無し
送信	空きがあれば自由に送信可能	送信権（トークン）を受け取ってから送信可能	割り当てられた時間内に送信
特徴	増設・撤去が簡単，比較的安価		音声など実時間伝送に有利
運用	衝突検出の監視時間が必要	トークン損失の危険性がある	制御方式が複雑
用途	小規模 LAN に適用		大規模 LAN に適用

7.11 インターネット参照モデルとその役割

インターネット参照モデルは，OSI 同様に階層モデルで検討されている．OSI では 7 レイヤだったが，図 7.7 に示すとおりインターネットではネットワークインタフェース層からアプリケーション層までの 4 レイヤになっている．

ネットワークインタフェース層は，ビット伝送のため，伝送媒体やコネクタ条件を規定する．さらに，隣接する装置間のデータ転送を行い，誤り制御を実施するとともに，装置間データ転送に際しての誤り制御を実施する．例えば，コネクタの形状，ピンの数や大きさなどを規定し，CSMA/CD 方式などはこれを用いる．インターネット層は，中継，迂回，経路選択などを行い，エンドシステム間の通信路を提供する（例えば，X.25 や IP などのプロトコルである）．トランスポート層は，データを透過的に両方向同時転送できるようにする高品質なデータ通信を可能としている．さらにその上のアプリケーション層は，FTP（File Transfer Protocol），電子メール，コード変換，データ圧縮，暗号化といった各種のサービスを提供する．

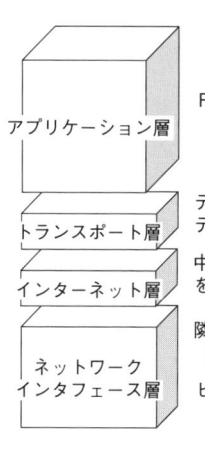

アプリケーション層	FTP，電子メール，コード変換，データ圧縮，暗号化など
トランスポート層	データを透過的に両方向同時転送できるようにする高品質なデータ通信を可能とする（UDP，TCPなど）
インターネット層	中継，迂回，径路選択などを行う．エンドシステム間の通信路を提供する（X.25, IPなど）
ネットワークインタフェース層	隣接する装置間のデータ転送を行い，誤り制御を実施する（HDLC，CSMA/CDなど） ビット伝送のため，伝送媒体やコネクタ条件を規定する（コネクタ形状，ピンの数，大きさ，RS-232Cなど）

図 7.7 参照モデル

7.12 リピータ

ここで，ネットワークをサポートする各種機器類を紹介する．まず，リピータとは，1つのLANを構成するセグメントが複数あり，それらの間で情報のやり取りを行う場合に必要となる．LANは先に述べたように，伝送距離の制約があるため，その許容最大長を超える場合，総延長距離を延ばす何らかの工夫が必要となる．この延長化を実現するためにセグメントどうしを接続する増幅器がリピータである．単純に信号パワーを増幅する役割を担うため，ネットワークインタフェース層で中継を行う役割を果たす．そのため，セグメントどうしのアクセス方式が同じ場合に限る．

図7.8に示すように，1つの幹線ケーブルがコンピュータを接続する範囲"セグメント1"と，"セグメント2"については，それぞれコンピュータどうしを接続したいところだが，距離が離れている場合にこの考え方は有効である．

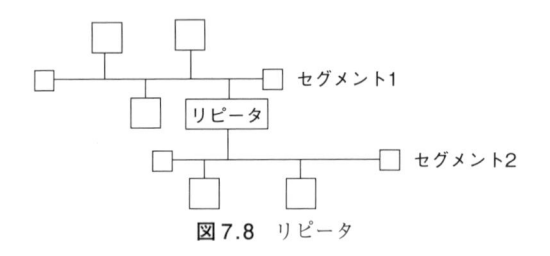

図7.8 リピータ

7.13 スイッチ

同一ネットワーク（セグメント）に接続する端末数が増加すると，トラヒックが増大する．このトラヒックは，初期状態では全てのノードに情報を流す．そこで，余分なトラヒックが他のネットワーク（セグメント）に及ばないようにし，輻輳をさける必要がある．そのために使用する機器がスイッチである（図7.9）．

スイッチはネットワークインタフェース層で動作し，スイッチは各セグメントに存在するノードのMACアドレスを自動的に学習するアドレスラーニング

```
        A   B
      ┌─┐ ┌─┐  セグメント1
    ┌─┤ ├─┤ ├─┐
    └─┘ └┬┘ └┬┘
         │   │
       ┌──┴──┴──┐
       │ スイッチ │  セグメント2
       └──┬──┬──┘
          ×
    ┌──┬──┼──┬──┐
   ┌┴┐┌┴┐┌┴┐
   │C││D││E│
   └─┘└─┘└─┘
```

図 7.9　スイッチ

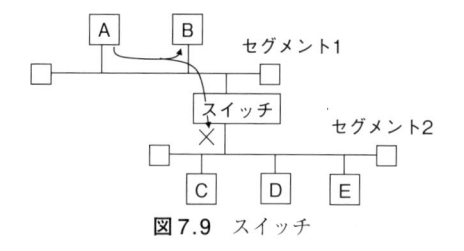

機能を持っている．これにより，受け取ったパケットの送信元 MAC アドレスとそのパケットを受け取ったポートの対応表（アドレステーブル）が機器内で作成される．

スイッチは受信したパケットの宛先 MAC アドレスをアドレステーブルの情報と比較して宛先のノードが送信元のノードと同一セグメントに存在する場合は，反対側のセグメントにはそのパケットを送信しない動作が働く．

アドレステーブルに登録されたノードからある一定時間送信がなければ，そのノードの MAC アドレスをアドレステーブルから削除する．削除までの時間は製品により異なるが，30 秒から 10 分ぐらいである．

7.14　ルータ

1 つの LAN を分割したり，複数の LAN 間で情報のやり取りをするのには，リピータやスイッチが有効であることは示した．では，そのネットワークが物理的に離れている場所に存在し，情報のやり取りをする場合はどうしたらよいのだろうか．これまでは 1 つの企業内，キャンパス内のネットワークを考えればよかったわけだが，外のネットワークと接続する必要が発生する．その接続に必要とされるのがルータである．ルータは，図 7.10 に示すとおり，セグメント 1 内の端末（端末 A）から，物理的に距離の離れた別のセグメント 3 内の端末（端末 C）にデータを送りたい場合に，データ伝送経路の制御を行う．ルータは，オフィス内などの近距離通信ではないので，第 3 層（インターネット層）のアドレス（IP アドレスと呼ぶ）接続先セグメントを選択する機能を有す．図のように，セグメント 1 からセグメント 3 には，いくつかのルートが存在する．そのため，予めセグメント 1 からセグメント 3 へのパケットが通過するルート

図7.10 ルータ

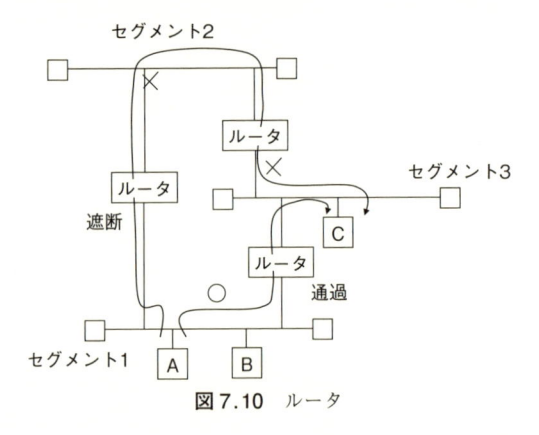

を定めておく必要がある．そうしないと，複数のルートから同じ情報が多数届くことになり，受信端末ではパケットの再構築ができなくなる．

7.15 ゲートウェイ

　ゲートウェイは，異機種のネットワークを接続し，プロトコル変換機能を有する．ゲートウェイはアプリケーション層においてデータの中継を行う．また，ゲートウェイはプロトコルの異なるデータの変換も行い，異なるLANどうしの接続やLANと物理的に離れたオフィス間の通信（WANなど）に用いる．

　具体例として，携帯電話での電子メールはインターネットの電子メールとはデータ構造が異なる．しかし実際にはメールのやり取りは可能である．これはデータの中継地点でメールゲートウェイが携帯電話，インターネットそれぞれのプロトコルを解読，変換してくれるためである．また企業内においては，ユーザが利用するおのおののクライアントコンピュータが保有するアドレスを公開してインターネットと接続する代わりに，インターネットに接続してくれるプロキシサーバも，企業内の通信と企業の外の通信を分けて，安全性などを保持するためのゲートウェイの一種と考えられる．

7.16　相互接続機器の比較

　以上述べてきたリピータ，スイッチ，ルータおよびゲートウェイの特徴の比

表7.4 相互接続機器の比較

	リピータ	スイッチ	ルータ	ゲートウェイ
対象レイヤ	ネットワークインタフェース層	ネットワークインタフェース層	インターネット層	アプリケーション層
特徴	1つのセグメント延長のため，セグメント接続．再生増幅の機能	セグメント間の接続．トラヒックを減らすフィルタリング機能を持つ	異種LANどうしの接続．接続先セグメントを選択	プロトコルの異なるネットワークを接続

較を表7.4にまとめる．各機器は，インターネットの参照モデル（後述）のおのおのの層での役割を持っていることがわかる．すなわち，リピータとスイッチはネットワークインタフェース層，ルータはインターネット層，ゲートウェイはアプリケーション層である．役割としては，リピータは，特にイーサネットなどの幹線ケーブルの伝送距離制限があるので，信号を増幅してそのセグメント延長を行う．そのため再生増幅を行う機能となる．スイッチは，複数のセグメント接続をサポートし，トラヒックをフィルタリングする機能により，他のセグメントに余計なトラヒックが流れるのを防ぐ役割を果たす．ルータは，異種LAN間の接続を実施する．特に，距離が離れている場合や，管理グループが異なる団体間などのネットワーク接続に適用される．ゲートウェイは，プロトコルの異なるネットワークを接続するのに利用する．

7.17 ハードウェアとしてのサーバ

サーバアプリケーションをインストールし，クライアントに対して情報を送信するコンピュータを一般的にサーバと言う．サーバには大型サーバから小型まで多種多様の物が存在する．主にハードウェアで重視されるのは，拡張性，耐障害性，処理能力などである．ここでは代表的な物を以下に挙げる．

(1) 用途・アーキテクチャによる違い
・フォールトトレラントコンピュータ：主にオペレーティングシステム（OS）はUNIXかLinuxである．本体を構成する部品の多くが2重化，運用中に於ける部品の交換が可能で，全ての部品がホットスワップ（電源を停止することなく行えること）を行うことが可能である．
・エンタープライズサーバ：搭載される主なOSはUNIXかLinux，または

Windowsである．主要基板，CPUはサーバ専用の物を使用する．また，CPUはその処理能力に応じて2重化もしくは4重化など拡張できる物が多いのが特徴である．ハードディスクはデータの保護を優先させRAID化がほとんどである．また，ハードディスクにはホットスワップ機能を盛り込んだ製品も多いのが特徴である．

・PCサーバ：搭載される主なOSはPC-UNIX，Windowsである．主用基板，CPUはパーソナルコンピュータの物を使用する．自宅サーバはこの部類に入る．また，GoogleはこのPCサーバを1万台以上も繋いでシステムを構築している（クラウドコンピューティング：後述）．エンタープライズ用途でも利用されるようになってきている．

(2) 筐体（ケース）の形状による違い

・ペディスタル型：タワー型で，床に設置するサーバである．
・ラックマウント型：インターネットデータセンターなどに設置されているラック（電子機器類を収容する専用ラック）に搭載するのに適した形状となっているサーバである．
・ブレード型：ブレード（＝Blade）と呼ばれる，抜き差し可能なコンピュータを，ベースシャーシと呼ばれるブレードを複数搭載可能な筐体内に搭載したサーバコンピュータである．

7.18 クライアント・サーバシステム

複数台のコンピュータがネットワーク接続された環境，すなわちコンピュータネットワーク上で，おのおののコンピュータが同じ情報資源（データ）を参照することがある．このような場合，そのデータを各コンピュータに格納していては，記憶領域や保守などの面で多大な無駄が生じる．サーバはこれを解決する手段で，特定のコンピュータが情報やその処理作業を集中的に管理することで，ネットワーク全体での記憶領域を最小限にとどめるとともに，共有される情報の同期などの手間を省き，情報伝達や保守の効率を高めるものである．他のコンピュータはクライアントとして稼働し，必要に応じてサーバからサービスを受け取る．このようにサーバの機能は，情報を集中的に管理し，他にサービス提供するためのコンピュータである．一方，サーバの機能を利用し，サ

サーバ：
ハードウェア資源やアプリケーションソフト，データベースなどの情報資源を管理・提供する側
クライアント：
サーバに要求を出して，サーバの管理する資源を利用する側

図7.11　クライアント・サーバシステム

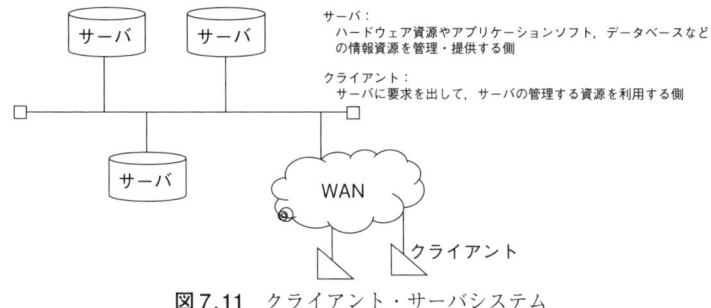

ービスを受ける側のコンピュータをクライアントと呼ぶ（また，これらのようなアプリケーションやプロセスをも指す．以下同様）．

図7.11に示すように，サーバとクライアントが存在しているコンピュータネットワークをクライアント・サーバ・ネットワークと呼ぶ．クライアント・サーバ・モデル／型／システム／コンピューティング，などとも言う．

7.19　クラウドコンピューティングサービス

近年，クラウドコンピューティング技術を利用したサービスが普及している．なぜクラウドと呼ばれるのだろうか．それは図7.12に示すとおり，ユーザはインターネットを通じて世界中を検索し，必要なサーバにアクセスするが，その情報がどこにあるかはあまり問題ではない．したがって，雲のような存在として考えてもよいからである．この技術の特徴は，「具体的な構成や物理的な所在は隠ぺいされていること」，「これまでエリアを特定して準備してきた設備で世界中を相手に提供できるので，スケーラビリティが高い柔軟なITインフラであること」，「Webブラウザがあれば端末フリーで利用できること」，「実際に利用した分だけ料金支払いが可能なこと」が挙げられる．基本構成は，ハードウェアの上に，プラットフォームがあり，その上にアプリケーションソフトウェアが搭載される構成で，おのおののコンポーネントがサービスとして提供可能であることと（SaaS：Software as a Service，PaaS：Platform as a Service，IaaS：Infrastructure as a Serviceなど），さらに垂直に統合されたコンポーネントとしてサービスが提供可能であることである．

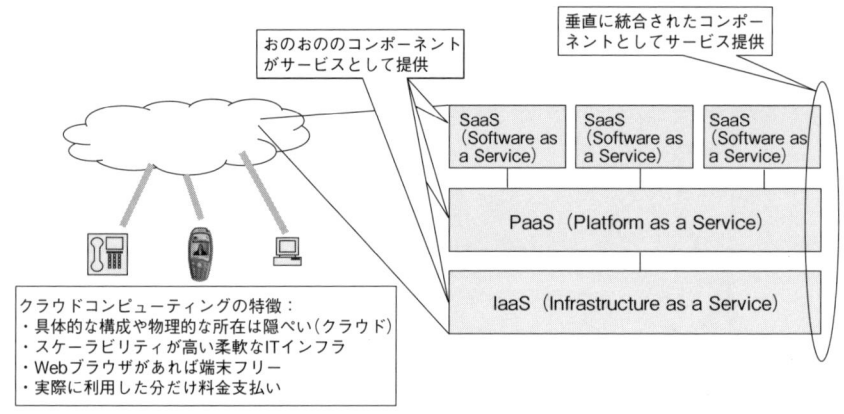

図 7.12 クラウドコンピューティングサービス

（図中テキスト）
- おのおののコンポーネントがサービスとして提供
- 垂直に統合されたコンポーネントとしてサービス提供
- SaaS（Software as a Service）
- PaaS（Platform as a Service）
- IaaS（Infrastructure as a Service）
- クラウドコンピューティングの特徴：
  ・具体的な構成や物理的な所在は隠ぺい（クラウド）
  ・スケーラビリティが高い柔軟なITインフラ
  ・Webブラウザがあれば端末フリー
  ・実際に利用した分だけ料金支払い

おのおののコンポーネントについて説明する．まず，IaaS は，事業者が用意した仮想マシンをユーザに提供するものである．サービスの利用途中に，メモリやハードディスクの容量変更などが柔軟に可能なサービスとなる．PaaS は，サービス事業者は OS やアプリケーションを実行するためのミドルウェアを用意する．その環境に合わせてユーザがアプリケーションをカスタマイズする．SaaS は，既存のアプリケーションなどをネットワークを通じて提供するサービスである．

7.20 クラウドコンピューティングの構成

実際のクラウドコンピューティングの構成は，どのようになっているのだろうか．世界中のアクセスに対して柔軟な構成とするため，特に 1 箇所に設置されている必要はないが，図 7.13 に示すとおり複数のサーバを接続したシステム構成である．装置は同じものでも，役割上，分散ストレージをなす部分とアプリケーションサーバとしての役割を有する部分に分かれている．さらに，外部からのトラヒック負荷を各アプリケーションサーバに処理を平滑化するため，ロードバランサが存在する．

システムの基本的な考え方は，個々のハードウェアの障害発生は当然と考え，ハードウェア単体ではなく，システム全体として高信頼性，高性能を実現して

```
                    ユーザからのアクセス
         ┌──────────────────────────────┐
         │  ロードバランサ（負荷分散機能）  │
         │         ネットワーク           │
         │    分散アプリケーションサーバ    │
         │                              │
         │         ネットワーク           │
         │        分散ストレージ          │
         └──────────────────────────────┘
```

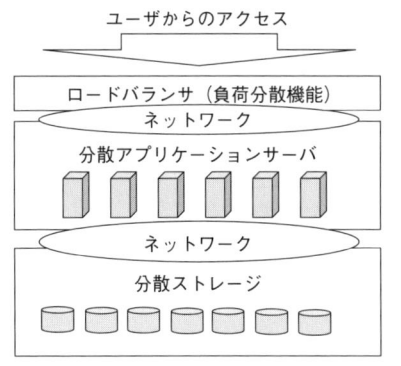

図 7.13 クラウドコンピューティングの構成

いることである．そのため，高性能のサーバを1台設置するのではなく，多くの小規模なサーバを接続する構成で実現されている．したがって，システムの特徴は価格対性能比が高く，安価なサーバを用いた規模に対して柔軟な構成になっている．さらに個々のサーバではなくシステム全体としての高信頼性・高性能を実現していることである．

7.21 コンピュータシステムの変遷

単体としてのコンピュータの性能は日々向上しているが，それにもまして複数のコンピュータをつないで，システムとして見たときの利用方法の変遷を振り返る．図 7.14 に示すとおり，1980 年代はメインフレームと呼ばれる大型のコンピュータが中心に存在し，全ての処理をその大型コンピュータが実施していた．端末は，そのメインフレームに接続しプログラムを実行したり，その結果を得ていた．1990 年代に入ると，パーソナルコンピュータ（いわゆる PC）の性能向上および低価格化により，一般家庭にも普及することにより，クライアント・サーバ型の構成が主流となった．クライアントでもさまざまな処理が可能となったわけである．さらに，Web ブラウザの発展により，PC には標準装備されることとなり，サーバが集中処理を実施する中，クライアント端末では Web ブラウザを利用することにより全ての処理が可能となったのが，2000 年代である．2010 年代のクラウドコンピューティングに至るとブラウザさえあ

122　第7章　情報を経済的に伝達するLANの概要

```
1980年    1990年    2000年    2010年
───────────────────────────────────▶

[メインフレーム] [クライアント・サーバ] [Webコンピューティング] [クラウドコンピューティング]

全ての処理をメイン   PCの低コスト化      PCに標準装備のWeb    ブラウザさえあれ
フレーム上に集約    クライアント側に      ブラウザの利用       ば端末フリー
            画面表示と処理       によりサーバが集中
            機能を実装          処理
```

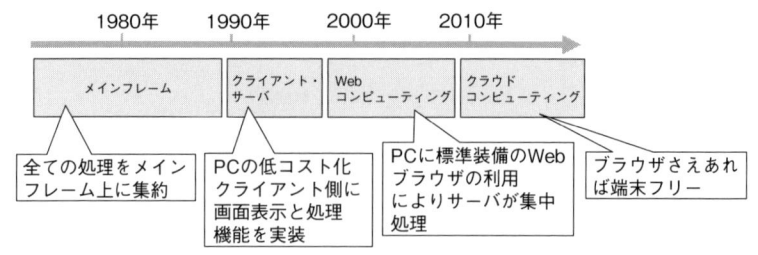

図7.14 コンピュータシステムの変遷

(城田真琴:『クラウドの衝撃—IT市場最大の創造的破壊が始まった』, 野村総合研究所 (2009). を参考に作成)

れば, 端末に依存しない, すなわちどのPCでも同じ処理が可能となるなど, ユーザから見た柔軟性は非常に高くなったと言える.

7.22　さらに勉強したい人のために

　LANに関する文献は多数ある. 例えば [1] や [2] などによりさらに知識を深めていくのもよいであろう. イーサネットの技術を拡張した高速転送方式に関しては, [3] や [4] をはじめこの分野も多数の書籍があるので, 参考になると思う.

　次に相互接続機器の実装の変遷に目を向けると, これまでスイッチはハードウェア処理による高速化, ルータはソフトウェア処理による正確性という特徴があった. これが企業内・企業間トラヒックの増加によりルータでの処理も高速化する必要性が生じてきた. そこで, ルータもL3スイッチと言って, ハードウェア処理を実施するようになり, スイッチとルータの違いが無くなってきたというのが特徴である. このあたりが [5] で詳細にまとめられている.

　クラウドコンピューティングサービスが少しずつ拡大しつつあるが, このクラウドに関する構成や仕組み, およびその利用については, 文献 [6] が参考になる.

■参考文献

[1]　針生時夫 他:『わかりやすい通信ネットワーク』, 日本理工出版会 (2005).
[2]　勝山　豊:『通信ネットワーク工学』, 森北出版 (2005).

[3] ロバート・ブレヤー 他：『高速 Ethernet の理論と実践』，アスキー（2001）．
[4] 日経 NETWORK 編：『絵で知るギガビット・イーサネット』，基礎から身につくネットワーク技術シリーズ，日経 BP 社（2005）．
[5] 日経 NETWORK：ルータ＆スイッチ　変わる常識変わらぬ常識，日経 NETWORK, No. 143, pp. 24-37（2012）．
[6] 城田真琴：『クラウドの衝撃―IT 市場最大の創造的破壊が始まった』，野村総合研究所（2009）．

演習問題

1. 情報を流れとして捉える電話網に対して，パケットとして捉える IP 網のメリットは何かを考察せよ．

2. あなたは企業内のネットワークの設計・構築を任された．新たにビルの 2 階に IP 網を敷設し，既に IP 網が敷設されている 1 階のフロアと接続する必要がある．さらに，支店との接続も必要となる．どのような機器を用いたらよいだろうか．

3. IaaS, PaaS, SaaS の利用例を挙げよ．

4. クラウドコンピューティングサービスのユーザから見たメリットとデメリットを述べよ．

5. MAC アドレスはベンダ割当て部分があることを確認せよ．自分の調べた機器がどのベンダ製かを確認せよ．また，MAC アドレスを利用するとどのようなことができるか挙げよ．

第8章

効率的にネットワークを設計するIP技術

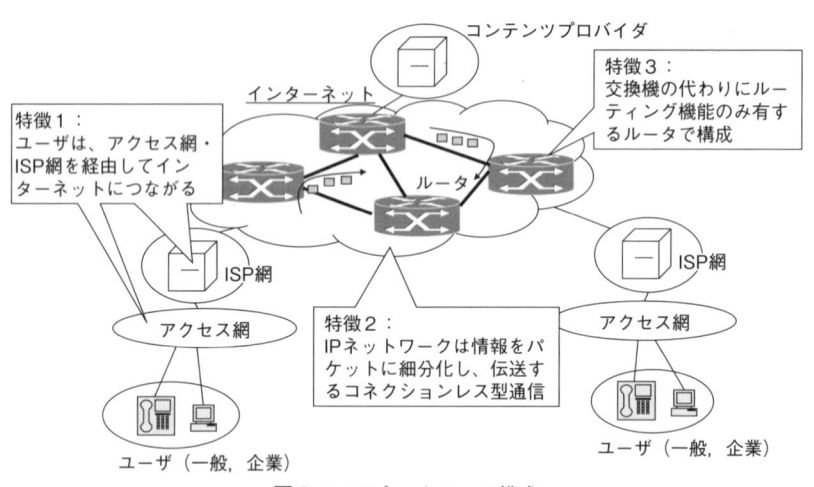

8.1 IPネットワーク構成

IPネットワークの構成に関する3つの特徴を以下に示す（図8.1参照）．

・特徴1：インターネットへのアクセス

インターネットサービスプロバイダ（ISP：Internet Service Provider）というインターネットに接続している事業者が多数存在し，この事業者に契約することによってユーザはインターネットに接続し，利用することができる

特徴1：
ユーザは、アクセス網・ISP網を経由してインターネットにつながる

特徴2：
IPネットワークは情報をパケットに細分化し、伝送するコネクションレス型通信

特徴3：
交換機の代わりにルーティング機能のみ有するルータで構成

図8.1 IPネットワーク構成

(例：OCN，Biglobe，Yahoo-BB，Nifty，など日本全国には多数のプロバイダが存在)．プロバイダ間を相互に接続するため，インターネット相互接続点（IX: Internet Exchange Point）が設けられている．これは無駄なトラヒック中継をなくし，かつ回線コストをおさえる目的のためである．

アクセス網は，ユーザがネットワーク事業者の通信設備を利用して，ISPまでの回線を確保する部分である．インターネットは第3層のIPアドレスを基本に通信を行うが，ユーザからインターネットまでの接続には以下の方法がある．

・第2層でIPアドレス情報をトンネルする方法（L2TP：Layer 2 Tunneling Protocol）．
・IPv6アドレスを使用して，アクセス網もインターネットと同じ第3層を直接利用する方法．

・特徴2：コネクションレス型通信

図3.9で既に説明したが，パケット交換方式には，全てのパケットが同一経路で配送されるコネクション型接続と，パケットの配信経路は必ずしも同一ではない（インターネットはコネクションレス型通信）コネクションレス型接続の2種類の接続タイプがある．

・特徴3：ルーティング（図8.2）

IPパケットヘッダ情報による転送を行い，受信側での到着パケットの組立てを実施する仕組みである．

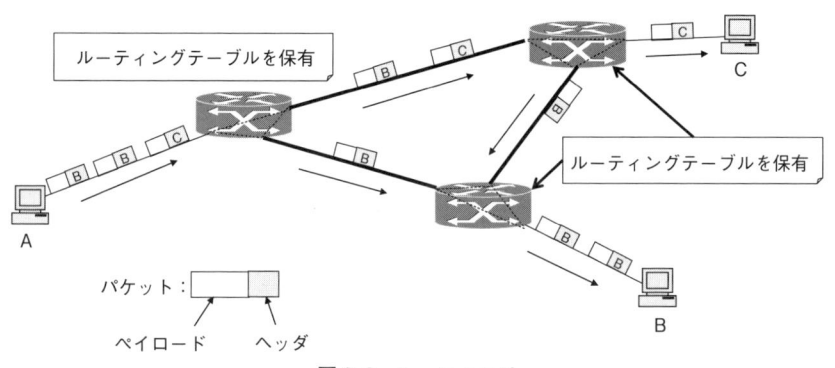

図8.2 ルーティング

8.2 RFC

　TCP/IPの内容はRFC（Request for Comments）と呼ばれるものによって定義されている．インターネットは多くの組織が異なった装置を使用するので，お互いに協調・連携して動作できるようにするためには，同じプロトコルを実装する必要がある．そこで，1969年にネットワークに接続するソフトウェア開発者の間で覚書を発表したのが，RFCの始まりである．

　インターネット学会ISOC（Internet Society：アイソック）の下部組織であるIETF（Internet Engineering Task Force：インターネット技術標準化委員会）でRFCの通し番号が付けられて公表されている．

　IETF—RFCのURL　→　http://www.ietf.org/rfc.html

　例：

　　0791 Internet Protocol. J. Postel. September 1981.（Format：TXT＝97779bytes）（Obsoletes RFC0760）（Updated by RFC1349）（Also STD0005）（Status：STANDARD）

　　0959 File Transfer Protocol. J. Postel, J. Reynolds. October 1985.（Format：TXT＝147316bytes）（Obsoletes RFC0765）（Updated by RFC2228, RFC2640, RFC2773）（Also STD0009）（Status：STANDARD）

　　0793 Transmission Control Protocol. J. Postel. September 1981.（Format：TXT＝172710bytes）（Updated by RFC3168）（Also STD0007）（Status：STANDARD）

8.3 IPアドレス

　IPアドレスは，インターネットサービスを享受するために必要な番号である．このIPアドレスは，世界中のPCと通信可能とするため，各PCに唯一に割り当てられる必要性があるため，予めISPが保有しているIPアドレスをユーザに付与する必要がある．ユーザは割り当てられたIPアドレスを保有することにより，世界中の他のコンピュータにアクセスし，さまざまなサービスを享受できる仕組みとなる．もちろん，中継部分のネットワークでは，ユーザの

図 8.3 IP アドレスの付与

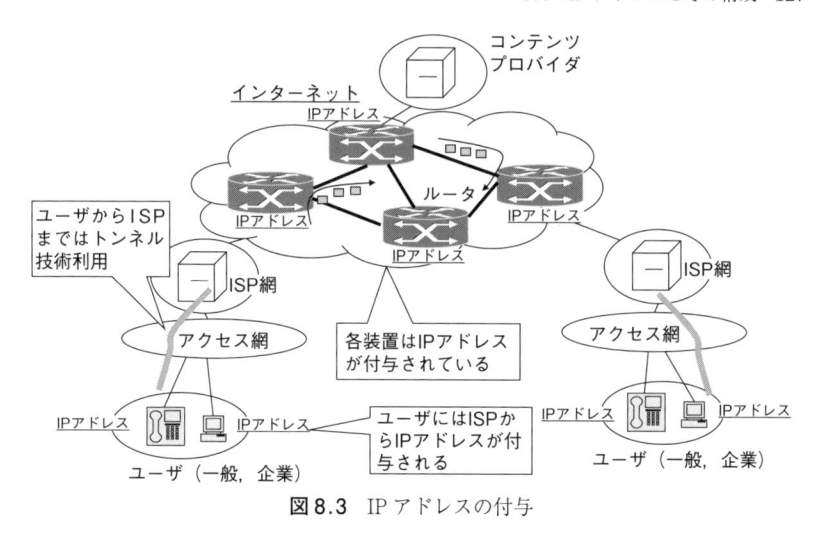

パケットを転送するためルータが設置されている．これらの装置も予め IP アドレスが付与されている．

一方，ユーザと ISP の間のアクセス網は，通常メタルケーブルや光ファイバなどで結ばれておりルータは関与しない．そのため，ユーザのパケットを ISP までどうやって運ぶのかが気になるところである（ルータによる IP 網は通常は，ISP-ISP 間の中継網を指すため）．アクセス網の部分では，L2TP のような第 2 層を用いて IP パケットを転送するトンネル技術を利用して，ISP とユーザの間を結び，パケットのやりとりを行う（図 8.3）．

8.4 IP アドレスとその構成

世界中のコンピュータにはそれぞれユニークなアドレスとして IP アドレスと呼ばれる番号が付けられている．インターネットで通信されるメッセージはパケットに分解されてネットワーク上に転送されるが，このパケットを IP パケットという．

IP パケットの先頭には，IP アドレスと呼ばれる宛先のアドレスが付いている．ネットワーク上のルータでは，このアドレスを見て経路選択が行われ，中継されて，目的のコンピュータに送り届けられるわけである．

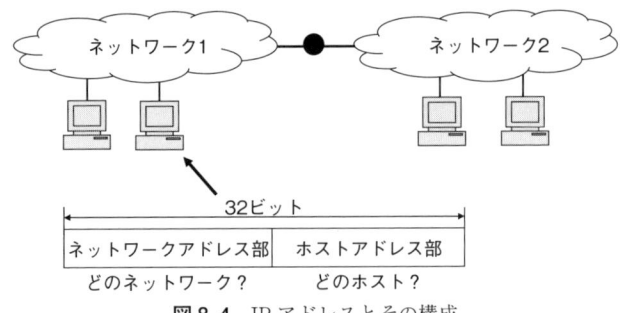

図 8.4 IP アドレスとその構成

図 8.4 に示すように，IP アドレスは，ネットワークアドレス部とホストアドレス部から成っている．IP アドレスは"1"と"0"の組合せで通常 32 ビットから構成される（通常の IP アドレスは，IPv4 アドレスと言われ，現在一般的に利用されている．後述する割当てアドレス数の枯渇に伴い，現在 IPv6 アドレスが導入されつつある）．

例：

(a) 11000000 00011100 00000011 00000001

(b) 10010110 00000011 00000001 00000001

これを 8 ビットずつ 4 つに区切って，10 進数で表現して，(a) 192.28.3.1, (b) 150.3.1.1 のように表す．

8.5 IP アドレスのクラス種別

世界で唯一に利用される IP アドレス（グローバールアドレス）には，ネットワークアドレス部とホストアドレス部の大きさの違いにより，図 8.5 に示すとおり 3 種類のクラスに分類されている．

クラス A では，先頭が 0 で始まるネットワークアドレス部が 8 ビットで，ホストアドレス部は後半の 24 ビットの構成である．このアドレスの特徴は，ネットワークの数（いわゆるグループの数）はあまり作れないが（2 の 7 乗通り），同一のネットワーク内に多くの端末を接続できる（2 の 24 乗通り）．クラス B は，先頭が 10 で始まるネットワークアドレス部とそれに続くホストアドレス部が同数（16 ビット）の構成である．一方，先頭が 110 で始まるネットワーク

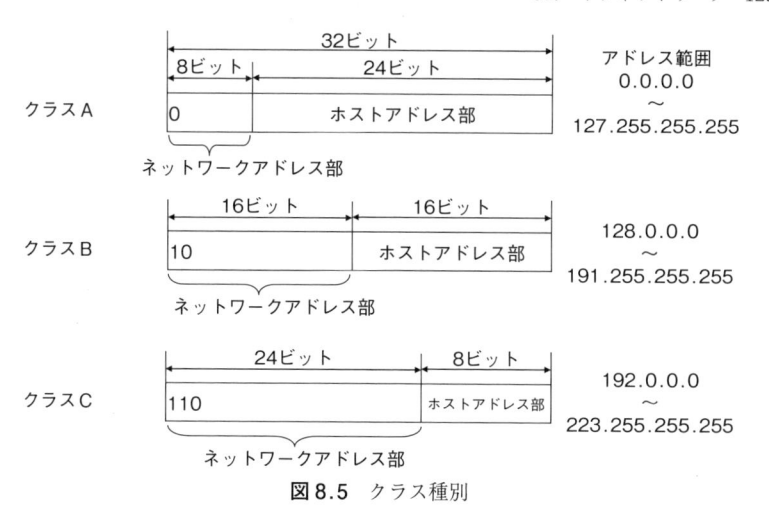

```
                    32ビット
           ┌─8ビット─┬─────24ビット─────┐         アドレス範囲
           │        │                  │         0.0.0.0
   クラスA  │0       │   ホストアドレス部  │            ～
           └────────┴──────────────────┘         127.255.255.255
             ネットワークアドレス部

              ┌──16ビット──┬──16ビット──┐
              │10          │             │         128.0.0.0
   クラスB     │            │ホストアドレス部│            ～
              └────────────┴─────────────┘         191.255.255.255
                ネットワークアドレス部

                  ┌──24ビット──┬─8ビット─┐
                  │110          │         │         192.0.0.0
   クラスC          │             │ホスト   │            ～
                  │             │アドレス部│         223.255.255.255
                  └─────────────┴─────────┘
                    ネットワークアドレス部
```

図 8.5　クラス種別

アドレス部が 24 ビットで，ホストアドレス部が後半の 8 ビットとなったものがクラス C となる．このアドレスの特徴は，多くのネットワークを作ることができるが，1 つのネットワークを構成するノード数は少ない（2 の 8 乗通り）ということである．この 32 ビットで構成される IP アドレスを IPv4 アドレスと呼ばれている．

8.6　サブネットワーク

前節で述べたように，IP アドレスには 3 つのクラスがあり，どれを利用するかによって，使い方やネットワークの構築の仕方が異なってくる．例えば，クラス B の場合は，ホストアドレス部は 16 ビットなので，ホストアドレス部がとりうる数は約 65,000 個（$=2^{16}$）である．しかし，一組織でクラス B のネットワークを構築したとしても 1 つのネットワークに 65,000 台のコンピュータをつなぐことは非現実的であると考えられる．一方，クラス C ではホストアドレス部が 8 ビットなので，1 つのネットワークに約 250 台（$=2^8$）のコンピュータしか接続できない．このように，クラス間でつなげるコンピュータ数に違いがあるため，これをうめる考え方・技術が必要となった．そこで考えられたのが，サブネットワークという考え方である．

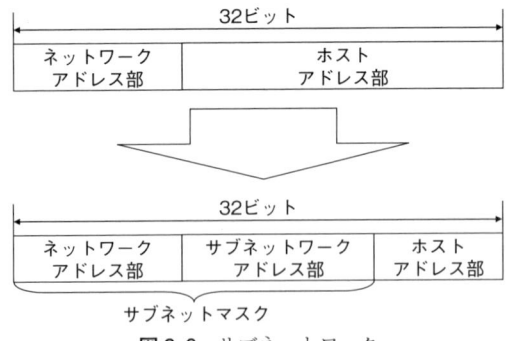

```
                    ┌──────── 32ビット ────────┐
                    ┌──────────┬──────────────┐
                    │ネットワーク│    ホスト    │
                    │ アドレス部 │   アドレス部  │
                    └──────────┴──────────────┘
                              ▼
                    ┌──────── 32ビット ────────┐
                    ┌──────┬──────────┬──────┐
                    │ネット│サブネットワーク│ホスト│
                    │ワーク│ アドレス部  │アドレス│
                    │アドレス部│          │ 部  │
                    └──────┴──────────┴──────┘
                    └──── サブネットマスク ───┘
```

図 8.6 サブネットワーク

図 8.6 に示すとおり，ネットワークアドレス部が少ない（ホストアドレス部が多い）場合は，ネットワークアドレス部をホストアドレス部まで延長してサブネットワークアドレス部に分割して使用する状態にする．このネットワークアドレス部とサブネットワークアドレス部を合わせてサブネットマスクと言う．サブネットワークが無い状態（通常の状態）をデフォルトのサブネットマスクと呼ぶ．例えば，ネットワークアドレス部が少ない場合は，サブネットマスクを適用することにより，大企業内の各組織にサブネットワークを分割した構成管理が可能となるわけである．

8.7 サブネットマスク

前節で説明した方法により，IP アドレスのクラスにかかわりなく，ユーザはネットワークを構築できるのだが，ではサブネットマスクを具体的にどう作成するのか，もともとの IP アドレスとどのように対応するのかを説明する．サブネットマスクとは，ネットワークアドレス部とホストアドレス部とを識別するための方法で，サブネットワークアドレスを含んだネットワークアドレス部の示す範囲を「1」の連続で表し，ホストアドレス部の示す範囲を「0」の連続で表す方法である．

例えば，クラス B においては，もともと先頭から 16 ビットはネットワークアドレス部だが，サブネットワークアドレス部を 8 ビットにすると「1」は 24 ビット連続し，「0」は 8 ビットの連続になる．

11111111.11111111.11111111.00000000

　すなわち，クラスBのIPアドレスが与えられたとき，それは最初から24ビットまでがネットワーク部を示しているわけである．
　このように「1」と「0」の連続したビットパターンをサブネットマスクと呼んでいる．上記は，10進数表記では，255.255.255.0になる．
　同様にクラスBにおいてサブネットワークアドレス部を2ビットにすると，

11111111.11111111.11000000.00000000

となり，最初から18ビットまでがネットワークアドレス部となる．
　ネットワークアドレス部が24ビットの場合，IPアドレスの後ろに"/"を付けて，その後ろにサブネットマスクが何ビットであるかを表す数値を加えて，128.10.101.5/24と表す．このような書き方をCIDR（Classless Inter-Domain Routing）表記と呼ぶ．またサブネットマスクのビット数をプレフィックス長という（例では24ビットとなるわけである）．

8.8　サブネット長と接続ノード数

　サブネットワーク，サブネットマスクの話をしてきたとおり，プレフィックス長の数値により，すなわちホストアドレス部の長さによって，接続できるノード数が変化することがわかる．ネットワークを設計する際には，今後拡張する計画も考慮して，何台のノードをネットワーク上に接続しなければならないかを考慮する必要がある．以下に例を示す．

プレフィックス長		ホストアドレス部		接続可能ノード数
/24	→	ホスト部8ビット	→	254台
/25	→	ホスト部7ビット	→	126台
/26	→	ホスト部6ビット	→	62台
/27	→	ホスト部5ビット	→	30台
/28	→	ホスト部4ビット	→	14台
/29	→	ホスト部3ビット	→	6台
/30	→	ホスト部2ビット	→	2台

　上記の接続可能ノード数をもとに，IPアドレスを各端末にどう割り振ったらよいかを検討していくわけである．

8.9 設計のポイント

　ネットワークを実際に設計する際に，どのような注意が必要だろうか．それは状況に応じて異なるので，一概にこれが良いという考え方はない．しかし，ネットワークを設計する際に接続する端末数が膨大であったり，もしくは構築した後に運用段階で接続する端末数が増加すると，ネットワークを分割する必要が生じる．いわゆるサブネットワークへの分割が必要になる要因としては，以下のものが考えられる．

・ネットワークごとに異なるセキュリティポリシーがある場合．例えばネットワーク内をどのような情報が流れるのかを考慮し，セキュリティ強化が必要なネットワークは当然管理が厳しくなり，自由な利用は制限されるといった場合である．
・ネットワークの管理団体が違う場合である．これは明らかに利用形態が異なるので，利害が一致しない状況は容易に想像できる．
・ネットワークが巨大なときに，通信品質が落ちる場合が考えられる．先に説明したとおり，IP ネットワークはネットワークを多くのユーザで共有したベストエフォートサービスを提供するので，皆が同時に利用する頻度が多くなるほど，通信品質は低下する可能性があるためである．
・以上3項目の全てに当てはまるが，ネットワークを分割しておけば第3層（インターネット層）でトラブルシューティングしやすい場合が挙げられる．

8.10　グローバルアドレスとプライベートアドレス

　IP アドレスは世界で唯一のアドレスであると説明した．これをグローバルアドレスと呼ぶ．基本的には，一人1つのグローバルアドレスを利用していればよいわけだが，一人のユーザを見ても，自宅で利用する場合と会社で利用する場合では異なる IP アドレスを利用する．そうすると，グローバルアドレスだけでは割り当てるアドレスの数が足りないため，もう少し柔軟に利用できるアドレス体系が必要となる．それを実現したのがプライベートアドレスである．

　すなわち，プライベートアドレスとは，自宅や職場内の閉じたネットワークの中で自由に付けてもよいもので，プライベートアドレスの範囲は，以下のと

8.10 グローバルアドレスとプライベートアドレス

おりとなっている．

 10.0.0.0 ～ 10.255.255.255
 172.16.0.0 ～ 172.31.255.255
 192.168.0.0 ～ 192.168.255.255

企業内で利用しているプライベートアドレスを持っているユーザは，インターネット（いわゆる外の世界）と接続する場合は，グローバルアドレスに変換する必要がある．そこでこれら2つのアドレスを対応させるのが，NAT（Network Address Translation）機能と呼ばれる装置である．NATはプライベートアドレスをグローバルアドレスに一対一で変換する．冒頭でも述べたが，これだとユーザごとにグローバルアドレスを割り当てるのと同じ状況になっているので，プライベートアドレスを持っている複数のコンピュータを1つのグローバルアドレスに変換する技術がある．これをNAPT（Network Address Port Translation）と呼ぶ（図8.7）．これはIPアドレスとポート番号をペアにしてグローバルアドレスを割り当てる．NAPTの内側では，それぞれのプライベートアドレスを利用しているが，NAPTにおいて，代表のグローバルアドレスを対応させる．その際に，ポート番号も対応させて一対一の対応を保持する

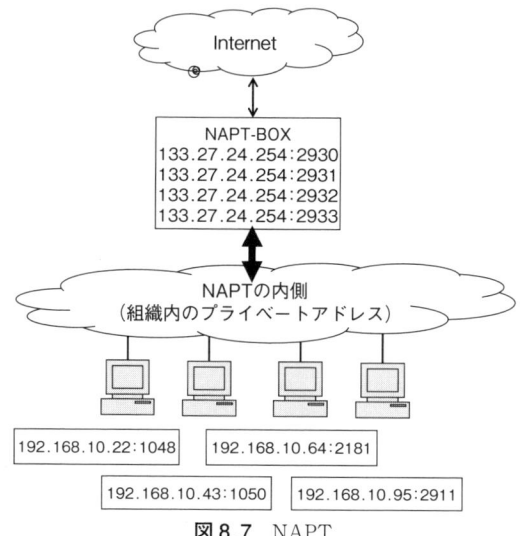

図 8.7 NAPT

わけである．

8.11 NAT/NAPT のメリット・デメリット

アドレス利用の柔軟性を実現するのがプライベートアドレスの本来の目的だが，外の世界と接続するとさまざまな問題が生じる．NAT/NAPT 機能は，その問題を解消するのにも一役買っている．それらのメリットは，1つのグローバルアドレスを使って複数のマシンが外部と通信できるため，グローバル IP アドレスの節約が可能であることの他に，外部から内部ネットワークが隠蔽されるアクセス制御が可能なことである．企業では，外から勧誘などの迷惑電話がよく見受けられる．これは，外部にその電話番号が知られてしまっている，もしくは誰の電話かがわかってしまっている場合に発生する問題である．IP ネットワークの世界でも，企業内のユーザが利用している PC の IP アドレスがわかってしまうと，直接さまざまな攻撃を受ける（いわゆるネットワークの脅威にさらされるわけである）．外からは，企業内の IP アドレス体系を隠蔽して，そのような直接の攻撃を防ぐのが NAT/NAPT 機能の役割である．

一方，デメリットは，ペイロード内に IP アドレスを含むプロトコルを利用するアプリケーション（例えば，FTP や H.323 系の VoIP, NetMeeting など）の場合は，プロトコルによっては NAT/NAPT を通過できないので，アドレス変換時にアプリケーションデータも書き換える必要があること，外部からも接続が行われるアプリケーション（例えば，ネットワークゲームや P2P など）や複数の動的なセッションを利用するアプリケーション（例えば，FTP や NetMeeting など）などの外部からアクセスを受けるアプリケーションが利用しずらい点が挙げられるので，利用の際には問題がないかどうかを事前に確認する必要がある．

8.12 特別な IP アドレス

IP アドレスは，送信者から受信者へパケットを届けるために必要な情報だが，以下に特殊な IP アドレスをまとめたので例を示す．
・ネットワークアドレス：IP アドレスのホスト部の値を全て 0 にしたもので，同じデータリンクでつながっているネットワーク全体を表す．

例：201.10.101.5 は 201.10.101.0 のネットワーク内の5番のホストの意味である．
・ブロードキャストアドレス：ホストアドレス部を最大値にしたものをいう．
例：ホストアドレス部が8ビットのとき，最大値は255なので，201.10.101.255 がブロードキャストアドレスになる．ブロードキャストアドレスはネットワーク全体へ同時に送信するときに使われる宛先IPアドレスである．

以上の「ネットワークアドレス」と「ブロードキャストアドレス」はユーザに割り振ることはできない．そのため，8.8節で説明したとおり，各プレフィックス長に対する接続可能ノード数が単純に計算した値より2個少ないのに気が付いた方もいるかもしれない．例えば，プレフィックス長が24ビットの場合に，接続可能ノード数が256台ではなく，254台になっているのはこの理由によるものである．
・マルチキャストアドレス：クラスDのアドレスである．通常は一対一の通信だが，この場合は同時に複数の相手を指定して同じデータを送信する．上位4ビットが1110になるのが特徴である．

8.13 広域コンピュータネットワークとルーティング

ローカルエリアにおけるコンピュータ通信ではLAN技術を利用した．エリア内だけでなく外部のネットワークと接続しやりとりを行う際には，広域コンピュータネットワークを対象とする必要がある．その広域コンピュータネットワークは，以下の特徴を有する．
・第3層（インターネット層）以上のアドレスに関する経路制御を行う．
・IPパケットヘッダ情報によるパケットを転送する．
・受信側では到着パケットの組立てを実施する．

情報の送信者が属するネットワークから受信者が属するネットワークへパケットを送り届けるため，ネットワークを構成する各ルータは経路制御表（ルーティングテーブル）を保有している．あるルータにおいて，自分が隣のルータから受信したパケットはどこへの宛先かを経路制御表により確認し，次のルータへ転送していくわけである．この経路制御表の作り方には2種類ある．一つ

は，スタティックルーティング（静的ルーティング）と呼ばれ，手動で各ルータの経路制御表を設定していく方法である．トラフィックの状況や装置追加などの変化がほとんど無い場合は有効だが，変化が激しい場合は設定変更の手間を要するのが特徴である．もう1つは，ダイナミックルーティング（動的ルーティング）と呼ばれ，ルータ間で経路制御表を交換して自動で設定する方法である．これには，いくつかの方法があり，経路決定アルゴリズムと呼ばれ，距離ベクトルアルゴリズム（RIP, IGRP）やリンク状態アルゴリズム（OSPF, IS-IS）などが用いられる．

8.14 距離ベクトルアルゴリズム

距離ベクトルアルゴリズムの中で代表的なものにRIP（Routing Information Protocol）がある．RIPの基本動作は，ルータを通過する回数（ホップ数）がいちばん少ない経路を選ぶ方法である（図8.8）．以下に動作を示す．

①自分（ルータ1）が持つ経路情報を隣接ルータ（ルータ2）に伝達する．
②ルータ2が受け取った経路情報を，さらに隣接ルータ（ルータ3）に伝達する．
③ルータ3が受け取った経路情報が，自分がすでに持っている経路情報よ

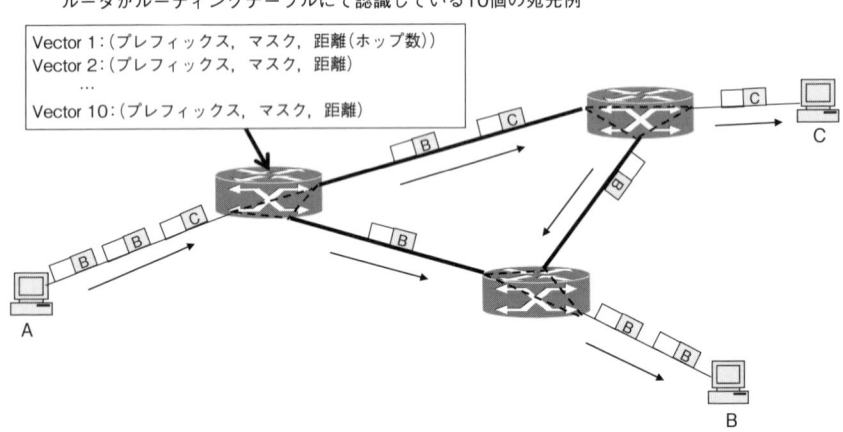

図8.8 距離ベクトルアルゴリズム

りホップ数が多い場合は破棄し，ホップ数が少ない場合は更新する．
　④最短の経路でトラフィックを転送する．
　この距離ベクトルアルゴリズムは，以下の特徴を有す．
・プロトコルの動作が簡単である．そのため，プログラム実装も簡単で，小型のルータでも搭載可能である．
・経路情報の更新をその都度実施していくので，全てのルータが正しい経路表を作成し，それ以上更新しなくなるまでの時間（経路の収束時間）が長い．しかし，小規模なネットワークなら高速収束可能である．
・ネットワーク内にルータが多数存在し，複雑な場合に，ループが発生する可能性がある．確率は非常に低いが，完全にループフリーではない．そのため，ネットワークが大規模なほど，交換する経路情報が増大する．

8.15　リンク状態アルゴリズム

リンク状態アルゴリズム（図8.9）の動作を以下に示す．
　①各リンクにコストを設定する．
　②各ルータのリンク（インタフェース）情報をネットワーク全体で共有する．
　③ネットワーク全体に伝達（flooding）する．
　　ネットワーク内のすべてのルータにリンク情報が伝わる．

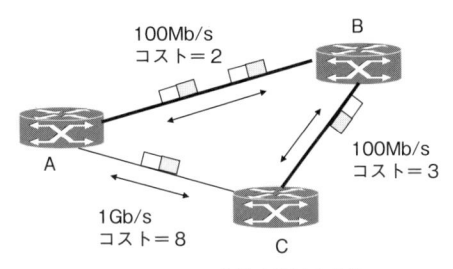

リンクコストにコスト値を設ける方法

ホップ数	総コスト
1個（経路1：A-B-C）	5（経路1）
0個（経路2：A-C）	8（経路2）

図8.9　リンク状態アルゴリズム

全ルータは同一のリンク情報データベースを持つ．

運用後は，状態に変化があったリンクの情報だけを伝える．

④各ルータが，リンク情報からトポロジーを再構成する．

リンク情報を基に，自分がルート（根）となるツリーを作成する．

ツリーにすれば，ある宛先までの最短経路がわかる．

全ルータが同一の計算方法をとる．

リンク状態アルゴリズムの特徴は，以下のとおりである．

・ネットワークの規模が大きくなっても，ネットワーク全体に恒常的に情報が流れる．各ルータが独自にトポロジーを構成するので，ルータ間での情報の交換が少なく，経路制御メッセージの増加量は少ない．また，いったん経路が収束した後は，状態に変化のあった情報だけが流れるため，経路制御メッセージによるトラフィック量が少ない．そのため，大規模なネットワークに適している．
・トポロジー構成のアルゴリズムを全てのルータで搭載するため，距離ベクトル型に比べ，処理が複雑である．反面，各ルータがネットワーク全体の情報をもとに処理を実施するため，大規模なネットワークでも経路の収束が早い．
・代表的リンク状態型経路制御プロトコルに，以下のものがある．

　　　OSPF（Open Shortest Path First）

　　　IS-IS（Integrated System to Integrated System）

表8.1　ルーティングのまとめ

距離ベクトルアルゴリズム	リンク状態アルゴリズム
ルータは，隣接ルータのリンク状態に関する情報を保持する	個々のルータが着側までの距離を把握する
定期的，イベント発生時に，隣接するルータ間でルーティング情報の交換を実施	リンク状態の変化により，ネットワーク全体にその情報が流れる
大規模なネットワークの場合，ループが発生する可能性あり	ループは生じない
収束は遅い	収束は早い
シンプルな運用	ルーティングプロトコルは複雑，運用は難しい
IGRP，EIGRP，RIP	OSPF，IS-IS

ダイナミックルーティングの方法として2つのアルゴリズムに関する比較をまとめると，表8.1のとおりである．

8.16 交換機とルータの違い

電話サービスで利用する回線交換（主に交換機が役割を果たす）とデータ通信で利用するパケット交換とインターネットで利用するパケット交換の違いを表8.2としてまとめた．

回線交換で使用する装置は交換機である．コネクション型のパケット交換ではデータ通信用の蓄積交換機がそれに相当する．さらに，コネクションレス型のパケット交換では，ルータがそれに対応する．

それぞれの特徴をまとめると，回線交換では，予め送信者と受信者間でコネクションを確立するので，情報の伝搬遅延は少ないと言える．そのため実時間伝達に有利という特徴があり，経路設定をいったんすれば通信中の制御はほとんど不要である．ただし，同時に多くのユーザが利用すると輻輳が発生するので，輻輳制御機能が必要となる．一方，コネクション型のパケット交換では，サービス種別によらずパケットに変換して送受信するため，情報内容を変換する情報処理サービス，同報通信，異種端末接続に適する．また，誤り制御の高度化による信頼性の高い伝送となっている．異速度のサービスを同じネットワークで転送できることから，伝送回線を高能率で使用可能である．コネクションレス型のパケット交換は，回線交換とコネクション型パケット交換の中間に位置する．すわなち，どのようなサービスでも適していると言える．ただし，ベ

表8.2 交換機とルータの違い

方式	回線交換	パケット交換 （コネクション型）	パケット交換 （コネクションレス型）
装置	交換機	データ通信用蓄積交換機	ルータ
特徴	・情報の伝搬遅延は少ない．実時間伝達に有利 ・経路設定をいったんすれば通信中の制御はほとんど不要 ・輻輳制御機能がある	・情報内容を変換する情報処理サービス，同報通信，異種端末接続に適す ・誤り制御の高度化による信頼性の高い伝送 ・伝送回線を高能率で使用可能	・両者の中間 ・輻輳対策は無し

ストエフォートサービスなので，輻輳対策は施してない．

8.17 IPv6 アドレス

IP アドレスは，ネットワーク内における各種装置類（ルータやサーバ，さらにはユーザのパソコンなど）に付与される番号で，電話サービスにおける電話番号に対応するものである．現行は先にも述べたとおり，IPv4 アドレス（32 ビットで表現）が利用されているが，約 40 億個のアドレスを利用することができる．一昔前のように，IP アドレスを保有する PC を一人 1 台利用する時代は事足りたが，現在は PC を一人で複数台所有し，さらに PC だけでなく，AV 機器や家電製品，さまざまな個所に設置されたセンサーなどあらゆるものがネットワークと接続する時代になった．そうすると，アドレスが枯渇するのは時間の問題となっているのは明らかである．そこで考えられたのが，IPv6 アドレスである．表 8.3 に示すとおり，IPv6 アドレスは，これまでの IPv4 に比べて 4 倍の 128 ビットで表現されることから，約 3×10 の 38 乗通りの番号を付与することができる．IPv4 アドレスと IPv6 アドレスを量的に例えると，IPv4 アドレスがバケツ一杯の砂の粒の数だとすれば，IPv6 アドレスは太陽の体積分の砂の数である．これからもわかるとおり，IPv6 アドレスは，ほとんど無限の資源だと考え，今後は盛んに利用されていくことになるであろう．

表 8.3 IPv6 アドレス

	IPv4（現行）	IPv6
アドレス数	2^{32} 個（約 40 億個）	2^{128} 個（約 3×10^{38} 個）
アドレス数の比較（例え）	バケツ一杯分の砂の数	太陽の体積の砂の数
表記方法	4 個の 10 進数（例：201.10.101.56）	16 個の 10 進数（例：2001：218：…0001）
アドレスの設定	手動割当/DHCP サーバが必要	MAC アドレスを用いた自動設定

8.18 情報量の扱い方

電話サービスにおいては，ネットワークの設計を行う際に，どのくらいの情

報量がネットワーク内を行き交うかを測るため，トラフィックという概念を利用した．これは，予め与えられた設備に対して，ユーザが電話を利用した時間をもとにした数量であった．電話という単一のサービスであれば，利用者によらず単位時間当たりの情報量は同じなので，利用時間をもとにした計算や処理でよかったわけである．一方，IP 網では，音声だけでなく静止画や動画などのメディアの異なるサービスが混在した情報を扱う必要がある．これは，情報をパケットに分割して通信を行うためだが，そのためパケットの長さとそれが単位時間当たりにいくつ流れたかを数値として表し，情報量を計測していく必要がある．すなわち，図 8.10 に示すように，bit per second（bps）モデルとして扱う．IP 網の bps モデル例を示す．例えば，単位時間当たりに 400Mbit のデータが転送された場合は，400Mbps と呼び，10Gbit のデータが転送された場合は，10Gbps と言う．これは，単位時間当たりの面積に相当すると言える．

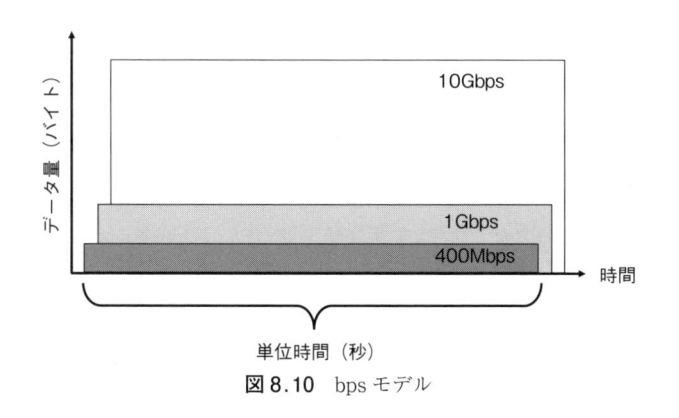

図 8.10 bps モデル

8.19 さらに勉強したい人のために

米国のインターネットが政府主導型で始まったのに対して，日本のインターネットは 1984 年に開始された JUNET の実験によりボランティアとして始まった．JUNET は，慶応，東工大，東大を UUCP 方式（UNIX コンピュータ間の接続）で結んで実験したネットワークである．その後，慶応の WIDE（Widely Interconnected Distributed Environment）などのプロジェクトがス

タートし，インターネットの爆発的な利用とともに，商用プロバイダーによるネットワーク整備が進み，WIDEと商用プロバイダー間のトラフィック交換を目的としたNSPIXP（Network Service Provider Internet eXchange Point）が設置された．このような日本におけるインターネット発展の歴史や関連するプロジェクトなどは，インターネット上で検索すると多くの文献が出てくる．

IPアドレスを用いたネットワーク設計に関しては，さまざまな書籍が出ている．特に世界的にも有名なルータベンダであるCISCOの製品をベースとした教科書として［1］などが挙げられる．また，ルーティング方法にいくつかのアルゴリズムがあるが，例えば［2］，［3］などを参考として挙げる．

IPv6に関しては，これも多数の書籍が存在する．その特徴は例えば［4］の中で詳細に説明されおり，今後の普及促進については，［5］などで触れられている．

■参考文献

[1] ダイワボウ情報システム（株）:『Ciscoネットワーク構築教科書（設定編）』，インプレスジャパン（2010）．
[2] Gene 他:『まるごとわかるルーティング入門』，技術評論社（2009）．
[3] 山川秀人 他:『マスタリングTCP/IP』，ルーティング編，オーム社（2007）．
[4] IRIユビキタス研究所:『マスタリングTCP/IP』，IPv6編，オーム社（2005）．
[5] 江崎　浩監修:『IPv6教科書』，インプレス標準許可書シリーズ，インプレスR&D（2007）．

演習問題

1. ネットワークに接続されているホストのIPアドレスが212.62.31.90で，サブネットマスクが255.255.255.224のとき，ホストアドレスはどれか．

    （ア）31　（イ）26　（ウ）90　（エ）224

2. IPアドレス10.1.2.146，サブネットマスク255.255.255.240のホストが属するサブネットワークはどれか．

    （ア）10.1.2.132/27　（イ）10.1.2.132/28　（ウ）10.1.2.144/27

（エ）10.1.2.144/28

3. IPアドレスが192.168.10.0/24 〜 192.168.58.0/24のネットワークを対象に経路を集約するとき，集約した経路のネットワークアドレスのビット数が最も多くなるものはどれか．

　　　（ア）192.168.0.0/16　　（イ）192.168.0.0/17　　（ウ）192.168.0.0/18
　　　（エ）192.168.0.0/19

4. 現状IPv4アドレスは枯渇状態になると言われているが，それに対処するためにIPv6アドレスを利用する検討がされている．IPv6アドレスを導入する際の課題を述べよ．

5. 音声に対して，映像がネットワーク内を流れる情報量は何倍になるか．

第9章

ネットワークの利便性を支える TCP/IP

9.1 TCP/IP

　第7章および第8章で，コンピュータ通信の代表的な技術であるLANとIPをもとに，エリア内通信と広域エリア間通信の基本的な仕組みについて説明をした．これらの技術をまとめてTCP/IPと呼ぶ．まずTCP/IPにおける各階層とOSIにおける各階層の比較を表9.1に示す．TCP/IPでは，OSIの上位3層がまとまりアプリケーション層1つになったのが特徴である．また，具体的にどのようなプロトコルがおのおのの層をサポートしているかを示す．すなわち，ネットワークインタフェース層では，RS-232Cなどのコネクタやケーブルの規格（ピンの形状や数など）やLAN伝送方式の代表的なイーサネットやFDDIなどの方式がここに対応する．OSIにおける物理層とデータリンク層が統合された形になる．インターネット層では（OSIではネットワーク層がこれに対応する），パケット転送のIPや死活確認のICMPなどのプロトコルが対応する．さらに，トランスポート層では，TCPやUDPにより転送品質を保つ役割をする．最上位のアプリケーション層には，HTTP，SMTP，POP，Telnetなど各種アプリケーションのプロトコルが存在する．このように，IP技術の世界でも，各種方式や装置の標準化のためにネットワークアーキテクチャや階層化といった概念が役立っており，OSIに比べてさらに使いやすいように改良されているわけである．

表9.1 TCP/IP

OSIにおける7層	インターネット（TCP/IP）における階層	TCP/IPプロトコル群
アプリケーション層	アプリケーション層	HTTP, SMTP, POP, FTP, Telnet, DNS, DHCP, SNMP
プレゼンテーション層		
セッション層		
トランスポート層	トランスポート層	TCP, UDP
ネットワーク層	インターネット層	IP, ICMP, ARP
データリンク層	ネットワークインタフェース層	Ethernet, FDDI, RS-232C
物理層		

9.2 TCP/IPにおける各層のヘッダ

　実際のデータは，階層でいうとアプリケーション層にある．この実際のデータは，各階層の役割に従って，ヘッダが付加され，最終的にはネットワークインタフェース層で信号として送信される．図9.1のイーサネットでデータを送信する場合を例に説明する．図に示すとおり，まずトランスポート層では，TCPヘッダが付加される．これは主に，ポート番号情報により，どのようなアプリケーション種別のデータなのかを識別することと，シーケンス番号により，情報をどの順番でパケットに分割したか，または組み立てるかを付加する役割である．インターネット層ではさらにIPヘッダが付加される．ここでTCPヘッダとデータを合わせた塊をIPペイロードと呼ぶことにする．IPヘッダにより，送信元と送信先のIPアドレス情報などが付加される．さらに，ネットワー

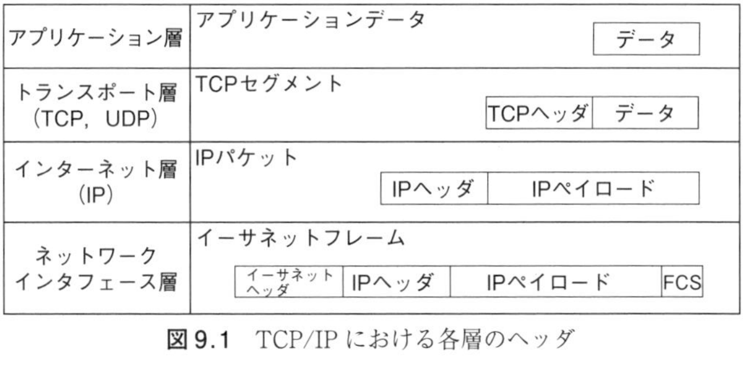

図9.1 TCP/IPにおける各層のヘッダ

クインタフェース層では，イーサネットヘッダが付加され，MACアドレス情報が追加されることにより，LAN内をパケットが飛び交うことができる．また，最後にFCS情報を付加することにより，1つのパケットがここで終了することを意味する．

9.3 IPヘッダ情報

ここで，IPヘッダにどのような情報が含まれているのかを具体的に見てみよう．表9.2に主な情報を示す．「バージョン」情報は，4ビットで構成され，IPv4では4を，IPv6では6が入る．続いて，「IPヘッダ長」によりヘッダの長さを，「パケット長」によりパケット全体の長さを示す．それらの間に存在する「サービスタイプ（TOS：Type Of Service）」は，当該パケットの優先度などの品質情報を決めるためのものである．「生存時間（TTL：Time To Live）」は，8ビットで，パケットが通過可能なルータの数を表す．ルータを経由するたびに1ずつ減っていき，0になった時点でそのパケットは破棄される．「プロトコル」は8ビットで，IPの上位層にあるプロトコル（例えば，ICMP，TCP，UDPなど）を番号で指定する．「ソースアドレス」および「デスティネーションアドレス」は，それぞれ送信元と宛先の32ビットのIPアドレス情報が格納

表9.2 IPヘッダ情報

情報	ビット数	構成内容
バージョン	4	IPv4のときは4，IPv6のときは6
ヘッダ長	4	IPヘッダの長さ
サービスタイプ（TOS：Type Of Service）	8	IPパケットの優先度などの品質情報
パケット長	16	IPヘッダとIPデータを合わせたパケット全体の長さ
生存期間（TTL：Time To Live）	8	パケットが通過可能なルータの数．最大値は255で，ルータを通るたびに，値を1つづつ減らす
プロトコル	8	上位層のプロトコルを番号で指定
ソースアドレス	32	送信元のIPアドレス
デスティネーションアドレス	32	宛先のIPアドレス

される．

　この他にも，大きなデータパケットを送信する際に，分割して送ることがある．パケットが分割されたものであることを認識するため，フラグメント（後述）に関する情報を装備している．

9.4　アプリケーション層のプロトコル（DNS）

　ユーザがどのような形でインターネットに接続するかが理解できたので，ユーザがさまざまな目的でインターネットに接続するとき，自らが設定することなく，簡単に情報を検索できたりする仕組みについて考えてみよう．通常ユーザが情報検索をしたいなどといったときには，目的のサーバに接続する必要がある．サーバは先に述べたように，世界で唯一のIPアドレスを保有しているので，接続先のIPアドレスを入力すればよいことになる．しかし，IPアドレスは32ビットの情報だし，十進数に直したとしても，そう簡単に覚えられるものではない．そこで考えられたのが，DNSという仕組みである．DNS（Domain Name System）とは，ドメインの体系を管理しているシステムのことである．ドメインとは，1つのグループであり，その下で，他にどのようなサーバが接続されているかを管理している領域であると言える．図9.2に示すように，ネームサーバ（DNSサーバ）では，IPアドレスとドメイン名との対照表を保有する．これにより，接続先のIPアドレスを入力せずに，相手のサイト（URL：Uniform Resource Locator）を入力することにより，接続することができる．

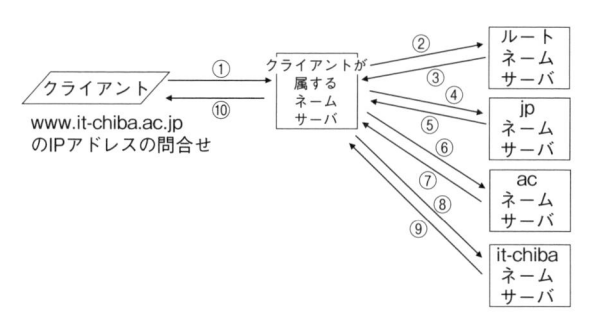

図 9.2 DNS の仕組み
（針生時夫 他：『わかりやすい通信ネットワーク』，日本理工出版会（2005）．を参考に作成）

ネームサーバが管理する領域をゾーンと呼ぶ．DNSシステムはネームサーバと，ネームサーバに問い合わせるDNSクライアントから構成される．図に示すように，①〜⑩の手順で，階層的に絞り込んでいくことにより，一度に広範なネットワークを検索するよりも効率的に接続していく．

9.5 アプリケーション層のプロトコル（DHCP）

コンピュータネットワークを構築する際に，多くのコンピュータ（端末）を接続する．それぞれの端末はお互いに通信できなければいけないから，重複しないように異なるIPアドレスを設定していく必要がある．いったん構築が完了し，運用フェーズに入ると，この端末の台数がさまざまな事情で多くなったり少なくなったりする．そのため，その都度コンピュータのIPアドレス設定を変更するのでは手間が膨大になってしまう．このような問題を解決するのがDHCP（Dynamic Host Configuration Protocol）である（図9.3）．DHCPとは，コンピュータからの要求に対して，一時的にIPアドレスを割り当てるようにする仕組みである．IPアドレスは，DHCPサーバにプールされている中から，そのとき空いているものを貸し出す方法で行う．このプロトコルは，こういった状況において，効率的運用に効果がある．

割当ての方法としては，動的割当てと静的割当ての2種類がある．動的割当

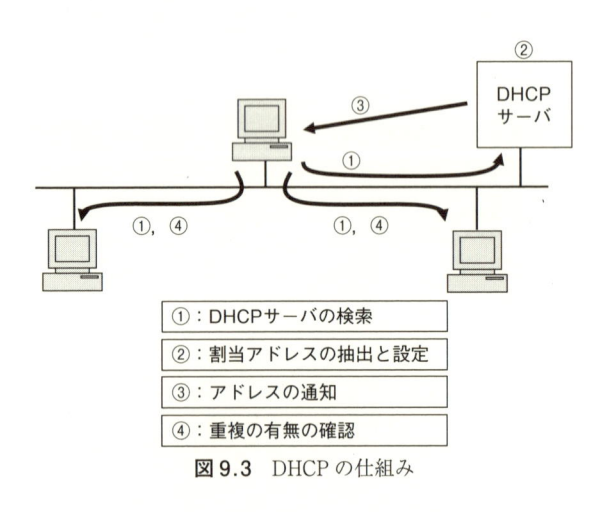

①：DHCPサーバの検索
②：割当アドレスの抽出と設定
③：アドレスの通知
④：重複の有無の確認

図9.3 DHCPの仕組み

てでは，端末（クライアント）に対して，有効期限つきで IP アドレスを割り当て，クライアントがネットワークから離れ，アドレスの有効期限が来たら割当てをやめて，他のクライアント要求に再利用する．静的割当てでは，予め決めてある IP アドレスをクライアントに割り当てる．クライアントの MAC アドレスとペアで管理していく方法である．

9.6 インターネット層のプロトコル（IP）

IP（Internet Protocol）とは，TCP/IP プロトコルの中心となるもので，インターネット層の代表的なプロトコルである．データに IP ヘッダを付加したパケットという形にして，ネットワーク内へ送信する．インターネット層では，複数のネットワーク間を接続した通信を行う役割があるため，物理的あるいは論理的に離れていても送受信者2点間のデータ転送を行うことができる．主な役割として，以下が挙げられる．

・送信データへの IP アドレス付与：IP ヘッダにアドレス情報を挿入することにより，通信相手をアドレスで識別可能となる．
・経路制御：各ルータは経路情報を保有しており，パケットの宛先情報（送信先 IP アドレス）を見て経路を選択していく．これにより目的の受信端末へ情報を届けるには，どのルータを通ったらよいかがわかる．
・IP パケットの分割と組立て：これによりネットワークインタフェース層でのプロトコルの種類が違っても伝送可能となる．

9.7 インターネット層のプロトコル（ARP）

送信先 IP アドレスを保有する端末が属するネットワークまでパケットを送った際に，そのネットワーク内では，どの端末が該当する送信先 IP アドレスを持っているかわからない．これは，IP アドレスは複数のネットワークを接続するルータ間をやりとりするためのプロトコルだからである．では，ネットワーク内ではどのようにして目的の IP アドレスを保有した端末を識別するのだろうか．一般には，ネットワークインタフェース層で Ethernet フレームを流し，やりとりをするために，MAC アドレスを用いる．MAC アドレスは 48 ビットで構成され，製造元の識別番号となる前半分の3オクテット（24 ビット）と，

```
              ┌─────────────────────────┐
              │ IP：201.10.1.1          │
              │ MAC：00:54:97:13:45:80  │
              └─────────────────────────┘
```

```
┌──────────────────────┐   ┌─────────────────────────┐   ┌──────────────────────┐
│ 送信元IP：201.10.1.1  │
│ 送信元MAC：00:54:97:13:45:80 │
│ 送信先IP：201.10.1.2  │
│ 送信先MAC：（問合せ）  │
└──────────────────────┘
```

| IP：201.10.1.2 | | IP：201.10.1.3 |
| MAC：10:66:90:3f:05:77 | | MAC：55:43:7f:2b:00 |

```
送信先IP：201.10.1.2
送信先MAC：10:66:90:3f:05:77
```

```
IP：201.10.1.1
MAC：00:54:97:13:45:80
```

| IP：201.10.1.2 | | IP：201.10.1.3 |
| MAC：10:66:90:3f:05:77 | | MAC：55:43:7f:2b:00 |

図 9.4 ARP の仕組み

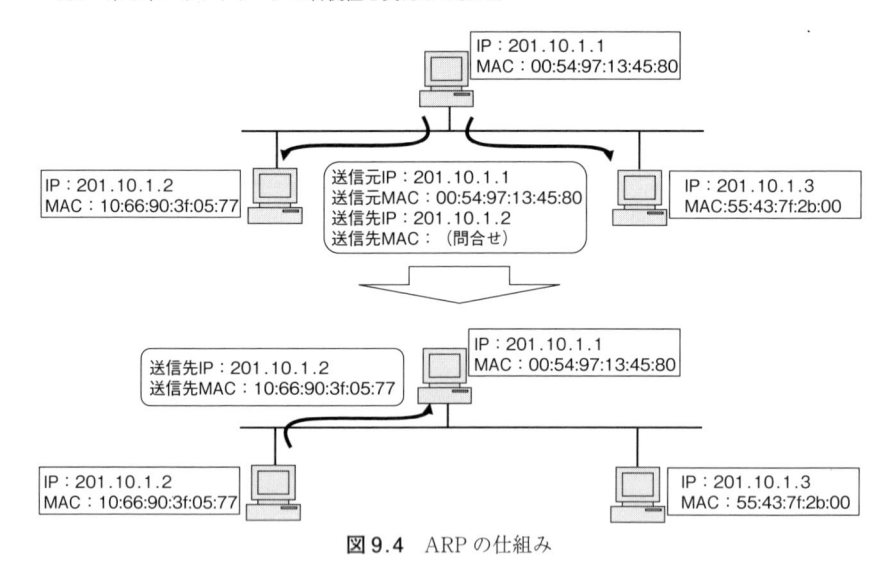

製造元が任意に割り当てるボード ID と呼ばれる後半分の 3 オクテットから成り立っている．手順としては，図 9.4 に示すとおり，送信先 IP アドレスを保有する端末を探すために，ホストの IP アドレスから MAC アドレスを調べるためのプロトコルとして ARP（Address Resolution Protocol）を利用する．送信側のホストから，ネットワーク内の全端末に対して，ARP 要求パケットをブロードキャストする．すると，目的の端末はそれに対して ARP 応答パケットを返して MAC アドレスを知らせる．これでホストはどの端末が送信先 IP アドレスを保有した端末かを理解し，その端末にパケットを流すわけである．

9.8 インターネット層のプロトコル（ICMP）

IP はコネクションレス型のプロトコルなので，送信したパケットが相手に無事に届いたかどうかはわからない．どこかのルータやサーバがダウンしていたりしてもわからないわけである．このように通信中に障害が発生した際に，その原因を経路上に存在するルータやサーバなどから送信元に知らせるようにする役目が，ICMP（Internet Control Message Protocol）というプロトコルである．主にネットワークの疎通確認・診断に利用されている．図 9.5 に簡単な動

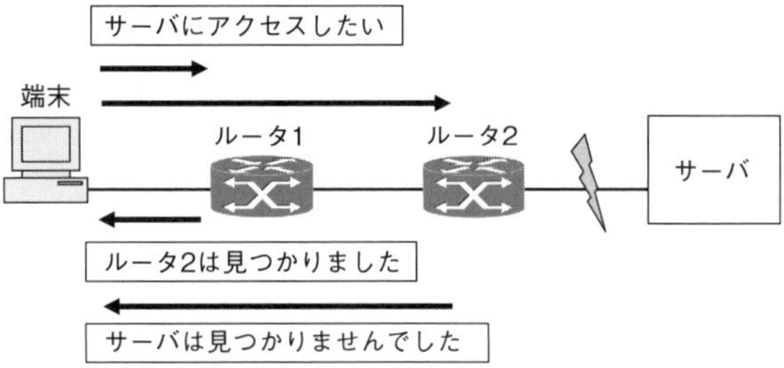

図 9.5 ICMP の仕組み

作例を示す．一般に端末からサーバにアクセスを試みたときに，IP プロトコルを利用した場合に，サーバが存在しているかどうかはわからない．そこで，ICMP を用いると，端末から順次接続されているルータからはその次のルータが存在することを知らせる返信メッセージを得ることができる．そのため，途中にあるルータがサーバへの経路情報を保有していなければ，「サーバが見つかりません」というエラーメッセージが返信され，どこで疎通に障害が発生しているかがわかる仕組みになっている．

ネットワークの疎通確認に，よく使われるものに ping コマンドがある．これは宛先の IP アドレスを入力して，与えられたデータサイズの ICMP パケットを複数回送信し，送受信パケット数から損失数を計算し，要した時間を表示することにより，正しく到達しているかどうかを診断するものである．また，traceroute コマンドは，ある端末から相手の端末までのネットワーク経路をリスト表示するものである．ルータのルーティング設定が正しいかどうかの確認やネットワーク性能評価をもとにした再設計検討に役立つ．

9.9 IP パケットの組立てと分割

ネットワークインタフェース層の Ethernet では，データの最大転送単位は 1500 バイトと決められている．それを超える場合は，パケットを分割して送信し，受信側ではそれらを再構築する必要がある．この分割処理のことをフラグメンテーションと呼ぶ．そして分割されたパケットのことをフラグメントと言う．

パケットを分割する際に，IP ヘッダ情報により以下の 3 種類が識別可能とな

る．
・先頭のパケット
・途中のパケット
・最後のパケット

　これらは，フラグ情報のうちの，継続フラグメントビットとフラグメントオフセットの2つの識別情報で判断される．続くフラグメントがある（最初と途中）場合は，継続フラグメントビットを1とする（最後のパケットでは0とする）．フラグメントオフセットは8オクテットごとの，当該パケットの開始位置を表すので，最初は0で，途中のパケットは何オクテット目からを格納しているのかをここで示すわけである．

　フラグメントは最終的に相手ホストに届けられてからパケットに組み立てられる．つまり，IPの上位層からみると送信したパケット長のままデータが届くことになるわけである．ただし，途中のパケットは，順番が入れ替わったり，重複して送られたりすることがあるので，受信側は再構築の際に，気をつける必要がある．

　データ転送におけるパケットの最大転送単位のことをMTU（Maximum Transfer Unit）と呼ぶ．

9.10　IPv6プロトコルとの比較

　これまで，IPv4を基本として，代表的なプロトコルを説明してきた．一方，前章でも説明したIPv6が，今後普及していくが，プロトコルの観点からはどのような違いがあるのだろうか．主な観点について表9.3にまとめた．

　IPアドレスとホストの対応付けを行い，名前を解決するDNSの仕組みは，どちらの方式も必要となるが，そこで利用される処理レコードが32ビット対応か128ビット対応かで異なる．特にIPv6で用いられるレコードをAAAAレコード（クワッドAレコード）と言う．

　アドレス割当ては，基本的にDHCPにより行うのは双方同じであるが，IPv6はルータさえあれば，アドレスの自動設定が可能である．MACアドレス探索とエラー通知に関しても基本的な動作は同じであるが，IPv6では，この2つの機能をICMPv6という1つのプロトコルで実現している．

表 9.3 IPv4 と IPv6 のプロトコル比較

	IPv4	IPv6
DNS における IP アドレスとホストの対応付け処理レコード	A レコード （32 ビット対応）	AAAA レコード （128 ビット対応）
アドレス割当て	DHCP	DHCPv6
MAC アドレス探索	ARP	ICMPv6
エラー通知	ICMP	ICMPv6
フラグメント	送信後，各ルータにて MTU と比較し，超えていればフラグメントが発生	通信の前に送信端末にて MTU のネゴシエーションを行うため，フラグメントは発生しない

パケットの分割に関しては，IPv4 は最大転送単位（MTU）を超えた場合に，各ルータでパケットを分割して送信するという手間が生じたが，IPv6 の場合は，送信端末で事前に MTU のネゴシエーションを行うため，フラグメントは発生しないという特徴がある．

9.11 ポート番号

クライアントは必要なときにサーバに要求を出す．サーバはそれに応じてサービスを提供する．このときサーバは，クライアントの要求がどのアプリケーションであるかの識別をするため，ポート番号と呼ぶ情報を利用する．

ポート番号は，世界的に IANA（Internet Assigned Number Authority）によって管理されている．0～1023 の範囲のポート番号はウエルノウンポート番号と呼ばれ，特によく使われるアプリケーションに割り当てられている．例えば，以下のとおりである．

  HTTP（Hyper Text Transfer Protocol）：80
  FTP（File Transfer Protocol）：20, 21
  Telnet：23
  SMTP（Simple Mail Transfer Protocol）：25
  POP3（Post Office Protocol）：110

ネットワーク内のルータおよび企業に設置されるサーバでは，このパケットに含まれる IP アドレスとポート番号を識別し，誰がどのようなアプリケーシ

ョンで接続しようとしているのかを確認するわけである．トラフィックの増大や不正なアクセス防止の観点から，IPアドレスだけでなくポート番号を認識し，制御を行うのがIP網運用の基本となっている．ただし，最近利用が増大しているP2Pアプリケーションは，ポート番号が定まらないため，識別が困難な状況にあり，どのように制御していくかが今後の課題と言える．

9.12 トランスポート層のプロトコル（UDP）

ここでは，まずトランスポート層プロトコルの役割について説明する．コンピュータでは複数のアプリケーションが動作しているが，トランスポート層では目的のコンピュータにデータが届いたとき，どのアプリケーションとやりとりをすればよいのかの識別をする役割を持っている．代表的なプロトコルとして，TCP（Transmission Control Protocol）とUDP（User Datagram Protocol）がある．

UDPは，送受信者間でコネクションを確立せずにデータの送信を行う，コネクションレス型のプロトコルである．これは，通信手順を簡単にすることにより，データ通信の高速性に重点を置いているからである．そのため，途中でパケットの紛失があっても，高速にデータを送ることができるので，動画などの大容量のデータを送るストリーミングサービスやリアルタイム性を要求する音声サービスなどに向いている．

9.13 トランスポート層のプロトコル（TCP）

TCPは，UDPと異なり，データ送信の前にコネクションを確立し，相手の処理状況に応じてデータ量の制御や通信途中にデータ紛失があった場合の再送を行う．主な手順を図9.6および以下に示す．

①コネクションの確立と切断

送信者がデータ転送の前に，受信者にコネクション確立要求（SYN）を行う．受信者から確認要求（SYN + ACK）が送られたら，送信者から確認信号（ACK）を送り，コネクションを確立する．コネクションの切断時には，切断要求（FIN）を行う．受信者からの確認信号（ACK）に続いて切断要求（FIN + ACK）が送られたら，送信者から確認信号（ACK）を送り，切断を実行す

図9.6 TCP の仕組み

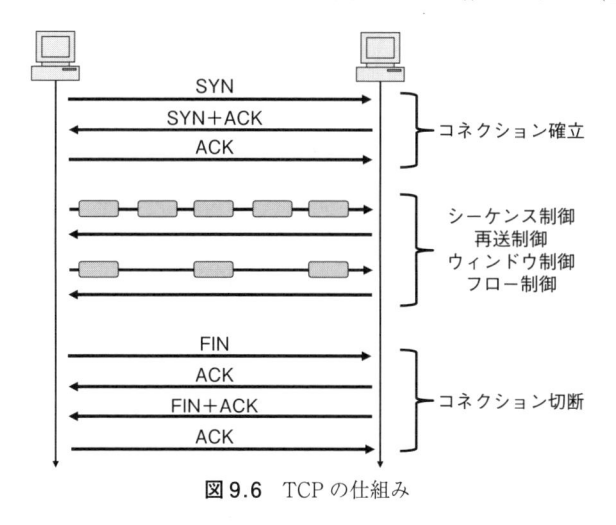

る．
②シーケンス制御
　送信者から，データを TCP セグメントに分割して送信する．そこで分割されたデータにはシーケンス番号が付与される．これは受信後に再構築できるようにするためである．一方受信者から，次に送信してほしいセグメントを送信側に知らせるため確認応答番号を送り返す．
③再送制御
　データが正常に転送されず，途中でデータが紛失した場合（一定時間内にACK が返ってこない場合），データを再送する．
④ウィンドウ制御
　複数のセグメントをまとめて送り通信効率を上げるとき，送信時に相手の受信容量に無関係に大量データを送信すると受信者は正しく受信できない．そのため，受信者は受信可能容量（ウィンドウサイズ）を送信者に通知して，送信データ量を制御する．
⑤フロー制御
　ウィンドウサイズの値が大きいほど，高い効率で転送可能だが，受信者のバッファが一杯になりそうなときは，ウィンドウサイズの値を小さくして，送信

者に送信量を減らすように要求する（フロー制御）．

9.14 仮想化技術

現在では，ネットワークやサービスを提供するルータ，サーバ類やそれらのサービスを享受する端末は，これまで説明してきた TCP/IP で動作するわけであるが，より利便性を高める検討も始まっている．現在では端末技術の急速な発展に伴い，技術に詳しい人だけでなく，より多くの人たちが通信ネットワークを基盤としたサービスを利用している．そのため，急激に利用者数が増えたり，突然大量のデータがネットワーク内を流れたり，大量のサーバアクセスがあったりと，サービスを運用する企業からすると，予測が困難な状況に陥る可能性が増加している．また，ユーザからすると，さらに低コストで効率的なデータやサーバの利用，クローズドなグループで利用できる仕組みなど，多様な要求が挙がっている．そのような状況を解決するための取組みの1つとして，仮想化技術がある．仮想化とは，ネットワーク資源を論理的に扱うことである．例えば，物理的には1台のサーバを，論理的に複数台のサーバが動作しているように構成したり，逆に複数エリアに分散したサーバを論理的に1台のサーバに見せたりすることである．仮想化には，その対象とするリソースの観点から，サーバの仮想化，データの仮想化，ネットワークの仮想化がある．

9.15 サーバ仮想化

本節では，まずサーバ仮想化について説明する．サーバの仮想化とは，1台のサーバの中身をあたかも複数台のサーバが動作しているように構成する技術である．メリットは，例えばサーバが利用用途ごとに複数台あり，おのおのの使用率が低い場合に，1台に統合することで，導入費用や保守運用費用を削減できることである．一方，デメリットは使用率を高めすぎると，処理能力が低下する恐れがあるので，予め十分な設計検討が必要なことである．

次に具体的な構成を示す．一般にハードウェアの上で複数の仮想サーバ（VM：Virtual Machine）を動作させるか，ホストとなる OS 上で動作させるかで，図9.7に示すとおり2種類の方式がある．ハイパーバイザ型は，ハイパーバイザと呼ばれる中間層をハードウェアとゲスト OS との間に配備する構成

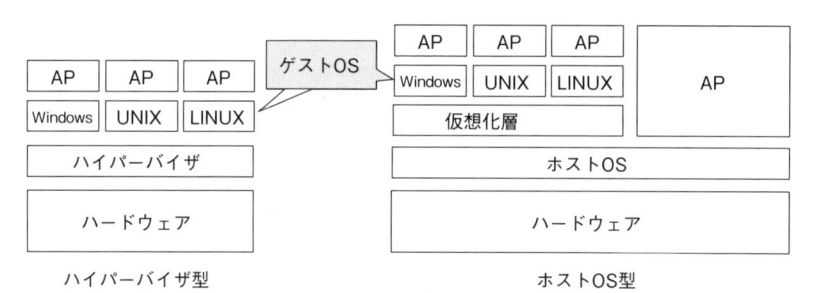

図9.7 サーバ仮想化の仕組み

になる．ハイパーバイザがゲストOSの処理を同時に実行可能となる．すなわちゲストOSは仮想環境であることを意識せずに稼働できるわけである．そのため，デメリットとしては，プロセッサへの負担が大きくなることである．一方，ホストOS型は，ゲストOSが仮想化層を経由してホストOSと連携することで，仮想環境で稼働していることを意識させ，プロセッサへの負担を軽減した方式である．

9.16 ストレージ仮想化

　電子的なデータは，企業だけでなく消費者にとっても，さまざまな用途に利用することができ，たいへん便利である．近年では，プロバイダによるさまざまなサービスの提供やセンサーなどからの情報，携帯電話からのライフログ（人間の行動を電子化したデータ）などたくさんのデータがあふれている．自分たちが保有しているデータだけでなく，他の企業やグループが保有するデータと組み合わせ分析すると新たな発見が得られるかもしれない．一方，企業が保有するデータは重要である．それらが盗まれると社会的影響が大きいので，厳重な管理が必要になる．そのような場合に，データを塊として保管するのではなく，分散して管理することにより，万一部分的にデータを抜き取られても影響がないような対策を考えておく必要がある．そのようなニーズは今後増大していくものと思われる．このようなニーズに対応するには，ストレージ仮想化が必要になってくる．ストレージ仮想化とは，図9.8に示すとおり複数のシステムに蓄積されている異なるデータを，あたかも1つのデータとして扱うこ

図9.8 ストレージ仮想化のイメージ

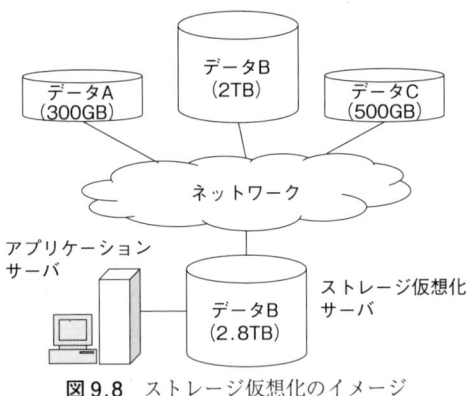

とができる技術である．

　ストレージ仮想化には「ブロックレベル」と「ファイルレベル」の2種類がある．ブロックレベルの仮想化は，実際のボリュームとは異なる仮想的なボリュームをコンピュータに提示する．同時に，仮想的なボリュームと実際のボリュームとの間でデータの位置についての関連付けを行うための「マッピング・テーブル」が作成される方法である．

　ファイルレベルの仮想化は，各サーバのOSが異なっていても，複数のファイルシステムを単一のファイルシステムとして管理するため，利用効率が高い方法である．

9.17 ネットワーク仮想化

　ネットワーク事業者だけでなく企業内においても，さまざまなサービス要求に応えるため，サーバやそれに伴うケーブル類を接続しネットワークを構築していくと，それらの設備管理が膨大な量になる．いったん障害が発生したときに，その原因をつきとめるまでに時間を要すため，物理的に管理する設備数を減らして，管理の負担軽減をすることが必要である．このようなニーズに応えるのがネットワーク仮想化技術である．既にいくつかの技術は導入されている．例えば，VLAN（Virtual LAN）である．これは企業内のLANにおいて，物理的な接続形態とは別に，LANスイッチを用いて端末の仮想的なグルーピングを

設定することである．スイッチのポートごとにグループを設定できるポートVLAN，端末のMACアドレスによりグループを識別するMACベースVLAN，イーサネットに付加されたタグによりグルーピングするタグVLANなどの方式がある．端末を移動しても，アドレスの設定変更などの必要がないという利点がある．また，企業では，ネットワークを分割しアクセス制限を設けるなどしてセキュリティ対策に利用されている．VLANは企業内が対象であったが，公衆網に目を向けると同様なものとしてVPN（Virtual Private Network）というサービスがある．利用される技術には，IPsec（Security Arcitecture for Internet Protocol：データを暗号化し，トンネリング技術を用いて，外部からの独立性を保持する）やMPLS（Multi-Protocol Label Switching：パケットにスイッチングタグを付加し，MPLSルータでそれを識別し，独立性を保持する）がある．これらは，ネットワーク回線の仮想化と位置付けられる（図9.9）．

他にも，1台のルータやスイッチを複数台に見せたり，複数台のこれら機器類を1台に見せたりするネットワーク機器の仮想化もある．これらのさまざまな仮想化要素を組み合わせて，ネットワーク全体の仮想化を実現する取組みがOpenFlowという技術で実現されている．

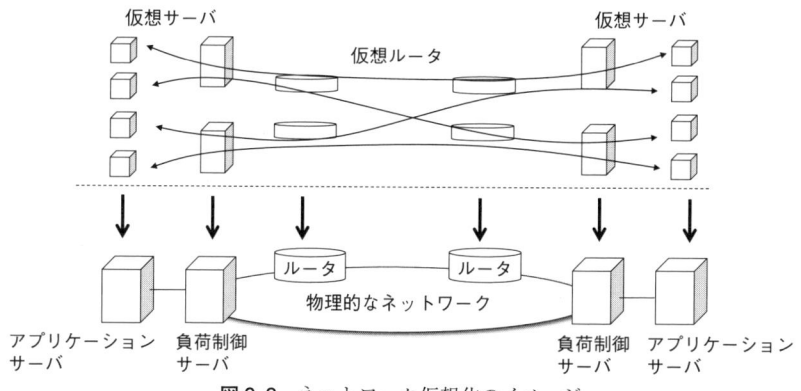

図9.9 ネットワーク仮想化のイメージ

9.18 さらに勉強したい人のために

TCP/IP を基本とした基礎知識は，多数の文献があるが，例えば [1]，[2]，[3] などが参考になるであろう．IPv6 の利用に際しての IPv4 プロトコルとの比較詳細は，第 8 章で挙げた以外にも [4] などに掲載されている．

仮想化のアイデア自体は以前から存在する技術であるが，ユーザの多様なニーズやコンピュータの高性能化などの進展から再び注目を集めている．仮想化の概要やサーバ，ストレージ，ネットワークの仮想化の基本知識などは [5] を参考にするとよいと思う．また，サーバの仮想化については，実際の装置をもとに実装の仕組みを学ぶのが効果的である．[6] では VMware を例に，[7] では KVM を例に解説されている．

一方，ストレージの仮想化については，データ構造と密接に関連するため，まずはデータベース設計などの文献により基礎知識を獲得することをお勧めする．その上で [8] などが参考になると思う．

ネットワークの仮想化では，既にサービスとして運用されている IPsec, MPLS の仕組みの詳細は，例えば [9] や [10] などが参考になる．一方，OpenFlow を基本としたネットワーク全体の仮想化に関しては，まだ体系的にまとめた文献はない．OpenFlow をサポートする製品が出始めているので，最近の動向に関しては，[11] などが参考になると思う．

■参考文献

[1] 針生時夫 他:『わかりやすい通信ネットワーク』, 日本理工出版会 (2005).
[2] 竹下隆史 他:『マスタリング TCP/IP, 入門編 (第 5 版)』, オーム社 (2012).
[3] Philip Miller:『マスタリング TCP/IP, 応用編』, オーム社 (1998).
[4] 松平直樹監修:『IPv6 ネットワーク実践構築技法』, オーム社 (2001).
[5] 清野克行:『仮想化の基本と技術』, 翔泳社 (2011).
[6] ヴィウエムウェア（株）:『VMware 徹底入門 (第 2 版)』, 翔泳社 (2010).
[7] 平 初 他:『KVM 徹底入門 Linux カーネル仮想化基盤構築ガイド』, 翔泳社 (2010).

[8] 喜連川優:『よくわかるストレージネットワーキング』,オーム社(2011).
[9] 谷口 功 他:『マスタリング TCP/IP IPsec 編』,オーム社(2006).
[10] Eric W. Gray:『マスタリング TCP/IP MPLS 編』,オーム社(2002).
[11] 高橋健太郎:等身大の OpenFlow,日経コミュニケーションズ,No. 577, pp. 12-27(2012).

演習問題

1. TCP/IP の階層は,OSI の階層に比べると 4 階層となりシンプルになっている.このように階層を減らすことによるメリットは何か.

2. MAC アドレスと IP アドレスの役割の違いを説明せよ.

3. ある企業において,自由に外のサイトにアクセスし,ファイルをダウンロードできる環境になっていた.ある日,多くの社員がさまざまなサイトからファイルをダウンロードしたところ,ウィルスに感染し,それが社内に広がり大きな損害が発生してしまった.本章で紹介した技術を利用して,経営層はどのような対策を立てられるかを検討せよ.

4. ネットワーク提供事業者から見て,ネットワークの仮想化と専用線網のメリットとデメリットを比較せよ.

第10章

IPネットワークサービス技術

10.1 インターネットの利便性

　電話は広く普及するのに約100年の年月がかかった．それに比べてインターネットは短期間に急速に利用ユーザ数が増大しているわけだが，これには先にも述べたTCP/IPの利便性の高さが要因の1つに挙げられる．そこで，本章ではインターネットを一般ユーザの視点から見て，まずユーザ自らがどのような方法でネットワーク（広い意味でのIP網）につなげるのかを紹介したいと思う．通常ユーザがネットワークを利用するには，回線の種別により電話回線，ADSL，光ファイバ，CATV，無線LANといったさまざまな利用形態がある．次節から，それらについて説明する．またIP網上ではどのようなサービスがあるのだろうか．さまざまな技術を組み合わせることにより，多様なサービスを創造することができるが，本章では，既に提供されているサービスの概要をネットワークの仕組みとともに見ていきたいと思う．

10.2 インターネットへの接続（電話回線利用）

　インターネットへの接続に電話回線を利用する場合を説明する（図10.1）．近年ではほとんどなくなったが，後述するADSLを利用できない場合の手段となっている．パソコン通信回線につなぐ装置としてモデムを使用する．最近のパソコンはほとんどの場合モデムを内蔵している．電話をかけてプロバイダに接続する都度，プロバイダからIPアドレスを1個割り当ててもらい，インタ

図 10.1 電話回線利用のインターネット接続

ーネットに接続することができるようにする仕組みである．プロバイダに電話をかけてインターネットに接続してもらうときに使われるプロトコルは PPP (Point to Point Protocol) である．PPP は 2 つの地点間を結ぶためのプロトコルである．交換機で実施していた以前のデータ通信サービスでの HDLC (High-Level Data Link Control：OSI データリンク層のプロトコル) 手順に似たフレーム単位でデータの伝送を行う．交渉・認証・監視・通知などの機能があり，パケットを通過させる前の認証プロトコルとして PAP (Password Authentication Protocol) や CHAP (Challenge Handshake Authentication Protocol) がある．プロバイダにダイアルアップ接続するときに，プロバイダからユーザに認証を要求する場合がこの例である．

10.3　インターネットへの接続（ADSL サービス利用）

ADSL は，既存の電話回線を利用して，高速のインターネット接続サービスと従来の電話サービスを同時に行う方式である（図 10.2）．ADSL の伝送速度は，下り方向（電話局からユーザ宅）が 1.5〜40Mbps，上り方向（ユーザ宅から電話局）が 0.5〜1Mbps 程度となり，上下非対称になることからこのように呼ばれている．一般のユーザは，インターネットからダウンロードする情報量は多いものの，ユーザから多くの情報を発信するのは少ないという状況で，

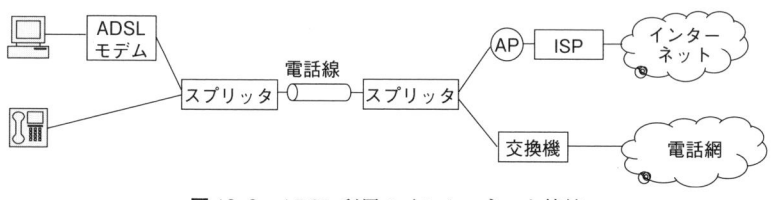

図 10.2　ADSL 利用のインターネット接続

安価に実現できる方式である．

　ADSLでは，1本の電話線に音声とデータ信号を同時に流し，これらをスプリッタで分離・合成する．データ信号の送受信には，市販製品として多くが存在するが，ADSL専用のモデムを使用する．電話局側も音声とデータをスプリッタで分離・合成する．ユーザ側〜電話局側のADSLモデム間がADSLの通信区間となり，データ信号はスプリッタで分離され，電話網には入らないので，ダイアルアップの必要はなく，インターネットの利用に際しての通話料は必要ない．

10.4　インターネットへの接続（CATV利用）

　CATV（Cable Television）インターネットは，もともとCATV（放送電波ではなく，同軸ケーブルにより放送番組などを提供）用に敷設された同軸ケーブルを使用して，常時接続のインターネットを行うサービスである（図10.3）．伝送速度は，同軸ケーブルを利用するため電話で利用するメタルケーブルよりは太いので，最大で上り方向でも40Mbps程度を実現できる．しかし，もともと同軸ケーブルは放送型サービスを提供する形態であったため，ケーブル設備は複数のユーザで共有しており，同時アクセス数が多くなると個々のユーザに割り当てられる帯域は小さくなり，実効速度は減少するという欠点がある．

　CATVインターネットにはケーブルモデムが必要となる．ケーブルモデムにより，パソコンからのディジタル信号をアナログ信号に変換し，CATV局側からのデータはアナログ信号からディジタル信号に変換する．

　同軸ケーブルは高い周波数では信号が減衰しやすいので，CATV局から途中までの区間において光ファイバケーブルを使用するハイブリッド方式が考えら

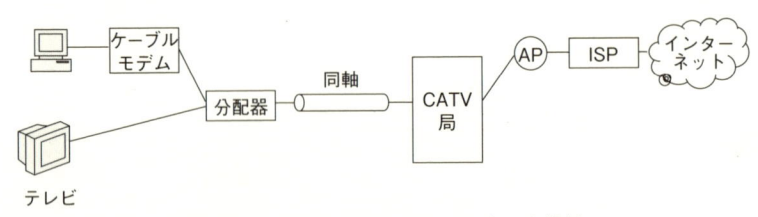

図10.3　CATV利用のインターネット接続

れ，伝送速度の高速化が行われている．

10.5 インターネットへの接続（光ファイバ利用）

　長距離伝送および大容量伝送が行える方式として利用されているのが，光ファイバケーブルを利用したインターネット接続である（図10.4）．日本では2002年よりサービスが開始されている．現在光ファイバや光を終端する装置類の価格も安くなっており，ブロードバンド設備としてADSLを利用するユーザ数よりも光ファイバを利用するユーザ数が多くなっている．さらに，近年ではユーザがインターネット上で情報検索を行うだけでなく映像情報などの大容量データをダウンロードしたり，SNS（後述）などの爆発的な利用により，それらの大容量の情報をアップロードしたり，送受信データ量ともに急激に増えているため，従来のメタルケーブルでは限界となっている．そのため，FTTHに対するニーズは広まっていると考えられる．

　FTTx（Fiber To The X）は，センタからどこまでの範囲に光ファイバケーブルを使用するかを表す．例えば，

　　FTTH：Fiber To The Home　（ユーザ宅までの光化）
　　FTTB：Fiber To The Building　（ビルの配線盤までの光化）
　　FTTC：Fiber To The Curbe　（き線点までの光化）

と表す．光ファイバとユーザ装置間には，ONU（Optical Network Unit）という光加入者終端装置が必要となる．また，複数のユーザの光ファイバケーブルをある地点で1本にまとめる，すなわち光ファイバの分岐・合流を行う装置として光スプリッタがある．

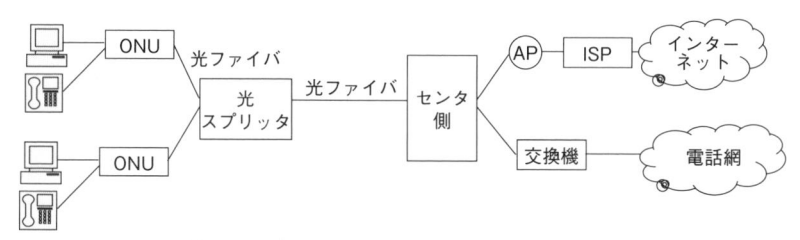

図10.4　光ファイバ利用のインターネット接続

10.6 インターネットへの接続（無線 LAN）

近年 WiFi や WiMAX（第 12 章）といった無線 LAN によるインターネット接続利用が増えてきた．これは，無線利用者向けに，無線 LAN 事業者がアクセスポイントを設置し，LAN サービスを提供するものである（図 10.5）．これにより，無線 LAN アクセスエリアにおいて，セキュリティの高い無線 LAN によるインターネットの利用や企業などへのリモートアクセスが可能となった．

あるエリアに設置された無線 LAN のアクセスポイントは，ユーザが携帯する無線 LAN アダプタとの送受信を行う役割を果たす．この無線 LAN アダプタは，コンピュータに接続して使用するもので，主にノートパソコンに使用できる PC カードタイプのものと，デスクトップコンピュータで使用できる PCI カードタイプ，USB 接続タイプのものがある．最近では，無線 LAN を使用できる環境が増えたことにより，予め無線 LAN アダプタ内蔵のノートパソコンも多い．

企業内や一般家庭内でも有線の LAN と接続して，有効に活用できる．配線の必要がないため，LAN ケーブルを這わすことが困難な環境や，レイアウトの変更が多いオフィスなどでは，無線 LAN は非常に便利である．しかし，現在の無線 LAN の標準的な規格では，情報セキュリティ対策の機能が万全ではないという弱点もあるため，必ず適切な情報セキュリティ設定を行った上で利用することが求められる．

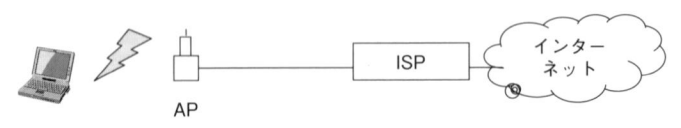

図 10.5 無線 LAN 利用のインターネット接続

10.7 インターネットの利用（電子メールの仕組み）

ユーザがパソコンでのネットワーク設定などの手間をかけずにどういった仕組みでパケットを受け取ることができるのかがわかったところで，次にどのよ

うなサービス（アプリケーション）があるのかを見ていこう．

電子メールは，多数の人とメッセージの交換をすることができ，時間と距離の制約なしに利用可能である．電子メールの送受信は，インターネット上の多くのメールサーバが連携することによって動作する（図10.6）．以下に手順を示す．

① 送信者が電子メールを送信すると，契約しているプロバイダや，学校や企業にあるメールサーバにデータが送られる．
② 電子メールを受け取ったメールサーバは，宛先として指定されているサーバに，そのデータをインターネット経由で転送する．
③ 電子メールを受け取ったサーバは，サーバ内にデータを保管する．
④ 電子メールの受取人は，契約しているプロバイダのメールサーバに自分宛ての電子メールを確認し，電子メールを受け取る．

電子メールの送信や他のサーバへの転送にはSMTP（Simple Mail Transfer Protocol）サーバを，電子メールの受信にはPOP3（Post Office Protocol）サーバを利用する．

通常は一対一通信だが，送信先が複数で同時に送りたい場合，送信先全員のアドレスを書き込めば一対n同報通信が可能となる．会社などで多数の人にメールを送る場合は，予め宛先をメーリングリスト（ML）に保存しておく．

電子メールでは，テキスト以外に，画像や動画などのデータを取り扱うための規格としてMIME（Multipurpose Internet Mail Extension）がある．添付ファイルが大きい場合，宛先では受信に時間がかかりすぎる欠点がある．解決手

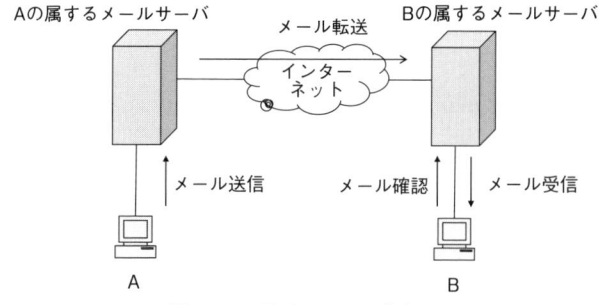

図10.6　電子メールの仕組み

段として圧縮ソフトを利用してファイル容量を小さくして送るというのがある（ZIP や LHA の圧縮形式）．

10.8 インターネットの利用（FTP）

　FTP（File Transfer Protocol）とは，コンピュータ間でファイル転送することができるプロトコルのことである．これにより世界のコンピュータから情報ファイルを入手可能となった．

　用途は，Web ページ用各種データファイル（HTML，画像など）のクライアントのパソコンから，Web サーバへのアップロードに利用する．パソコンソフト配布サイトやデータが入っている FTP ファイルサーバーから，クライアントへのファイルのダウンロードに利用するなどが挙げられる．

　ダウンロードについては，ブラウザソフトでも可能である．アップロードについては FTP クライアントソフトや CUI コマンドが必要となる．データ転送用のコネクションを確立する方法にアクティブモード，パッシブモードという2種類の方式がある．

・アクティブモードでは，クライアントがサーバへ待ち受け IP アドレスとポート番号を通知し，サーバがクライアントから通知された IP アドレスのポート番号へコネクションを確立しに行く．
・パッシブモードでは，サーバがクライアントへ待ち受けポート番号を通知し，待ち受けポート番号の通知を受けたクライアントがサーバへコネクションを確立しに行く．

　サーバ側にファイヤウォールがある場合，データコネクションのためにどのポート番号を使うかを設定してファイヤウォールとの整合を確認する必要がある．パッシブモードを使っている限りにおいてはクライアント側のファイヤウォールは気にする必要がない．通常，サーバに接続する際には，認証を必要とするが，専らファイル（主に無償のフリーソフトなど）を配布する目的で，匿名でアクセスできる Anonymous（匿名）FTP サーバを用いる場合もある．

10.9 インターネットの利用（Telnet）

　Telnet とは，自分の端末から遠隔地のコンピュータを利用可能にするプロト

コルである．Telnetによる操作のことを「リモートログイン」と言う．TCP/IPネットワークにおいて，リモートにあるサーバを端末から操作できるようにする仮想端末ソフトウェア，またはそれを可能にするプロトコルである．主にUNIX環境で利用される特徴がある．

　歴史的にUNIXは，乏しいコンピュータ資源を複数の端末（ユーザ）で共有利用するという思想を持って発展してきた．このときユーザは，端末からホストであるUNIXサーバにログインし，他のユーザとUNIXサーバを共有する．Telnetは，この端末とホストの通信を，TCP/IPネットワーク上で可能にするためのプログラム（プロトコル）であった．

　当初はLANで利用するのが一般的だったが，TCP/IPをベースとしているインターネット環境においても，サーバがTelnetサービスを行なっていれば，Telnetを利用して，インターネット上のサーバにログインすることができる．ただしセキュリティ上の理由から，一般にTelnetによるログインを受け付けているサイトは少ないのが現状である．

10.10　インターネットの利用（WWWの仕組み）

　Webサイトと呼ばれるインターネット上のひとまとまりのWebページを閲覧する場合には，IE（Internet Explorer）やFireFoxなどのWebブラウザでURLアドレスを指定する．URLアドレスを指定すると，Webブラウザがインターネット上のWebサーバを探して，目的のWebサイトを自分のコンピュータに表示する仕組みである．

　URLアドレスは，「http://www.XXX.co.jp/index.html」のように指定する．
・「http」はWebサイトの閲覧に使用されるHTTPというプロトコルを表す．
・「www.XXX.co.jp」は接続したいWebサーバを表す．
・「/index.html」がWebサイトの場所と名前を表す．

　実際に，このようなURLアドレスで示されているWebサーバに接続するためには，インターネット上にあるDNSサーバを利用して，対象とするWebサーバのIPアドレスを取得するようになっている（図10.7）．近年ではgoogleやyahooといったポータルサイトが検索サービスを行っている．すなわち，これらのサイトにアクセスし，キーワードを入力することにより，関連サイト一

図10.7 WWWの仕組み

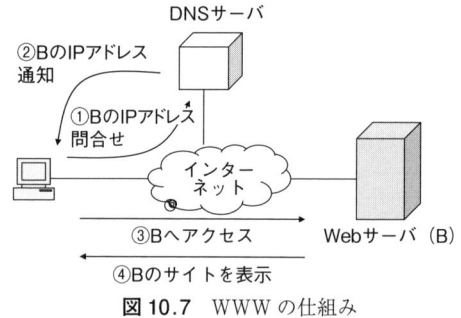

覧を表示し，自分の求めていたサイトを見つけるという仕組みで，さらにユーザの手間が省かれて利便性が高まっている．

Webサイトの表示には，主にHTML形式のファイルを使用する．このファイルの中には，画像や動画，音声などのマルチメディア情報を指定することができる．また，テキストやイラスト，図などにハイパーリンクを埋め込むことによって，ユーザを別のWebサイトに誘導することができる．

10.11 インターネットの利用（ブログ・ツイッター）

ブログとは，自分の考えや社会的な出来事に対する意見，物事に対する論評，他のWebサイトに対する情報などを公開するためのWebサイトのことである．新しく情報を追加する際に，通常のWebサイトでは，自分のコンピュータでHTMLファイルを編集しなければならない．これは，とても労力を要し，一部のスキルを有したユーザしかできないという問題があった．一方，ブログではインターネット上のブログ管理者が準備したWebサイトに新しい情報を登録するだけで，簡単に情報を追加可能となった．

ブログの多くは，書き込まれた情報に対して，「コメント」を登録可能となっている．そのため，ブログに登録されたそれぞれの情報に対して，閲覧者が意見や追加の情報を書き込み，コミュニケーション手段としても利用されている．

ブログという用語は，「Web log」（ホームページの履歴の意味）から派生した言葉であり，ブログで情報を発信する人のことをブロガー（blogger）と呼ぶ．

ブログのマイクロ版にツイッターというものがある．これは個々のユーザが

「ツイート」と称される短文を投稿し，それを閲覧できるコミュニケーション・サービスのことである．各ユーザは，140文字以内で「つぶやき」を投稿し，投稿ごとに固有のURLが割り当てられる．自分専用のサイト「ホーム」には自分の投稿と予め「フォロー」したユーザの投稿が時系列順に表示され，「タイムライン」と呼ばれる．メールやIMに比べて「ゆるい」コミュニケーションが，フォローを介して成立したグループ内に生まれるのが特徴である．

10.12 インターネットの利用（SNS）

SNS（Social Networking Service）とは，社会的なつながり（友人や知合い，同僚やある団体・グループのメンバなど）をインターネット上で提供するサービスのことである．いわゆる人と人とのコミュニティを形成促進することが目的のサービスである．そのため，双方向のサービスであるとも言える．サービス開始当初は，知人の紹介がないとサービスを享受できない招待制であったが，多くのSNSプロバイダが出現していることもあり，しだいに登録制に変化している．したがって，ユーザは自分の参加したいプロバイダに登録すれば利用できるようになる．代表的なプロバイダとして，日本ではmixiが，世界ではFacebookが知られている．

提供される主な機能としては，以下のものがある．
- プロフィール管理機能（ユーザ自身のプロフィールを編集・公開設定する機能など）．
- ユーザ・コネクション検索機能（ユーザの検索に名前を直接入力したり，あるコミュニティにかかわるユーザを探したり，招待する機能など）．
- コミュニティ管理機能（自分が所属しているコミュニティ内のユーザを管理する機能）
- メッセージ送受信機能（コミュニティ内でのメッセージのやりとりを実施する機能）

前節で紹介したブログは，掲載した情報が発信者からの片方向の情報である点を考えるとSNSではないが，ツイッターは双方向の情報交換が成り立っているのでSNSのサービスの1つである．

10.13 インターネットの利用 (CGM)

最近は，アーティストが新曲のプロモーションビデオを流したり，映画の宣伝や選挙広報，さらには一般ユーザが撮影した日常の映像などを，インターネット上で見ることができるようになった．代表的なサイトにYouTubeがあるが，恐らくほとんどの人が利用した経験があるかと思う．見てみたい映像を，キーワードで検索すると探すことができるわけである．このように，ユーザが作成した映像などのコンテンツをインターネット上に掲載し，情報発信をするとともに，他のユーザはそれを手軽に見れる仕組みをCGM (Consumer Generated Media) と呼ぶ．前々節のブログや前節のSNSもCGMの1つと考えることができる．ネットワークの立場から見ると，映像情報を共有するCGM (YouTubeやニコニコ動画など) は，ネットワーク内を流れる情報量が膨大なため，今後のネットワーク設計に大きな影響を与えている．

10.14 インターネットの利用 (ネットショッピングとネットオークション)

インターネット上で商品を購入する仕組みについて説明する．ここでは，ネットショッピングとネットオークションを例とした図10.8を示す．ネットショッピングでは，インターネット上で商品購入ができるショッピングサイト (Webサーバとデータベースが連携している) がある．ユーザが商品を購入しようとして，ショッピングサイトにアクセスし，商品の検索を実施する．Webサーバとデータベースでは，商品に関する情報のやりとりを行う．データベースには，顧客情報，商品情報，在庫情報，販売情報などが格納されている．ユーザはWebサーバを介して情報を取得し，それをもとに購入手続きを実施する．Webサイトの購入情報はデータベースに書き込まれる．最後に注文確認や決済確認などの情報がユーザに送られ，一連の購入手続きが完了する．ショッピングサイトの管理者は，データベースに格納された販売情報を元にして，商品の発送や請求の手続きを開始する．

ネットオークションとは，インターネットを介して行われるオークションのことである．出品されている商品の中から，気に入った品物を自分の指定した

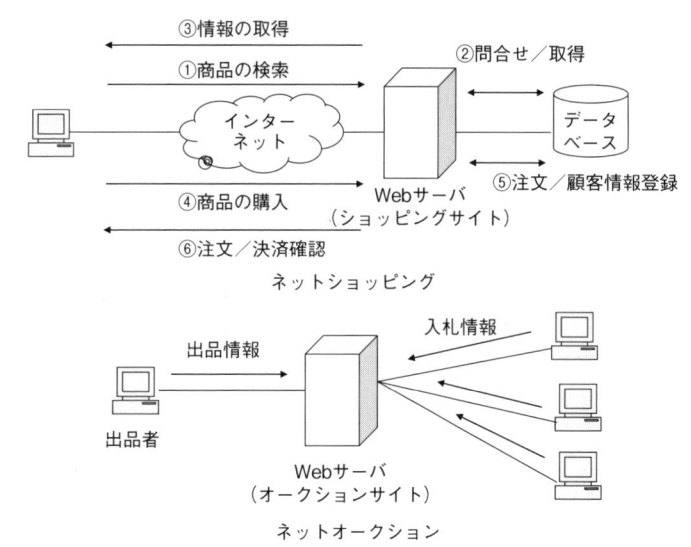

図10.8 ネットショッピング・ネットオークションの仕組み

金額で入札することができるのは，通常のオークションと同じである．オークションサイトでは，現在の最高価格が表示され，その価格よりも高い金額であれば入札できるといった仕組みになっている．そして，予め決められた期間入札を受け付けて，最終的にもっとも高い金額をつけたユーザがその商品を購入できるというものである．

10.15 インターネットの利用（Cookie）

　ネットショッピングを何度も行うとき，名前や住所といった情報をその都度いれるのは大変手間がかかる．基本的な情報は入力せずに商品の購入やその他さまざまな処理ができれば便利である．それを可能とした仕組みがCookie（クッキー）である．Cookieとは，Webサーバがアクセスしてきたユーザ端末に預ける小さなファイルのことである．以下の手順で作成される．
・ユーザ端末が，あるWebサーバに初めて接続した際に，Webサーバがユーザ端末に，そのWebサーバ専用のCookieファイルを作成する．
・ユーザ端末が再び同じWebサーバに接続したときには，ユーザ端末のWeb

ブラウザがその Cookie を Web サーバに送信する．
・Web サーバは，個々のユーザ端末が前回使用していた情報を読み取ることが可能となる．

また，ユーザ端末から情報を流すという点から考えると，以下のような問題点もあるので，必ずその点を理解した上で利用することが大切である．
・Web サーバによってどのような情報でも格納できるが，ユーザ名などの接続情報，ショッピングサイトなどで購入する商品を一時的に保管する買い物かごの情報，氏名や住所，電話番号などの一度登録した会員情報といった管理に利用されていることを認識しておくこと．
・本来は取得できないはずの別の Web サーバ用の Cookie 情報を取得できてしまうという Web ブラウザのセキュリティホールが過去に発見されたため，情報セキュリティ上の懸念事項となっている．そのため，現在の Web ブラウザではセキュリティの設定やプライバシーの設定といった機能によって，Web サイトごとに Cookie の利用を指定可能となっていること．

10.16 インターネットの利用（IP 電話の仕組み）

IP 電話の簡単な構成を図 10.9 に示す．電話機から信号を IP 情報に変換するための VoIP（Voice over IP）アダプタを介して，IP 網に情報を転送し，受信者までパケット情報として送り届ける仕組みである．2003 年 10 月に NTT 東西は固定電話から 050 番号への着信を可能とするサービスを開始した．IP 電話に付与する番号として 050 番号と 03-xxxx-yyy のような 0AB-J 番号と呼ばれる 2 種類の番号形態があるが，0AB-J 番号の付与条件は以下に示すとおりである．
・品質がクラス A であること（固定電話並み品質を実現すること）．

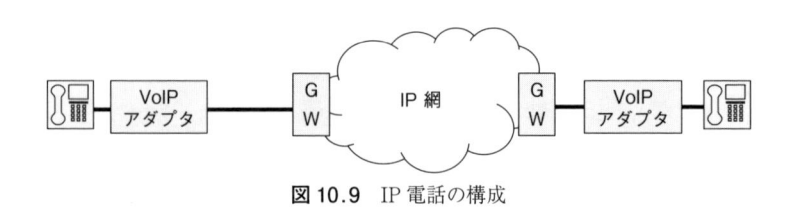

図 10.9 IP 電話の構成

- 緊急呼（110，119）に接続可能であること．
- 番号で発信場所が特定可能なこと（例えば，固定電話と同様に，03は東京，06は大阪，という地域の特定が可能なこと）．
- プロバイダはユーザ宅の回線を収容する設備を自ら所有すること．
- 計画：確実性のある事業計画，番号需要を提示すること．

一方，IP電話サービス（050番号）の主な特徴は以下のとおりである．
- 同じプロバイダが提供するIP電話サービスのユーザどうしであれば，時間や距離にかかわらず無料で通話できる場合が多い．
- 事務所などを移転しても電話番号を変更しなくても済む．従来の電話では，移転先が同じ電話局が管轄する地域にない限り，電話番号の変更が必要．IP電話サービスで使う「050」で始まるIP電話専用番号を一度手に入れれば，プロバイダを変えなければ日本中どこへ引っ越しても同じ番号を利用可能．
- 新しいサービスを追加できる大きな可能性を持っている．インターネットで標準的に使われている通信プロトコルを利用するため，パソコンなど他の機器と連携が容易．ただし，「050」番号を使うIP電話は，現状では「110」番，「119」番などの緊急番号に電話をかけられない課題がある．

0AB-J番号形態のサービスは，IP網を通信事業者が提供するのに対して，050番号形態のサービスは，インターネットがIP網になるという違いがある．

10.17 インターネットの利用（映像配信の仕組み）

IPネットワークを利用した映像配信サービス形態について図10.10および10.11に示すとおり，ユニキャスト配信サービスとマルチキャスト配信サービスの2種類がある．

ユニキャスト配信サービスは，コンテンツプロバイダが保有するサーバに各種映像コンテンツが搭載されており，ユーザは，視聴要求をそのサーバへあげて，配信されてきた映像を視聴する形態である．視聴要求が同時に多くのユーザから発信されると，おのおののユーザに対して映像情報を送信しなくてはならないため，サーバの負荷が上がり，ネットワーク設備も使用率が上がり逼迫するので，一度にどのくらいのユーザがアクセスするかを想定し，ネットワークを設計する必要がある．

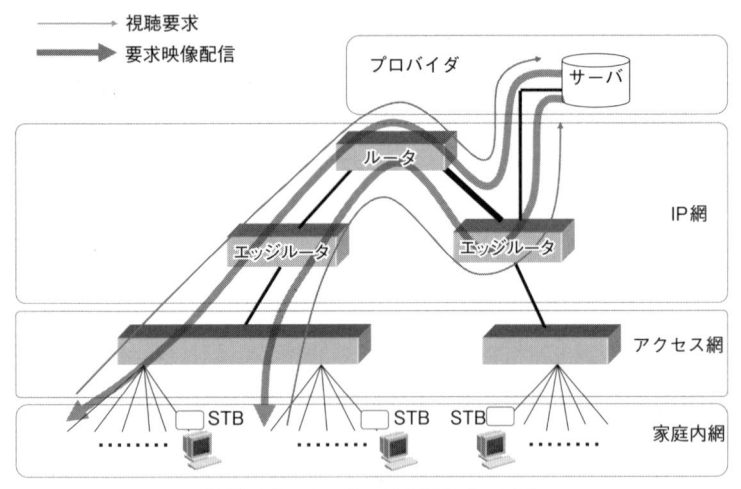

176　第10章　IPネットワークサービス技術

図 10.10　ユニキャスト配信サービス

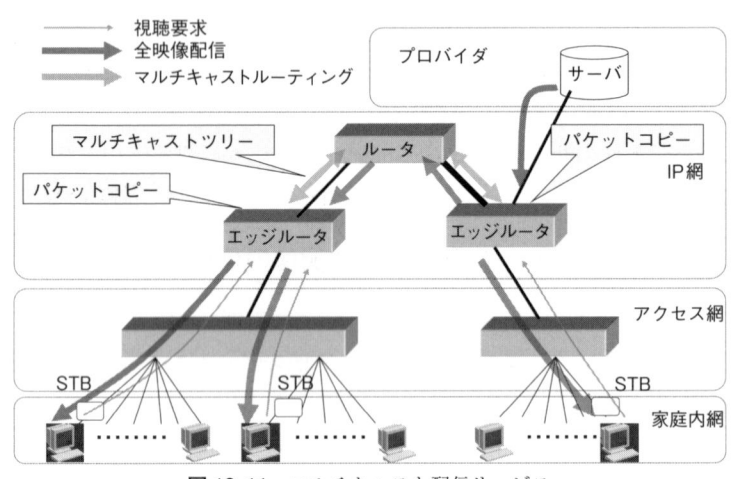

図 10.11　マルチキャスト配信サービス

　一方，マルチキャスト配信サービスは，ユーザからの視聴要求はユーザにいちばん近いエッジルータが受け取り，サーバから流れてきている映像コンテンツで要求に対応するものを流す形態である．サーバから各エッジルータまでは，同じコンテンツが配信されており，同時に視聴要求を出すユーザが多くても，

エッジルータがその制御を行うことが可能となる．ネットワーク設備への圧迫を抑制できる．

10.18 さらに勉強したい人のために

各種サービスの仕組みについての詳細は，基本的におのおののサーバの構築方法になる．電子メールについては [1]，[2] が，Web サーバについては，[3]，[4] などが多数ある．

ユーザの利便性の観点から，CGM の利用方法については，特定のプロバイダのブログなどの利用に関する書籍が多数出ている．例えば，[5]，[6]，[7] などを参考に，他の書籍も検索してみるとよい．

IP 電話の仕組みに関するこれまでの検討を体系的にまとめた文献も，[8] などをはじめ多数あるので，参考にするとよい．また，映像配信サービスについては，ユニキャストおよびマルチキャスト配信の仕組みは [9] が代表的な文献である．

■参考文献
[1]　清水正人：『Postfix 実践入門』，技術評論社（2010）．
[2]　江面　敦 他：『sendmail — メールサーバの設定・運用・管理』，テクノプレス（2003）．
[3]　ネットワークマガジン編集部 編：『すっきりわかった！Web サーバ Apache で作る Web サイト』，アスキー（2008）．
[4]　NTT データ先端技術（株）他：『Web アプリケーション・サーバ設計・構築ノウハウ（第 2 版）』，日経 BP 出版センター（2010）．
[5]　ブログメディア研究グループ：『アメーバブログではじめるこだわりブログ』，翔泳社（2011）．
[6]　リンクアップ：『今すぐ使える簡単 Twitter ツイッター入門』，技術評論社（2011）．
[7]　東　弘子：『Facebook 入門・活用ガイド 2012』，マイナビ（2012）．
[8]　IP 電話普及推進センタ：『NGN 時代の IP 電話標準テキスト』，リックテレコム（2009）．
[9]　Dave Kosiur：『マスタリング TCP/IP，マルチキャスト編』，オーム社（1999）．

演習問題

1. インターネットの接続形態で，ADSL 利用，光ファイバ利用，無線 LAN 利用の 3 種類の接続に対して，メリットとデメリットを表にまとめよ．また，各プロバイダのホームページなどから料金比較を実施せよ．

2. 電子メールのメリットとデメリットを述べよ．

3. ブログを利用する際に，注意しなければならない点について述べよ．

4. 映像配信サービスにマルチキャスト型とユニキャスト型の 2 種類があるが，それぞれのサービス面とネットワーク構成面の特徴を述べよ．

第 11 章

高速サービスアクセス技術
（ADSL，FTTH）

11.1 有線系高速アクセスサービスについて

　総務省サイト内の統計情報の中に，ブロードバンドサービスなど契約者数の四半期ごとの推移がまとめられている．これを見るとわかるとおり，ブロードバンドサービスというのは，ユーザに高速通信アクセスが可能な形態かどうかということで，手段としてはケーブルをユーザへ接続する有線系と電波によって接続し移動性を確保する無線系がある．特に有線系では ADSL，CATV，FTTH に分類されている（無線系については，次章で述べる）．インターネットへの接続方法という内容で，前章で既に概要は説明したとおり，おのおのの料金体系，高速性などは異なるが，ブロードバンドサービスと呼ばれている．本章では，これら3つの方法について設備構成という観点から説明していく．

11.2 ADSL/vDSL の概要

　第5章で述べたとおり，アクセス設備はユーザごとに必要となるので，膨大な設備量になる．現在，電話サービスを提供するため，かなりの量のメタルケーブルが既に敷設されている．これを一度に光ファイバ設備に置き換えることは不可能だと言える．そこで，過渡的な解決策として，従来のメタルケーブルを用いた高速通信を実現する技術が開発された．それが，前章で述べた ADSL である．一般には，vDSL（very high-bit-rate DSL）と呼ばれている．構成は図 11.1 に示すとおり，ルータと ONU 間は光ファイバを利用し，ONU からス

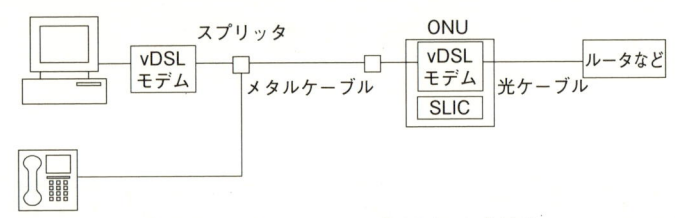

図 11.1 メタルケーブルを利用した高速化
(秋野吉郎 他:『次世代ネットワークサービス技術』,電気通信協会 (2000). を参考に作成)

プリッタまでをメタルケーブルを利用したハイブリッド構成により,下り数十Mbps のディジタルデータ伝送をする方式である.ONU 内は,ユーザと対をなす vDSL モデムと電話回線を処理する SLIC (Subscriber-Loop-Interface-Circuit) 機能を有している.

ONU が局に設置される場合は,電話サービスで用いられていたメタルケーブルが,そのままアクセス網に利用される形態(ADSL)である.もし ONU がユーザビル(例えばマンションなどの集合住宅)の集中室などに設置されるのであれば,局からビルまでは光ファイバで接続し,ビル内の各部屋までの接続は従来のメタルケーブルを利用する形態となる.

非対称伝送方式では,家庭に既存の電話サービスに加えて高速ディジタルデータサービスを提供することを可能にする.

11.3 CATV の概要

CATV 利用のインターネット接続に関しては前章で述べたとおりだが,設備構成面から見直すと図 11.2 に示すとおりである.CATV 局では,映像放送用装置のヘッドエンドから,ユーザ宅に向けて同軸ケーブルが延びている.この同軸ケーブルはタップオフによる分岐接続となるのが特徴である.タップオフとは幹線ケーブルからユーザ宅に分岐するための設備である.すなわち,幹線の同軸ケーブルは複数のユーザで共有する形態になる.テレビ放送のようなユーザに同じコンテンツを流すタイプのサービスは問題ないが,インターネットなどはユーザからのデータ送信も多く,上り方向のサービスも提供する場合は,複数ユーザが同時に利用すると実行速度が低下する問題がある.

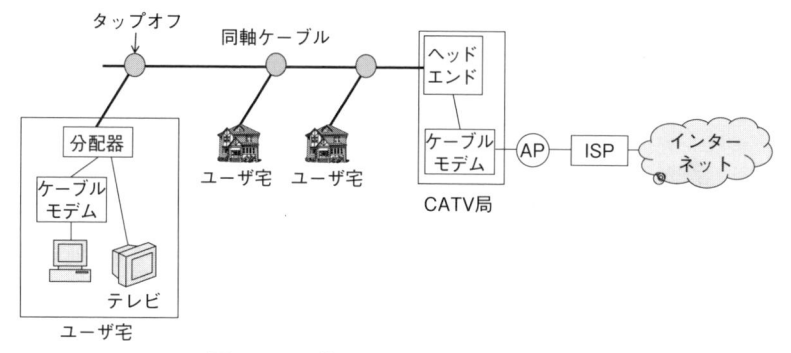

図 11.2 同軸ケーブルを利用した高速化

ユーザ宅内では，分配器により，テレビ利用とパソコン利用に信号を分割する．パソコンに接続する際には，ケーブルモデムが必要となる．

電話サービスを提供するメタルケーブルに比べて，同軸は太いため多くの容量を伝送することができる．また，光ファイバに比べて安価なためサービスを安く提供できる．この利点を活かした方式である．現在は，映像放送，インターネット接続に加えて電話サービスも利用可能となったため，いわゆるトリプルプレイサービスを提供できるようになった．

11.4 アクセス網の光化

光ファイバ・ONU（Optical Network Unit）の開発効率化による低コスト化で，光ファイバ方式のアクセス系への適用も実現された．実際にアクセス系に導入する際の実現方式は図 11.3 および以下に示すとおりである．
・FTTH（Fiber-To-The-Home）：ユーザ宅（一般家庭）までの光化

これは，超高速通信サービスの提供を考慮すれば，理想的な形態である．現在日本では最もユーザ数が多く，ブロードバンド社会に向けての理想形態に近づきつつある．網形態については，後に述べるが，センタと一般家庭の間に光スプリッタを用いた PON（Passive Optical Network）の形態を採用している．
・FTTB（Fiber-To-The-Building）：マンションなどのビルまでの光化

都市部では，集合住宅などが多いため，まずはその建物まで光ファイバを敷設する形態が主流である．先に説明した vDSL などもこれに相当する．

図11.3 アクセス網の光化

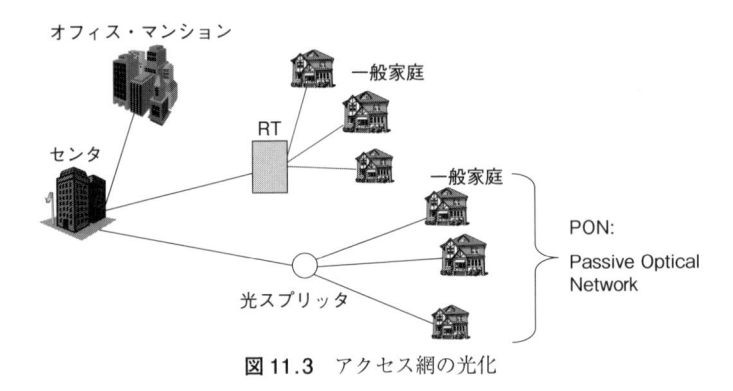

・FTTC（Fiber-To-The-Curb）：10～数十ユーザをまとめたエリアまでの光化
センタからRT（Remote Terminal）までの区間を光化する．地方エリアでは，経済的にブロードバンドサービスを提供するため，このような光化を実現している．
・RT：センタから固定配線エリアの中心までの光化を実現する装置

11.5 地域の特性

前節までに見てきたように，高速アクセスにはそれぞれの特徴があり，それらを適用するエリアがある．今後，電話サービスを提供するメタルケーブルからスタートしたアクセス網は，映像配信などのより大容量の情報を運ぶため高速転送が可能な光ファイバへと適用を変えつつある．高速サービスのアクセスを考える際に，アクセス網は以前にも述べたとおり，ユーザ個々に必要となる設備だから，まずはそのエリアの特徴をどのように捉えるかを把握する必要がある．

図11.4に示すように，エリア内のユーザ数により，どのようなアクセス設備を準備するかが異なる．その簡易な指標として，エリアの面積とそのエリア内のユーザ数により，各都市エリアがどのように分類できるかを考える必要がある．ここでは，大都市・中都市・小都市の3つに分類して，それぞれに応じた方式を考えていくことを示している．また，1つのエリア内でも，局からユーザがどのように密集しているのか，散らばっているのかによっても，エリア内

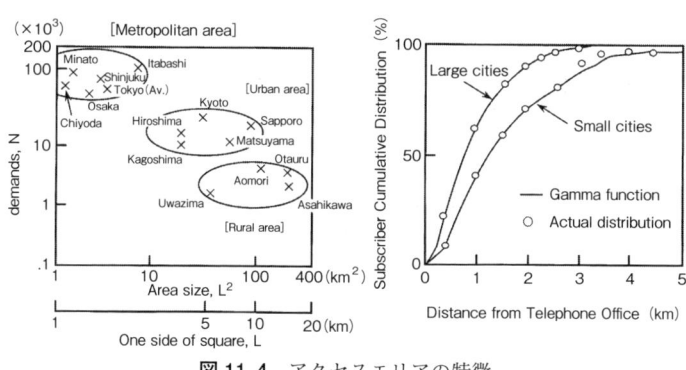

図 11.4 アクセスエリアの特徴

の方式が異なってくる．右図では，局に近いエリアにユーザは多く，離れるに従って，ユーザ数も少なくなるという傾向を表している．このような地域の特性をまずは把握しておくことが重要である．

11.6 光アクセス網構成方式

光アクセス網を全国に普及させる場合に，地域の事情に応じた構成が望ましいことは前節で述べたが，ここでは具体例をもとにどのように設計方針を立てていくかを説明する．まず，対象となる光アクセス網構成方式を選択する．図11.5 の例では，ディジタル電話サービス（ISDN）を対象に，局（SN：Service Node）とユーザ宅（CN：Customer Node）間の伝送方式を検討する．SN では，交換機（LS：Local Switch）に，加入者回線インタフェース装置（SLIE：Subscriber Line Interface Equipement）と局内回線終端装置（OCU：Office Channel Unit）が接続されている．これらは加入者数に応じて必要になるが，試験装置（TST）は，加入者数にはよらず固定的に必要となる装置である．SN と CN 間を従来どおりメタルケーブルを利用する SS（Single Star）構成，SN と CN 間に遠隔ノード（RN）を設けて，SN～RN 間を光ファイバ伝送し，RN～CN 間のみメタルケーブルを利用する DS（Double Star）構成，さらに RN を 2 段に設置する TS（Triple Star）構成の 3 つの方式を対象とする．

184　第11章　高速サービスアクセス技術（ADSL，FTTH）

システム構成

図11.5　光アクセス網構成方式

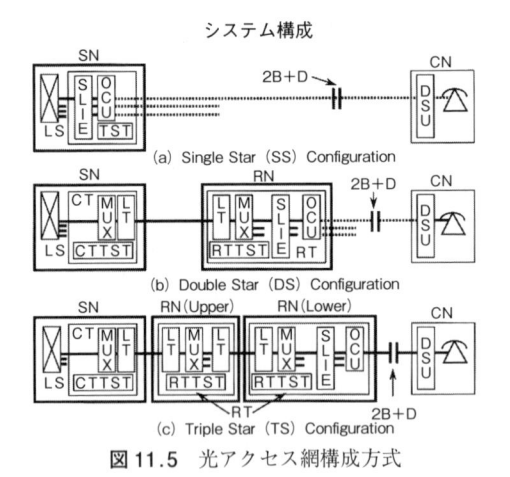

11.7　光アクセス網構成モデル化

　前節で説明した3つの方式の地域ごとの適用形態を明らかにするため，本節では評価モデルを構築する．図11.6に地域の特性としてエリアの大きさとそのエリア内のユーザ数を扱ったモデルを示す．ここでは，評価が簡単に実施できるように，本質を損なわない範囲で，正方形モデルで地域特性を表現している．L（km）がエリアのサイズに対応する．また，SNをエリアの中心に設置し，その中を方面別にいくつかの配線区画に分割した形態を考える（エリア内の配線区画数を k_1 としたとき，1つの配線区画のエリアサイズは，L/k_1 （km）となる）．

　例えば，SS方式をこの網構成モデルに当てはめると，SNから各配線区画内のユーザには，図のような配線ルートで，メタルケーブルが1本1本ユーザに接続されているわけである．DS方式の場合は，SNから各配線区画のRNまでは光ファイバ1本で伝送され，その先CNへはメタルケーブルがユーザ数対応分延びている形態になる．TS方式では，この光ファイバによる伝送部分が2段階になるわけである．このようなモデル化を実施することにより，おのおのの方式にあった配線区画数（DSやTSであれば，設置するRNの個数）が求まり，その中でどの方式が望ましいかを決めることができる．

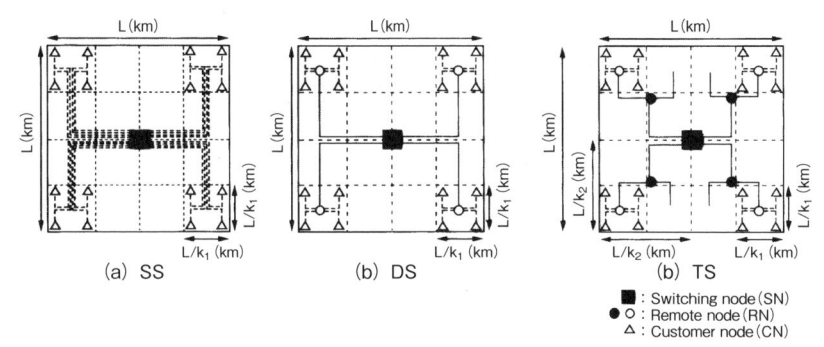

図 11.6　光アクセス網構成モデル

11.8　光アクセス網設計法

　11.6 節および 7 節の方式と網モデルをもとに，創設費ベースの比較を行い，地域ごとに望ましい方式を求めたものを設計方針とする場合を考える．まず検討の前提条件を明確にしなければならない．ここでは，方式については，各種装置やケーブル類が構成部品として必要となるので，その費用をどのように計算するかを予め定めておく必要がある．例えば，ケーブル類は距離に依存した費用がかかるとか，RN に設置される RT は多重化機能を有しているので，どの程度のユーザ数を 1 本の光ファイバで伝送できるのか，ユーザ対応に要する費用部分と固定費用となる部分があるがそれはどの機能かなどといった内容である．さらに，装置は現状と技術革新が進んだ将来ではコストが異なるので，これらをきちんと決めておく必要がある．また，網モデルで示したエリア内にはユーザは均一に分散していると仮定すれば，SN から各 CN へのケーブル長を個別に全て考慮しなくても，平均ケーブル長で近似できるなどの前提条件である．

　以上の条件を明確にした後，各方式の地域別の適用性を求めると，図 11.7 のようになる．大都市，中都市，小都市といったおのおののカテゴリに対して，どの方式が経済的かという方針が立てられるわけである．

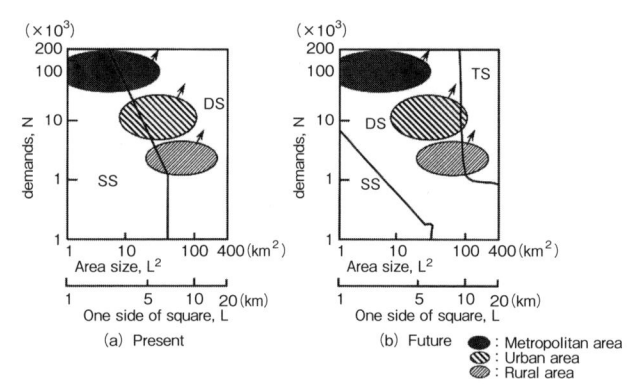

図 11.7 光アクセス網設計法

11.9 FTTHのトポロジー

　FTTHでは，ユーザ宅と電話局の間はブロードバンドサービスを提供するために光ファイバを敷設するが，通常ユーザ宅のONUと局に設置されるOLTを光ファイバで接続する．この光ファイバを電話局とユーザ宅間で1本接続するのがいちばん単純な構成と考えられる．そうすることにより，アップグレード性は大きく，秘匿性が高く，かつ保守性にも優れているためである．しかし，

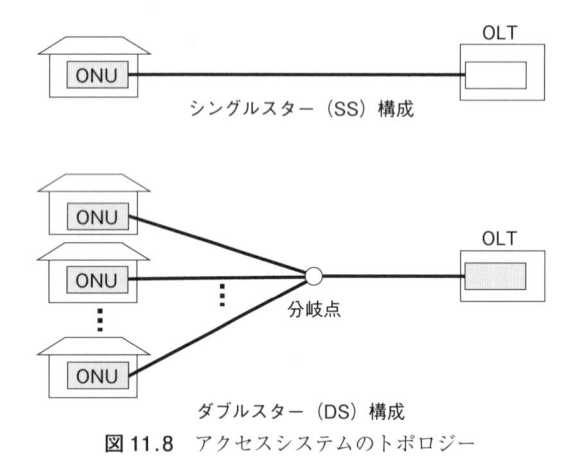

図 11.8　アクセスシステムのトポロジー

総ファイバ長が増加し，設備スペースや保守設備機器数も増加するため，経済性を考えて，アクセスシステムのトポロジーは，図 11.8 の下半分に示すように，OLT からある範囲までは光ファイバ 1 本で共有され，それ以降ユーザ宅までの間は，分岐点によりおのおの光ファイバにより接続されるダブルスター構成となる．この分岐点は，スターカプラーあるいはスプリッタと呼ばれる光ファイバと同様のガラスを材質にした装置により構成され，電気的な変換は必要ない．電気を介さないでファイバおよびその中の光信号を分岐していくので，パッシブダブルスター（PDS）構成と呼ばれている．

11.10 パッシブダブルスター方式

分岐点が能動素子（アクティブ）で構成されているということは，電気レベルでの処理が行われていることになるが，受動素子（パッシブ）で構成されるということは，分岐点においては，切替え処理などの柔軟な処理ができないことを意味している．それでは，パッシブダブルスター方式は，どのようにして各ユーザに情報を送り届けたり，各ユーザからの発信情報を処理しているのだろうか？

図 11.9 に示すとおり，まず OLT から ONU に向けての情報の流れを説明する．ここでは，OLT から分岐点を経て，全てのユーザに複数ユーザの情報が流れる．しかし，ONU において，自分の情報しか取り出せないようになっている．これは，伝送の章でも説明した TDM（時分割多重）の考え方を採用している．すなわち，各ユーザの情報は決められたタイムスロットに割り当てられていて，ONU はその情報しか読めない仕組みになっている．また，ONU から OLT に

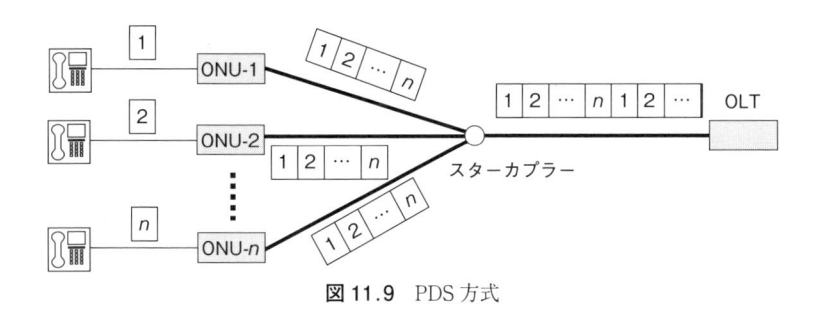

図 11.9 PDS 方式

向かって情報が流れる場合は，同様に決められたタイムスロットで各 ONU が情報を送信している．この場合，各 ONU と分岐点間は距離が異なるが，その差を時間差として考慮し，ONU が送信する信号を制御し，分岐点において，おのおのの信号が衝突しないようにしている．

11.11　π システム

FTTH のトポロジーは，光ファイバが高価であるため，なるべく設備を複数ユーザで共有することで，ユーザ当たりのコストを低価格で実現することが重要となる．そのため，最大限共有方式をとったのが，図 11.10 に示す π システムである．

図のとおり，ONU とユーザ宅間は，従来どおりメタルケーブルを利用するが，この ONU がユーザ宅に近い部分に設置されることから，極力 FTTH に近い構成とするものである．ユーザからおのおののメタルケーブルにより運ばれてきた信号は，ONU の共通部で多重化され OLT へ伝送される．ONU－スプリッタ間の 1 本の光ファイバは m ユーザで共用される．また，スプリッタ－OLT 間の光ファイバは $m \times n$ のユーザで共用されるため，徹底的な経済性を実現している．OLT－ONU 間は，先に説明したパッシブダブルスター構成で，ONU

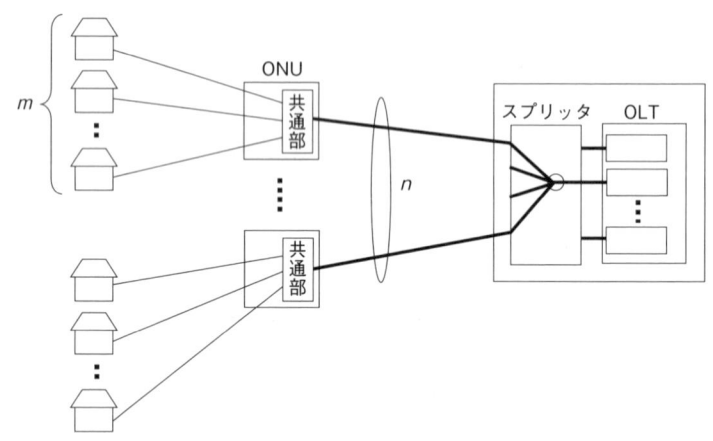

図 11.10 π システム

(秋野吉郎 他：『次世代ネットワークサービス技術』，電気通信協会（2000）．を参考に作成)

〜ユーザ宅はユーザ対応にメタルケーブルが接続されていることから，全体として，トリプルスター構成となっている．

11.12 ブロードバンドユーザ数の推移

ブロードバンドサービスを利用するユーザ数は，2000年からADSLやCATVが提供を開始して以来，確実に伸びている．最初は，ADSLモデムの無料配布や低料金化などの施策により，多くのユーザが契約した．図11.11に示すとおり，ADSLは2001年から爆発的に需要が伸びている．一方，FTTHは2002年からサービスを開始し，最初は他のサービスに比較して高価なため，ユーザ数の伸びは大きくなかったが，低料金化や映像などの高速広帯域環境を必要とするサービスの出現とともに，ADSLからFTTHへ乗り換えるユーザが増加した．2008年を境に，それ以降はFTTHのユーザ数がADSLのユーザ数よりも多くなっている．FTTHが整備されるに従い，この傾向は今後も続くと思われる．どの地域にFTTHを整備していくかといった課題に対しては，地域特性に加えて，これらのユーザ数の推移を考慮していくことが必要となる．

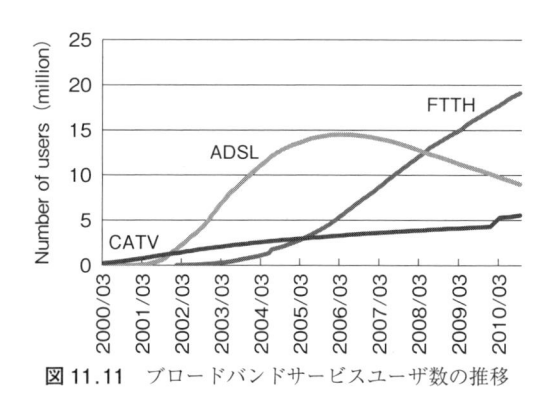

図11.11 ブロードバンドサービスユーザ数の推移

11.13 設備移行形態のモデル化

前節で説明したブロードバンドサービスのユーザ数の増加に対応するため，実際にはADSLからFTTHへ網構成を移行していかなければならない．設備

を取り換えるには，膨大な費用がかかるので，当然経済性が求められることになる．その際に，どういったタイミングで設備を移行していくのか，指針が必要である．本節では，その指針を検討するための考え方について説明する．

図11.12に設備移行形態のモデル化の流れを示す．まず，設備移行に影響を与えるサービスについて，その特徴によりサービス分類を行う．例えば，対象とするサービスが映像配信のような片方向のサービスなのか，電話のように双方向のサービスなのか，さらにその速度などである．次にその分類されたサービスを提供するための方式を明確にする．現状のメタルケーブルで提供できるサービス，映像配信など高速性が高いときの方式などを考慮し，その組合せで複数の方式を選定する．最終的にはFTTHに移行していくため，現状からどのように移行していくかいくつかのシナリオ（設備移行シナリオ）が考えられるので，それらを選定するといった流れである．

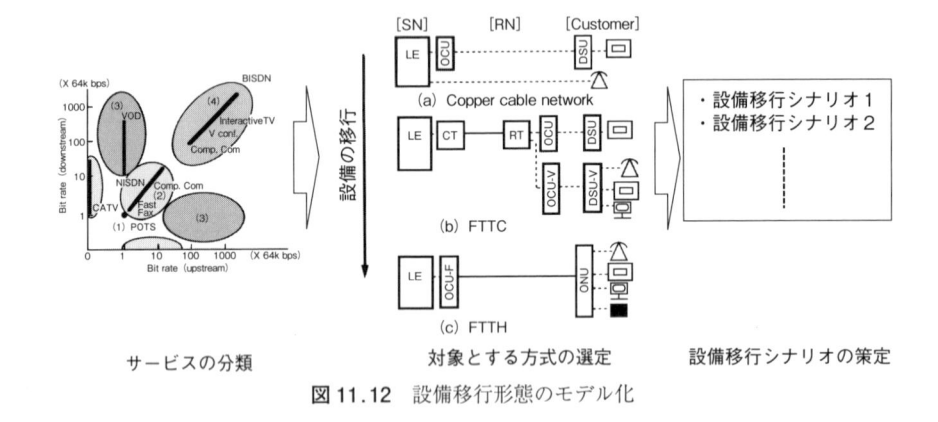

図11.12 設備移行形態のモデル化

11.14 設備移行形態評価法

前節のようにいくつかの設備移行シナリオを構築した後，指針を求めるには，どのシナリオが望ましいものかという課題を解決しなければならない．これを決定するには，今後おのおののユーザ数がどの程度増加するか（推移），各装置のコストは技術革新によりどの程度低価格化傾向になるか，設備のメンテナンスにどの程度の費用がかかるかなど，多くの不確定な要因を考慮していかなけ

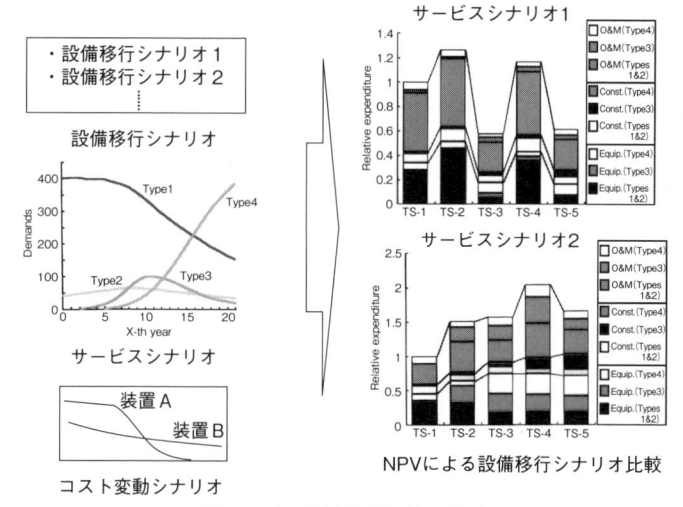

図 11.13　設備移行形態の評価

ればならない．図 11.13 に示すとおり，構築したおのおのの設備移行シナリオに，特徴により分類したサービスのユーザ数の推移をシナリオとしてモデル化（サービスシナリオ）し，各装置のコスト推移（コスト変動シナリオ）も前提条件として考慮して，正味現在価値（NPV：Net Present Value）により比較する．これは，各方式が耐用年数や技術進展度合いなどさまざまな面で異なるため，統一した指標で評価することを意味している．したがって，各方式を構築する費用だけでなく，メンテナンスに要する費用やサービスから得られる収入などのさまざまな収支情報を考慮して比較する．その結果，サービスシナリオごとに，望ましい設備移行シナリオが求められ，意思決定の判断材料となることが可能である．

11.15　事業者間の接続形態

通信サービスは，1985 年の自由化を皮切りに，多くの競争事業者が参入し，そのおかげで多様なサービスが展開されている．こういった状況を柔軟に，かつ効率よく運営していくためには，各事業者間の接続形態を整理しておく必要がある．特に，アクセス網部分は，センタからユーザ間に複数の設備があるわ

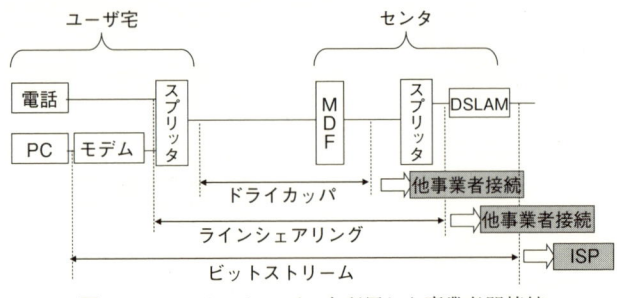

図 11.14 メタルケーブルを利用した事業者間接続

けではなく，事実上特定の事業者設備で提供されるので，その設備を論理的にどのように複数事業者が接続するのかを整理する必要があるわけである．

　図 11.14 に示すように，アクセス設備は，ユーザ宅内に PC があり，それがモデムを介して，場合によっては，電話サービスの通信と合わせて信号をスプリッタにより局へ送信する．局内には，エリア内の各方面から集まったケーブルが MDF (Main Distribution Frame) という接続架につながり，そこから相対するスプリッタで電話サービスと PC サービスの信号に分けられる．特に PC を利用したインターネット接続は DSLAM などの装置を経て ISP へつながる．このような構成では，各 ISP は，この DSLAM のようなインターネットへの接続装置を境に，責任分担を決めている（ビットストリーム単位）．一方，スプリッタで信号を分離した直後の信号レベルで他社の設備へ接続する形態もある．これはラインシェアリングという形態になる．また，電話サービスも含めて他社契約であれば，MDF を境にして，他社設備へ接続されるドライカッパ形態となる．

11.16　さらに勉強したい人のために

　有線系の高速アクセスサービスの種類とそれらの概要，FTTH で採用されている方式の詳細（すなわちパッシブダブルスターの仕組み）などについては，[1] と [2] に掲載されている．また，ますます大容量化するユーザ情報を，高速に効率的に伝送するため，GE-PON (Gigabit Ethernet Passive Optical Network) 方式技術や次世代のアクセス技術展望に関しては，文献 [3] を参

照するのがよいだろう．

■参考文献
[1] 青山友紀監修：『ポイント図解式 xDSL/FTTH 教科書』，アスキー（1999）．
[2] 秋野吉郎 他：『次世代ネットワークサービス技術』，電気通信協会（2000）．
[3] 坪川 信：光アクセスネットワークシステム技術，電子情報通信学会誌，Vol. 91, No. 8, pp. 699-705（2008）．

演習問題

1. FTTH のパッシブダブルスター構成において，設置する分岐点が，OLT に近い場合と ONU に近い場合のメリットとデメリットを述べよ．

2. 光ファイバケーブルやユーザごとに設置する ONU は高価で，単純に全エリアに FTTH を導入するのは困難な状況では，FTTB と FTTC を適用する解がある．都市部と地方ではどのようにこれらを使い分けたらよいか．

3. π システムのように一般には分岐数を増やせば，経済的に高速なサービスを提供できると考えられるが，ほんとうにそうだろうか．分岐数が少ない場合と多い場合で，どのようなメリットとデメリットがあるかを考察せよ．

4. FTTH のユーザ数は今後，どのような推移をたどると思うか．回帰分析などを用いて考察せよ．

第12章

移動通信技術
(携帯, LTE, WiMAX)

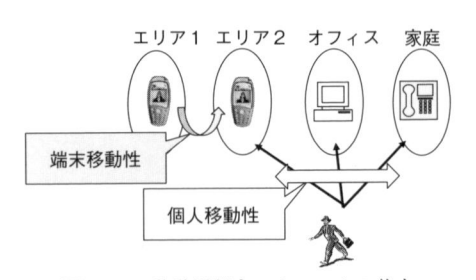

12.1 移動通信ネットワークとは

　移動通信ネットワークとは，ユーザが"いつでも"，"どこでも"通信を行えることを可能とする媒体のことである．ケーブルを介して通信する固定通信（有線通信）では，ユーザの通信端末に物理的に接続された通信線に番号を割り当てるのに対して，移動通信では，ユーザの通信端末自体に，もしくはユーザ自身に番号を割り当てるという特徴を有す．すなわち，"固定通信ネットワークの潜在能力　＜　移動通信ネットワークの潜在能力"ということが言える．
　さらに移動通信ネットワークの潜在能力を分類すると以下のものが挙げられる（図12.1）．

・端末移動性：無線通信端末に割り当てた番号を持って，どこでも通信を行うことが可能である．例えば，現在の携帯電話は，まさにそのような能力を保

図12.1　移動通信ネットワークの能力

有していると言える.

・個人移動性：ユーザ個々に割り当てられた番号を持って通信を行う．したがって，家では通常の電話機を，オフィスではオフィス用の端末，移動中は携帯端末など，その状況に応じて端末を使い分けることができ，番号については利用端末を固定する必要は無い高度な能力を指す．

12.2 双方向通信の主な機能

移動通信，特に携帯電話を例に，双方向通信の機能の特徴を示す．携帯電話の代表的な機能は，図 12.2 に示すとおり，位置登録機能，発信機能，着信機能，チャネル切替え機能がある．

位置登録機能は，電源投入時の待受け状態に作動する機能である．固定電話と携帯電話が異なる点は，携帯電話は常に移動しながら利用することが多いので，誰が発信しているのかを把握するのに，そのユーザが今どこにいるかを把握する必要がある．そのため，端末からネットワークへ信号を発出し，ネットワークは端末の現在地を把握する機能がこれになる．利用者がいちいち現在位置の入力や通知をする必要がないように自動的に行うので，普段利用者は意識しなくてもよいのである．

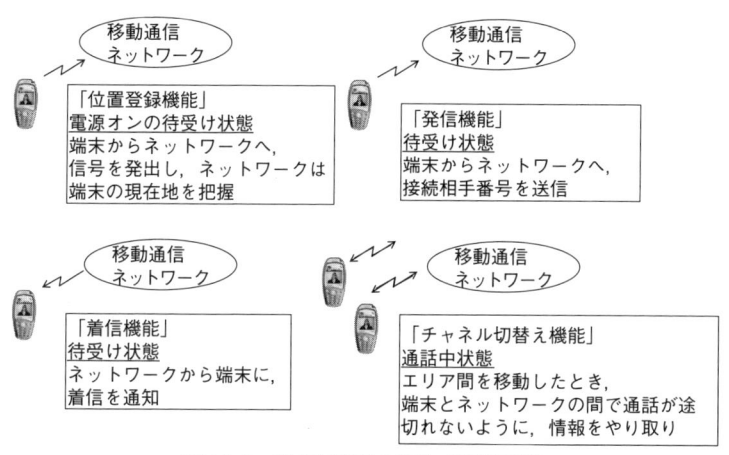

図 12.2 双方向通信の機能（携帯電話）

発信機能は，待受け状態において，自分の端末からネットワークへ接続相手番号をダイアル送信し，相手との通話を実現する機能である．

着信機能は，待受け状態において，ネットワークから利用者端末に着信を通知し，相手からの通話を接続する機能である．

チャネル切替え機能は，通話中に，例えばA地点からB地点に動いて，エリア間を移動したとき，端末とネットワークの間で情報のやり取りを行い，通話が途切れないようにする機能である．

12.3 移動通信網の構成要素

携帯電話を提供する移動通信網の構成図は，既に図1.8に示した．ネットワークを構成する要素として，音声通信サービスという観点では，固定電話同様に交換機が必要となる．また，第1章でも説明したとおり，固定電話とのネットワーク構成の違いは，以下の2点になる．

・ユーザが相手と通信する際のアクセス手段が無線であること，すなわち携帯電話端末と無線基地局間は無線通信を行い，通信の移動性を確保していること．

・全国どこへ移動しても，ユーザの特定とその位置情報を把握する必要があることから，携帯電話を登録したエリアを本拠地として情報登録を実施することと，移動時には移動先のエリアを把握する必要があるため，ロケーションレジスタがネットワーク内に必要となること（本拠地エリアのロケーションレジスタをHLR（Home Location Register）と呼び，移動先エリアのロケーションレジスタをGLR（Gateway Location Register）と呼ぶ）．

12.4 移動通信網基本技術（位置登録）

携帯電話を提供する移動通信網の基本技術として位置登録に関する仕組みを説明する．位置登録機能は，ユーザの意識に関係なく，端末が自動でロケーションレジスタと情報のやりとりを行う．1つのゾーン（1台の無線基地局がカバーするエリア）内で，ユーザの端末の存在を確認するのが基本だが，1つの無線ゾーンから隣の別ゾーンに移動するごとに，ロケーションレジスタに変更情報を登録すると，頻繁に登録制御信号が送受され，無線周波数を多く使用して

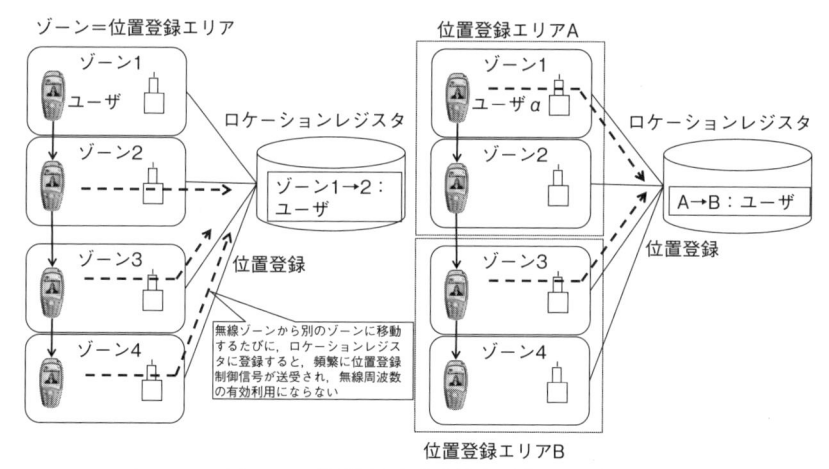

図 12.3 移動通信網基本技術（位置登録）

しまうため，この無線周波数の有効利用にならないという問題が発生する．そこで，複数のゾーンをまとめたグループを位置登録エリアとし，そこから他の位置登録エリアに移動した場合に登録制御信号を発信するという案が考えられる．例えば，図 12.3 に示すように，ゾーン 1 と 2 を 1 つの位置登録エリア，ゾーン 3 と 4 を別の位置登録エリアとしたとき，ゾーン 2 からゾーン 3 に移動したときのみ登録制御信号を送信するといった工夫を実現している．現状携帯電話では，ゾーン半径が都市部で 500m，過疎地域で 2〜3km となっている．ゾーンの数で言うと，日本全国 1 万〜1.5 万ゾーンとなっている．

12.5 移動通信網基本技術（一斉呼出し）

ユーザの携帯端末に着信接続するため，ロケーションレジスタに登録されている位置情報をもとに，ユーザの存在するゾーンを特定する必要がある．そのためには，ユーザの位置登録エリア内の全てのゾーンに向けて一斉呼出しをかける．そこで，ユーザ端末がその信号を受信したら呼出し応答を返す仕組みになっている（図 12.4）．前節で説明したとおり，ゾーンごとに位置登録の制御信号が発信されていれば，その特定のゾーンに向けて呼出し信号を送ればよいのだが，ゾーンが変わるたびに登録制御信号がロケーションレジスタに送信さ

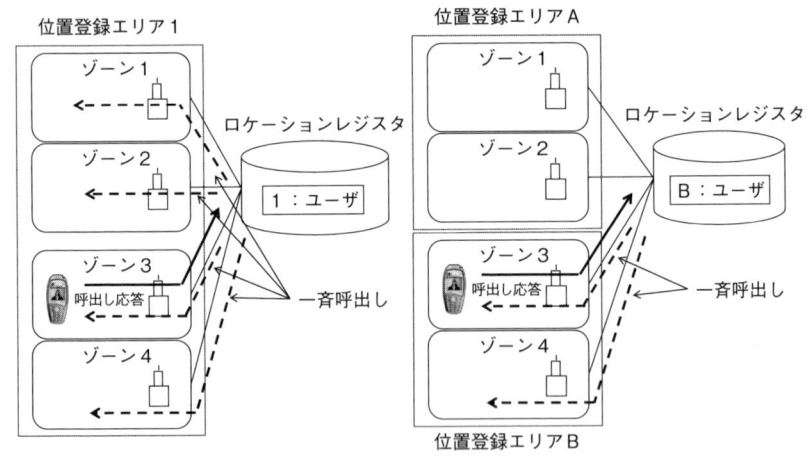

図 12.4 移動通信網基本技術（一斉呼出し）

れることになる．そのため複数ゾーンをまとめた位置登録エリア単位に，考えるわけであるが，あまり位置登録エリアとしてまとめすぎると，着信する際に，エリア内のどのゾーンに相手がいるかわからないので，全てのゾーンに一斉呼出しをかけることになる．したがって，位置登録制御信号と一斉呼出し信号のネットワークにおける負荷はトレードオフの関係にあるので，適切なゾーン数を持った位置登録エリアを決める必要がある．通常，位置登録エリア内に存在するゾーン数は，数十ゾーン程度である．

12.6 移動通信網基本技術（ハンドオーバ）

一般に，電波が届く距離は限られているため，基地局から携帯電話端末が遠ざかれば遠ざかるほど，基地局からの電波が弱くなり届かない場合がある．移動しながら通信を行っている場合は，ゾーン間をまたぐのでそのような事象に陥るが，最悪の場合は通信（通話）が切断するという問題が生じる．

図 12.5 に示すとおり，解決策として，
　①端末が隣のゾーンの強い電波を探す．
　②移動先のゾーンではそれを捉え，空回線を検索する．
　③端末がゾーン間を移動した瞬間に切り替え，元の無線回線を切断する．

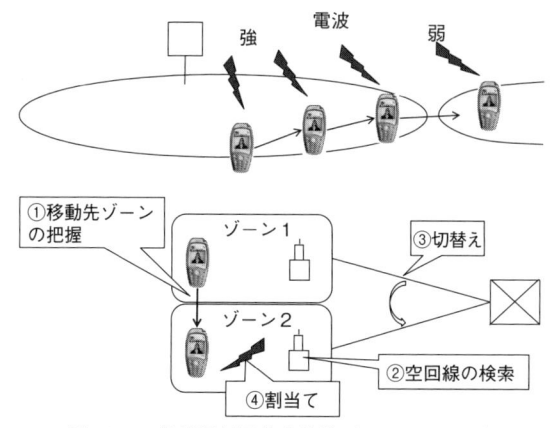

図 12.5 移動通信網基本技術（ハンドオーバ）

④移動先のゾーンでは電波を割り当てる．
この手順がハンドオーバと呼ばれるもので，通信が途切れないようにする工夫がなされている．

12.7　MNP の仕組み

　MNP（Mobile Number Portability）とは，携帯電話番号ポータビリティのことで，ユーザが契約している携帯電話通信事業者を変更しても同じ電話番号を利用できる仕組みのことである．MNP の実現には，ユーザが元々契約していた事業者の設備（移転元の通信網）を必ず利用する転送方式と移転元に番号問合せだけを行うリダイレクション方式の 2 種類がある．MNP を実施するユーザが多くなると，転送方式は必要以上にネットワーク資源を利用してしまう恐れがあることから，通常利用されているのはリダイレクション方式である．図12.6 に示すとおり，いま固定電話端末から携帯電話を持つユーザに電話をかけることを想定する．もともと携帯電話ユーザは移転元の移動通信網のサービスを享受していたが，MNP により電話番号はそのままで移転先の移動通信網サービスを利用しているとする．固定電話ユーザは，そのような状況は知らないので，相手の電話番号にダイアルする．その番号が携帯電話の番号であることを認識し，移転元の移動通信網の HLR に情報が流れ，その番号を持つユーザ

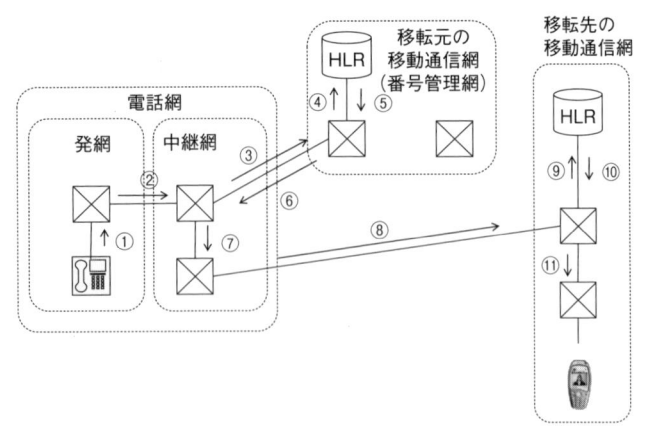

図 12.6 MNP（リダイレクション方式）

がいまどの網の管理下にあるかを知らせる．その情報をもとに，固定電話網の交換機は，直接移転先の移動通信網に接続し，相手の端末へとつなぐ．このように移転元の移動通信網で番号管理を実施する方式がリダイレクション方式である．

12.8 移動通信の周波数帯

　無線に利用される電波は，各周波数帯をさまざまな用途に利用する．図12.7に示すように，波長が長ければ，直進性が弱く，伝送容量が小さい性質を持つ．そのため，あまり帯域を必要としない通信，例えば船舶通信，AMラジオ，短波放送，アマチュア無線などに利用される．いわゆる超長波から短波までの範囲を利用する周波数帯域である．一方，多くの情報を伝送する必要があるものは，波長の短い帯域を利用する．波長が短いということは，直進性が強く，伝送容量が大きいからである．例えば，FM放送，TV放送などがこれに対応する．またこれだけでなく携帯電話や無線LANなども伝送する情報量が多いことから，この帯域を使用することとなる．さらに，直進性の観点からは，衛星通信，衛星放送，電波天文やレーダーなどに利用される．主に，超短波からサブミリ波までの範囲を利用する周波数帯域である．

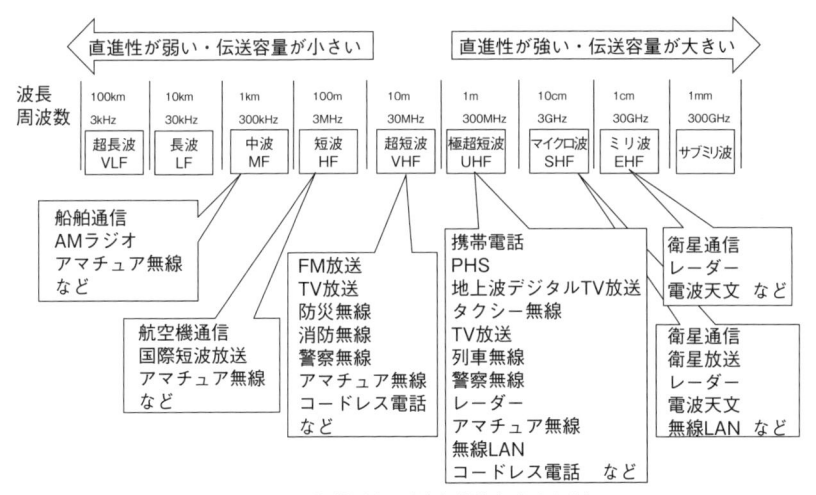

図 12.7 移動通信の周波数帯と主な用途

12.9 アナログ変調方式

情報を電波で送るときには，変調を行う必要がある．変調とは，図12.8に示すとおり，電波が基本的に正弦波（$A \cdot \sin(\omega t + \phi)$）で表されており，この中の振幅（A），周波数（$\omega$），位相（$\psi$）の値を変えることにより，正弦波（$A \cdot \sin(\omega t + \phi)$）の形が変わり実現できる．この基本となる正弦波（$A \cdot \sin(\omega t + \phi)$）のことを搬送波と言う．電話サービスのような音声情報（アナログ情報）をアナログ信号で変調する方式には，振幅変調（AM：Amplitude modulation），周波数変調（FM：Frequency modulation），位相変調（PM：Phase modulation）がある．

例えば，図に示す元のアナログ信号をAM変調する場合は，正弦波に対応する時間の元の信号の値を振幅として与え変調する（AM変調）．一方，FM変調をする場合は，正弦波に対応する時間の元の信号の周波数値を与え変調する（FM変調）．

元の信号

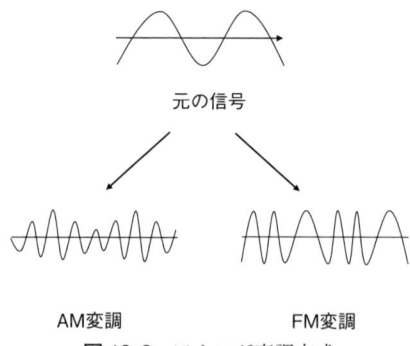

AM変調　　　　　　　FM変調

図 12.8 アナログ変調方式

12.10 ディジタル変調方式

ディジタル変調は，元のディジタル信号を無線で送信するための方式である．この変調方式はアナログ変調における変調波形を方形波にしたものである．入力波形が方形波による変調は，搬送波をスイッチで切り換えることと同じだから，ディジタル信号で変調する方式は，AM, FM, PM に対応して，ASK（Amplitude shift keying），FSK（Frequency shift keying），PSK（Phase shift keying）と呼ばれる（図 12.9）．

ASK は，アナログの振幅変調器にディジタル信号を入力したとすると，出力は変調信号の 1 と 0 に対応して，搬送波がオン・オフしたものになる．これは，連続した変調波をスイッチでオン・オフするのと同じである．ASK とは搬送波

	対応するアナログ変調	変調後の信号波形
ASK	振幅変調：AM	〜〜
FSK	周波数変調：FM	〜〜〜
PSK	位相変調：PM	〜〜〜

図 12.9 ディジタル変調方式

に1またはゼロを掛けることと考えられる．ASK は，シンプルな変調法だが，伝送路におけるレベル変動によって波形がひずむと復調が困難になり，エラーが増えるなどの欠点があるため，実際の無線通信にはあまり用いられていない．

FSK は，ベースバンド波形に応じて搬送波の周波数を変化させる．アナログ変調の FM に類似しているが，FSK は0か1の2値信号を用いて変調を行う．FSK では伝送速度が上がるにつれて占有帯域幅が広がってしまうという特性があるため，受信側の構成は簡単だが，高速通信には不向きである．

PSK は搬送波の位相をある決まった位置で変調させる方式である．図に示すとおりベースバンド波形に応じて，位相が変化する．例えば，0°と180°の2点の位相変化を利用するなどが考えられる．この位相変化の数を増やしていくと，送信できる情報量が増えるため，現在携帯電話などで利用されている方式の基本形になっている．

12.11　FDMA

無線は 12.8 節で述べたように，限りある資源であることから，多くのユーザが無線による通信を利用すると，割り当てられた波長が不足し，なかなか通信できないという状態に陥る．そこで，複数ユーザが，無線伝送路をシェアリングして同時に通信を行う方法，いわゆるマルチプルアクセス方式が導入されている．マルチプルアクセス方式には，周波数分割する FDMA，時間分割する TDMA，コード分割する CDMA の3種類がある．まずは，FDMA の仕組みを図 12.10 に示す．FDMA とは，frequency division multiple access（周波数分

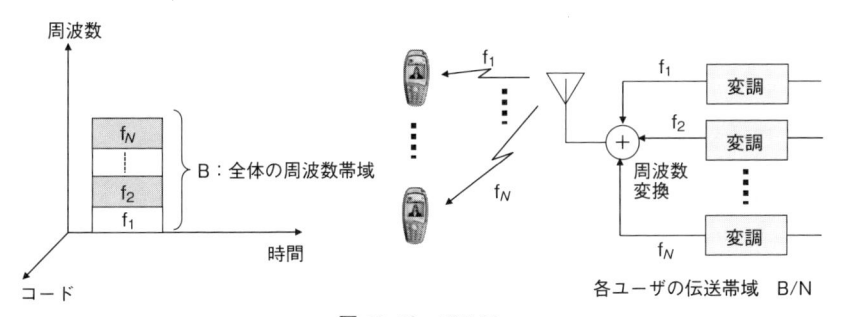

図 12.10　FDMA

割マルチプルアクセス）で，1つの周波数に対して1つの無線チャネルを割り付ける SCPC（single channel per carrier）方式である．これに基づいて，各ユーザが使用する無線チャネルを，ユーザごとに異なる無線周波数帯に設定する方法である（図では，各周波数帯域 $f_1 \sim f_N$ をおのおののユーザに割り当てている）．各ユーザが使用するチャネル間にはガードバンドを設け，ユーザ間の相互干渉を回避している．以前に提供されていたアナログ携帯電話はこの方式を採用していた．

12.12　TDMA

次に TDMA について説明する．TDMA は，time division multiple access（時分割マルチプルアクセス）と呼ばれるものである．複数のユーザが使用する無線チャネルは，1フレームの中で1つの無線周波数を使用する．その1つの無線周波数の時間をいくつかのタイムスロットに分割し，各ユーザは異なるタイムスロットを使用する方法である（図 12.11 では，N 人のユーザに対して，T 時間のフレームの中を N 等分し，$t_1 \sim t_N$ まで，おのおののユーザが利用できるタイムスロットを割り当てる形式をとっている）．この方式では，各フレームがバースト的（信号がある間隔をおいて送出される状態）に送出される．そのため，バーストごとの同期が必要となる．各移動端末と無線基地局間には距離差や送信タイミング誤差などにより発生する各バーストの時間軸上で重なりを防ぐため，ガードタイムが設けられている．第2世代の PDC（Personal Digital Cellular）や GSM（Global System for Mobile communications）で用いられた．

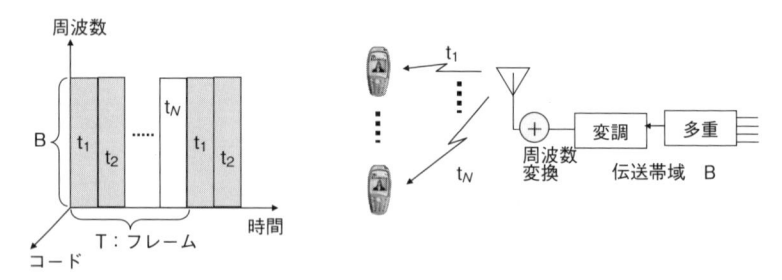

図 12.11　TDMA

12.13　CDMA

　最後に CDMA について説明する．CDMA は，code division multiple access（符号分割マルチプルアクセス）と呼ばれ，無線チャネルは同一の無線周波数においてユーザごとに異なるコードを用いることにより設定する方法である（図 12.12）．そのため，ユーザに対して周波数やスロット割当てが不要となる．FDMA や TDMA 方式では，同一の周波数帯域を用いる他のユーザからの干渉を低減するために，3 セル（1 つの無線基地局がカバーするエリア）以上離して周波数を繰り返し用いる．一方，CDMA は，各ユーザ識別に固有に拡散符号が割り当てられているので，同一周波数帯域を隣接するセルでも用いることができる．そのため大容量化も可能となる．また，スペクトラム拡散方式として，その秘匿性を利用して主として軍事用に利用されていた経緯がある．第 3 世代の携帯電話の方式は CDMA 方式を採用している．

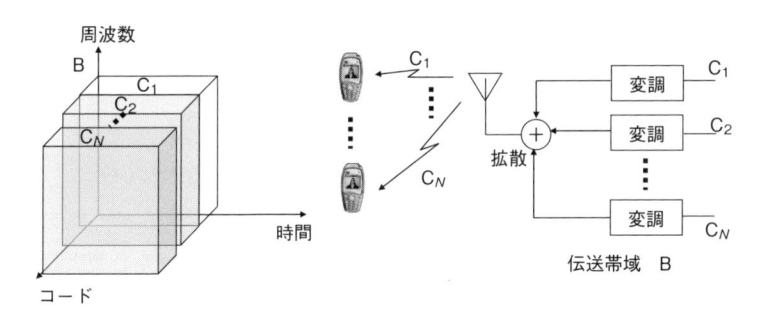

図 12.12　CDMA

12.14　移動通信におけるセキュリティ

　移動通信における情報，アクセス方式と通信形態および通信機器に対するセキュリティ上の問題点と対策を表 12.1 に示す．移動通信の第 1 の特徴として，情報の伝送形態が挙げられる．すなわち，伝送媒体は空中を拡散する電波なので，その電波を容易に捉えて，情報が盗聴や妨害される可能性は大きいため，情報の暗号化とメッセージ認証を組み合わせた対策や暗号化・復号化を高速で

表12.1　移動通信におけるセキュリティ

移動通信の特徴	セキュリティ上の問題点	対策
情報の伝送形態 ・伝送媒体は空中に拡散する電波	・電波を容易に捉えて、盗聴や妨害される可能性は大きい	・情報の暗号化とメッセージ認証 ・暗号化と復号化の高速処理
アクセス方式 ・マルチプルアクセス ・ハンドオーバなどの移動時チャネル切替え	・他人へのなりすまし ・チャネル切替え時の盗聴	・相手認証のため、セッション接続用暗号鍵の配送 ・端末固有の暗号鍵の設定
携帯端末 ・端末の携帯性 ・端末の家電製品化	・端末の不正使用や改造	・端末認証 ・暗号化や認証方式の簡易化

処理することが望まれる．第2の特徴として，アクセス方式が挙げられる．すなわち，マルチプルアクセス方式やハンドオーバ時のチャネル切替えなど，通信中の移動も許容する通信形態であるという特徴のため，他人へのなりすましやチャネル切替え時の盗聴などのセキュリティ上の問題点が発生しやすい恐れがある．そのため，相手方の認証やそれに際しての暗号鍵の配送方法や端末固有の暗号鍵の設定などの対策が必要となる．第3の特徴として，通信機器としての携帯端末が挙げられる．端末に対しては，それら機器の携帯性や家電製品化（カメラや音楽プレーヤ，TVの機能を果たすようになっている）が進むため，端末の不正使用や改造などが発生する恐れがある．そのため，端末認証とそれを実現するための暗号化や認証方式の簡易化が対策として必要となる．

12.15　移動通信システムの変遷

ここでは移動通信システムの変遷を見てみよう．図12.13に示すとおり，移動通信システムは，1980年代は，第1世代と言われ，自動車電話や初期の携帯電話，家庭内のコードレス電話などのアナログ方式を主体とし，主に音声中心のサービスを提供していた．1990年代初頭は，第2世代ということで，自動車電話・携帯電話・コードレス電話に加えて，PDC, GSM, PHSといった多様な方式が出現し，音声だけでなく低速データ通信などが広まった．1990年代後半は第3世代の位置付けで，IMT-2000, W-CDMA, Cdma2000などの方式が急速に広がり，音声に加えて，データ通信は10Mbpsといった高速データ通信が

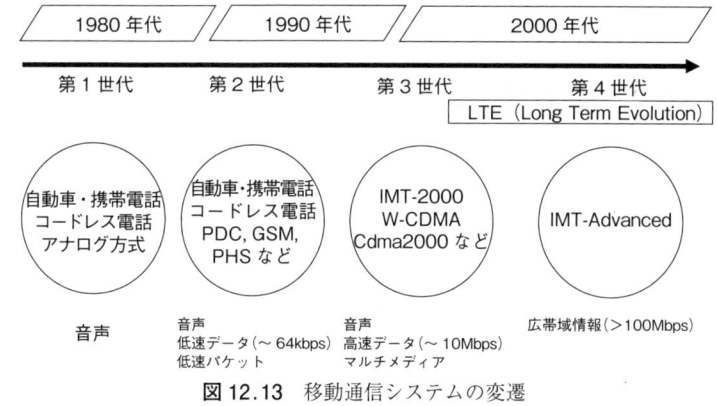

図 12.13 移動通信システムの変遷
(正村達郎編:『移動体通信』, 丸善 (2006). を参考に作成)

実現した. これにより文字情報だけでなく画像情報の通信も可能となり, マルチメディアに対応したサービスの初期段階に到達した. 2000 年代に入り, それらの技術をもとにしたサービスが進展し, 最近では, 第 3.9 世代として, LTE (後述) の実現, すなわち, データ転送のさらなる高速化が実現されている. 数年後を目指して, 第 4 世代ということで, 急速な技術進展, 規制緩和により, 100Mbps 以上の広帯域サービスの提供を検討している.

12.16 携帯電話と無線 LAN

現状では, 第 3 世代携帯電話や無線 LAN などの各アクセスシステムを相互補完する形で利用することで互いの特徴を活かした高速で広範囲な移動性を実現するサービスが可能である. すなわち, 第 3 世代携帯電話は, 通信速度が, 64kbps 〜 8Mbps 程度で, 比較的低速な用途を対象とし, 広範囲の移動性を保証している. しかし, 料金が高価である. 一方, 無線 LAN は, 通信速度は, 11Mbps 〜 54Mbps とかなり広帯域の速度を実現している. 一方で, 移動するエリアはまだ限定的であり, 料金はたいへん安価であるという特徴がある.

今後, 第 3 世代携帯電話は, 第 3.9 世代により LTE などの高速化へシフトし, 無線 LAN は WiMAX などの技術を適用していくことにより, 広域化へ広がりつつあり, 2 つのサービスの境界領域があいまいになっていくと思われる

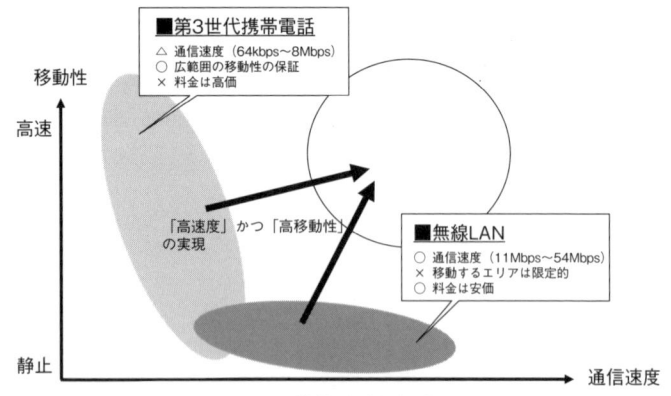

208　第12章　移動通信技術（携帯，LTE，WiMAX）

図 12.14　携帯電話と無線LAN

（図中のラベル）
- 移動性／高速／静止／通信速度
- ■第3世代携帯電話
  - △ 通信速度（64kbps～8Mbps）
  - ○ 広範囲の移動性の保証
  - × 料金は高価
- ■無線LAN
  - ○ 通信速度（11Mbps～54Mbps）
  - × 移動するエリアは限定的
  - ○ 料金は安価
- 「高速度」かつ「高移動性」の実現

（図 12.14）．

　また，スマートフォンなどの携帯電話端末が保有する無線 LAN 機能（テザリング）により，パソコンや携帯ゲーム機などを接続する機能も有するようになっており，ますます，両者の違いがなくなってきている．

12.17　次世代への動き

　前節で説明したとおり，移動通信に関する高速化の取組み技術として LTE と WiMAX さらに FMC がある．以下でおのおのの特徴を説明する．

　LTE は，第 3.9 世代移動通信であり，特徴は，
- 高速化（現行の携帯電話による通信に比較して，受信時に約 10 倍のスピード，37 ～ 75Mbps を実現）．
- 大容量（通信量が 3 倍になっても，現行と同じ人数が利用可能）．
- 低遅延（現行と比較して，伝送遅延は約 1/4 に短縮）．
- 統合網（現行の第 3 世代携帯電話で利用しているネットワークでは，音声とデータ通信は別のネットワークを構築し，利用していたが，全てのサービスを IP 網として統合）．

が挙げられる．

　NTT ドコモが 2010 年 12 月より，「Xi」（クロッシィ）というサービスで，イー・アクセスが 2012 年 3 月より，「EMOBILE LTE」として展開している．

WiMAX：(world interoperability for microwave access）は，半径数 km の距離のユーザに対して最大 70Mbps の無線データ通信を可能にする広域の無線アクセス規格である．ADSL やケーブル・インターネットと同様に，家庭へのアクセス回線として利用され，「ラスト・ワン・マイル」に向けた技術である．現在，UQ コミュニケーションズ，ニフティ，KDDI をはじめとする各社がサービスを，大都市を中心に地方へ展開中である．

FMC（Fixed Mobile Convergence）とは，携帯電話と固定電話の融合サービスである．実現方法は幅広いが，代表的なものに OnePhone がある．OnePhone とは，携帯電話の端末を家の中に持ち込んだときだけ，Bluetooth（将来は無線 LAN も接続可能）を経由して固定電話，あるいは ADSL 上の IP 電話として通話するサービスのことである．

12.18 さらに勉強したい人のために

携帯電話も以前は音声サービスだけを提供していたが，技術が進展し，ユーザに普及するにつれて，インターネットと接続するサービス（例えば，ドコモの i モードなど）が利用できるようになったり，付加機能として，ディジタル画像の撮影や動画再生さらには，クレジット機能など，今後まだ機能は拡張していきそうである．その中で，基本的な音声サービス機能に関する詳細は，[1] や [2] にこれまでの検討の経緯も含めて述べられているので，参考にしてほしい．

一方，技術は高速化を目指している．その技術として，WiMAX に関する紹介文献として [3] 他多数ある．また，LTE に関しても，例えば，[4] をはじめ多数の文献がある．また，第 4 世代に向けた IMT-Advanced の標準化や技術動向については，[5] に解説されているので，今後の方向性が理解できる．

■参考文献

[1] 正村達郎編：『移動体通信』，丸善（2006）．
[2] 藪崎正実：『移動通信ネットワーク技術』，電子情報通信学会（2005）．
[3] 庄納　崇：『WiMAX 教科書』，インプレス標準教科書シリーズ，インプレス R&D（2008）．

[4] E. Dahlman：『3G Evolution のすべて　LTE モバイルブロードバンド方式技術』，丸善（2009）．

[5] 電子情報通信学会：(小特集) ITU-R における IMT-Advanced 標準化動向，電子情報通信学会誌，Vol. 92, No. 7（2009）．

演習問題

1. 移動通信網は固定通信網に比べて潜在能力が大きいが，移動通信網と固定通信網を，サービス（ユーザの利用やサービス提供者）の観点から比べたメリットとデメリットを述べよ．

2. 番号ポータビリティをリダイレクション方式で提供する形態において，通信事業者を変更するユーザ数が多い場合，網にどのような問題が発生する可能性があるか述べよ．

3. 現在のスマートフォンが保有する機能を洗い出せ．多くの機能があるが，それら機能の特徴を捉え分類せよ．また，スマートフォンは携帯電話か，それとも無線 LAN 端末か．どちらだと思うか考えよ．

4. 従来型の携帯電話とスマートフォンの違いを比較せよ．

第13章

情報通信オペレーション技術

13.1 オペレーション業務

前章までは,通信ネットワークの性質を,電話網およびIP網を例に取り上げ,さらにアクセス網として有線・無線を対象に説明してきた.しかし,ネットワークを構成するだけでは当然のことながらサービスを提供できない.そのためには,日々通信ネットワークを運用し,サービスを滞りなく提供していく通信サービスオペレーションが必要である.この通信サービスオペレーション業務には,どのようなものがあるのだろうか.図13.1に示すように,その業務には,通信ネットワークやサービスの監視,ネットワークの試験や制御,ネッ

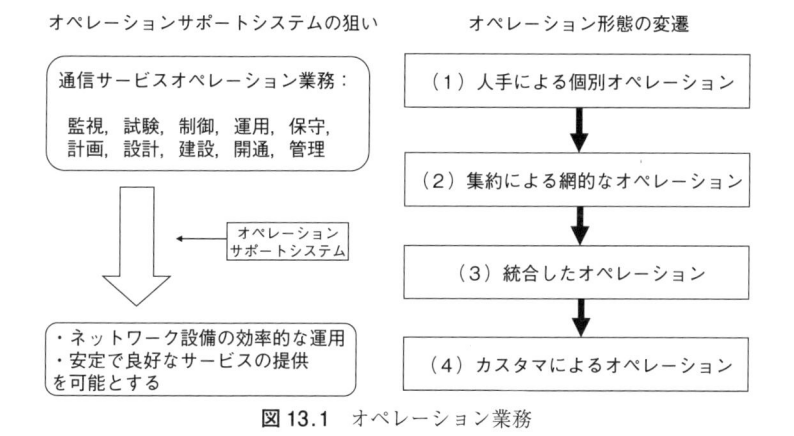

オペレーションサポートシステムの狙い

通信サービスオペレーション業務:
監視,試験,制御,運用,保守,
計画,設計,建設,開通,管理

← オペレーションサポートシステム

・ネットワーク設備の効率的な運用
・安定で良好なサービスの提供
を可能とする

オペレーション形態の変遷

(1) 人手による個別オペレーション
↓
(2) 集約による網的なオペレーション
↓
(3) 統合したオペレーション
↓
(4) カスタマによるオペレーション

図13.1 オペレーション業務

トワークやサービスの運用・保守，設備の計画・設計・建設，サービスの開通やサービス提供に伴う各種情報の管理などであり，幅広い範囲にわたって存在する．これらの業務を対象に，ネットワーク設備の効率的な運用と安定で良好なサービスの提供を可能とするために，実施されるものがオペレーション業務である．そのためには，オペレーションサポートシステムを導入することにより，より効率的な運用と安定で良好なサービス提供を実現することである．

また，オペレーション業務の変遷としては，図に示すとおり，最初は個々の業務に対して人手によるオペレーションが実施されていた．例えば，業務別，地域別といった具合である．これが，業務の定型化が浸透してくると，次に集約による網的なオペレーションへと進化していく．さらに，各業務間で必要となる情報連携などを円滑に実現するため，統合したオペレーションへと変遷する．この段階までは，ネットワークを運用しサービスを提供する側のオペレーションの変遷になるが，ユーザ要求も多様化することから，ユーザが直接サービスの一部をオペレーションする（例えば，サービスメニューの選択や利用料金の確認など）ことも求められる．そのため，カスタマによるオペレーションも必要となってきているというのが現状である．

13.2 オペレーションの分類と観点

オペレーションサポートシステムは，その目的により実現形態が異なるが，大きく以下の6つの観点から分類することが可能である．
- 業務，仕事に着目した分類
    - 管理機能（監視，設計など）の性格からの分類
    - 業務，仕事が達成しようとする目的（サービスの接続，故障対応など）による分類
    - 業務フェーズ（設備構築フェーズ，運用フェーズなど）による分類
- 業務，仕事の実時間性要求度による分類
    - 実時間系（故障復旧など）/半実時間系/非実時間系（設備計画など）
- 業務，仕事の実行の頻度と定期性による分類
    - 定期的（定期試験など），不定期（突発故障や輻輳対応など）に実行するもの

- ネットワーク設備への直接アクセスの有無による分類
  - ネットワーク装置へ直接要求を出す監視，試験，制御／ネットワーク装置類とは直接交信しないもの
- オペレーションの実行者，利用者による分類
  - 保守者，オペレータ，ネットワークの管理者，作業手配者，営業窓口対応者，設計者，網計画者，経営者，カスタマなど
- 対象とする物，システムなどによる分類
  - 設備／通信サービス／ユーザ／稼働
  - ハードウェア／ソフトウェア／データ／ファイル
  - ネットワークの種類

13.3 オペレーション体系化の困難性

前節のさまざまな観点を考慮し，効率的にオペレーションサポートシステムを構築していく際に，オペレーションの体系化が重要となる．そこで，表13.1に示すとおり，オペレーション体系化を促進するに際しての壁を，原因と対策という観点からまとめた．

対象となるネットワークやサービスは，技術の進展やユーザ要求の多様化により常に変化している．また，システム規模も増大の一途をたどり，複雑になっている現状から，オペレーション業務やシステムに対する対策として，いかにそのような変化を検出し，フィードバックするか，また規模増大に伴うシステムの複雑化に向けては，共通要因の機能化とビルディングブロック化が対策

表13.1 オペレーション体系化の困難性

	課題	対策
ネットワークサービス	多様化	迅速な検知とフィードバック
	複雑化	共通要因の機能化とビルディングブロック化
通信業務	人間の行動・思考に依存	ユーザ個々への対応
	多種・多様な内容	問題分析・業務分析手法の充実
システム化	比較・評価が困難	システム評価法の開発
		導入・運用上の工夫

となる.

　通信業務に対しては，オペレーションはそもそも人間が実施することから，人間の行動や思考に依存し，さまざまな内容を含んでいる．そのため，ユーザ要求も多様化し，それら個別の対応をどう実現していくか，またオペレータ業務を統合していくには問題を分析するとともに，業務の分析を実施する手法を充実する対策が必要となる．

　システム化に対しては，さまざまな製品やプログラミング環境が世の中に出ているが，一般に比較・評価を行うのが困難である．そのため，評価方法の開発や導入上の工夫を実施しなければいけないといった対策が必要になる．

　オペレーションを体系化するためには，このような困難性を克服していかなければならない．

13.4　アーキテクチャへの要求条件

　前節で述べた体系化の困難性を少しずつ解決していくため，オペレーションの基本機能とその組合せからなるシステムアーキテクチャを考えていく必要がある．まずは，情報処理の分野で，特にITIL (Information Technology Infrastructure Library) において定められているステークホルダー（システムにかかわる人達）の要求条件を分類するために，経営層，顧客（サービス導入責任組織），システム利用部門，開発という4つの観点からシステムアーキテクチャへの要求条件を表13.2にまとめた．

　経営層の観点からは，外部環境や社会条件の変化に迅速に対応することが求められる．そのために，データ共有と可視化，一元管理が必須となり，投資や要員計画などの意思決定が行えることが望まれる．そのためには，効率的なデータ管理を行うとともに，意思決定支援ができる仕組み（例えばシミュレーション機能など）が必要となる．

　顧客とは，情報通信オペレーションをシステムとして実現することにより，サービスを付加価値として提供するサービス導入責任組織のことであるが，この観点からは，戦略的にシステムを活用していくため，システム完成の期日と品質の確保や実現してほしい機能がきちんと搭載されているかなどが要求条件として挙げられる．システムは，進捗管理と連携したり，試験時の項目を自動

表13.2 アーキテクチャへの要求条件

ステーク ホルダー	要　　求	対　　策
経営層	外部環境，社会条件変化への迅速な対応	・効率的なデータ管理 ・シミュレーションによる意思決定支援 　など
	データの一元化，可視化，共有化	
	意思決定	
顧　客	システム構築の期日と品質の確保	・進捗管理との連携 ・試験項目の自動作成　など
	要求条件の実現	
利用部門	業務に依存しない同一操作性	・統一オペレーションインタフェース ・エリアフリーオペレーション ・データフロースルーオペレーション
	どの端末からでもアクセス・操作可能とセキュリティ管理	
	重複作業の回避と作業のシンプル化	
開　発	迅速な開発と導入	・パッケージ化による高い再利用性 ・上流から下流工程まで一貫した技術の導入　など
	重複開発の防止	

作成したりすることにより，稼働を効率化することも大事である．

利用部門の観点からは，業務の種類に依存しない操作や表示インタフェースであること，すなわち統一オペレーション利用者インタフェースを準備することが望ましいと言える．企業の社員は，通常さまざまな部署を経験し，企業全体の業務の流れを理解していくので，業務ごとに利用するシステム環境が異なる場合は，効率化の側面から支障をきたす可能性が大となるためである．また，同じ業務であれば，地域ごとに実施するのではなく，エリアフリーとして全国どこからでもシステムにアクセス可能とする必要がある（セキュリティ管理も合わせて実現していくことが必要である）．また，データ投入などの作業では，同じデータを別々の作業で実施していると，データの整合がとれなくなったときの対処に時間を要する危険性がある．そのため，作業をシンプル化し，重複作業を回避する仕組みを導入する，いわゆるフロースルーオペレーションが必要となる．

開発の観点からは，世の中の変化，ユーザニーズの多様化に迅速に対応可能かつ重複開発を防止する開発手法などを検討していく必要がある．

13.5 基本的なオペレーション

通信ネットワークにおける基本的なオペレーションは，大きく以下の6つに分類できる．

- 設備対応オペレーション：各センタに設置された通信ネットワーク装置類の設備管理，個々の装置をつなげてサービス開通ができるかどうか，できない場合はどこに原因があるかなど確認を実施する．
- 交換ノード系オペレーション：センタから遠隔での交換ノードの監視（正常状態か異常状態かなど），制御（輻輳時の方路切替え対処など），トラヒック収集（入りトラヒック量や出トラヒック量のデータ収集）などを実施する．
- 伝送系オペレーション：通信ネットワークにおいて特に伝送装置の監視，制御などを行う．
- 加入者系オペレーション：電話局やセンタからユーザ宅までの設備の管理やユーザ設備のサービス開通試験，障害時の切り分けなどを実施する．
- 電力系設備オペレーション：通信ネットワークを作動するための電力装置類の故障監視，停電監視，電力装置に対する遠隔試験，遠隔制御，定期計測などを実施する．
- トラヒックオペレーション：通信ネットワークにおけるトラヒック収集・監視，網制御などを実施する．

13.6 ネットワークオペレーションの技術動向

通信ネットワークでは，ネットワークアーキテクチャを考慮することにより，世界中どこでも，どのようなネットワークにも装置ベンダ種別にかかわらず接続し，サービス提供可能なように世界標準化の取組みがあることを述べた．通信オペレーションは，人手を介することから，地域や通信事業者などの事情により，世界における作業標準（オペレーションスタンダード）を構築し，守っていくのはたいへん難しいと言える．しかし，通信ネットワークアーキテクチャとしてネットワークが標準化されていたように，オペレーションにおいても，ある程度の世界標準を設ける必要がある．これは，特にシステム開発や導入の観点からすると，少しでも早くかつ低コストでシステムを導入することが求め

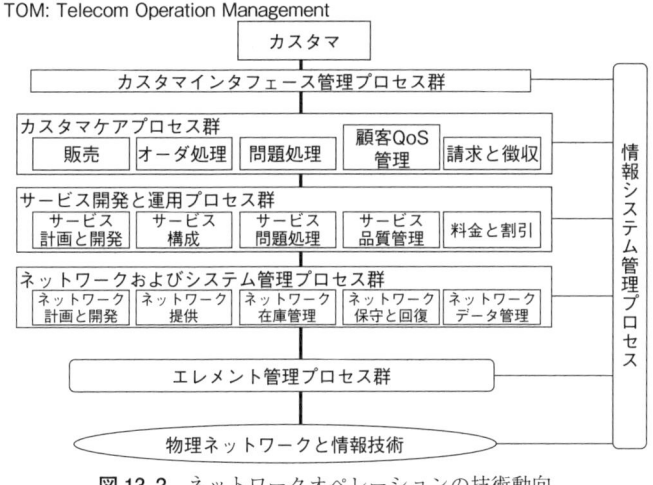

TOM: Telecom Operation Management

図 13.2 ネットワークオペレーションの技術動向

られているからでもあるわけである．その営みが図 13.2 に示す TOM と呼ばれるフレームワークである．

TOM は，いちばん上にカスタマを配置し，そのカスタマが向かい合うカスタマインタフェース管理プロセス群が機能として必要となることを示している．次に，カスタマケアを管理するプロセス群，サービス開発と運用を管理するプロセス群，ネットワークやシステムを管理するプロセス群，最後には物理ネットワークとそれらのエレメントを管理するプロセス群という階層に分割し，それぞれの階層でどういった機能が必要かを体系化したものである．

13.7　ソフトウェアのライフサイクル

ソフトウェアのライフサイクルは，単にソフトウェアを製造するだけでなく，要求定義から設計，プログラミング，テストさらに総合運転試験や導入後の保守・運用と幅広い範囲を網羅している．

図 13.3 に示すように，まず要求定義の段階がある．これは，システムに期待する仕事は何か，何を実現するシステムを構築したいのかを明確にする作業段階である．システムエンジニアがユーザとの対話を通して，ユーザ要求を具体化していくが，まさにシステムエンジニアの頭脳による作業が中心となる段階

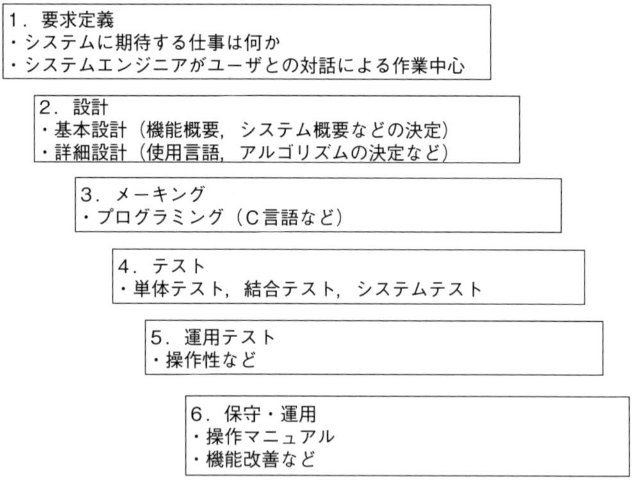

```
┌─────────────────────────────────────────────┐
│ 1．要求定義                                  │
│ ・システムに期待する仕事は何か                │
│ ・システムエンジニアがユーザとの対話による作業中心 │
└─────────────────────────────────────────────┘
   ┌─────────────────────────────────────────────┐
   │ 2．設計                                      │
   │ ・基本設計（機能概要，システム概要などの決定）│
   │ ・詳細設計（使用言語，アルゴリズムの決定など）│
   └─────────────────────────────────────────────┘
      ┌──────────────────────────────┐
      │ 3．メーキング                 │
      │ ・プログラミング（C言語など） │
      └──────────────────────────────┘
         ┌────────────────────────────────────┐
         │ 4．テスト                           │
         │ ・単体テスト，結合テスト，システムテスト │
         └────────────────────────────────────┘
            ┌──────────────────┐
            │ 5．運用テスト     │
            │ ・操作性など      │
            └──────────────────┘
               ┌──────────────────┐
               │ 6．保守・運用     │
               │ ・操作マニュアル  │
               │ ・機能改善など    │
               └──────────────────┘
```

図 13.3　ソフトウェアのライフサイクル

である．

　設計段階は，基本設計と詳細設計の2段階を実施する．システムの構想をまとめるわけだが，基本設計では，要求条件を実現するためシステムが持つであろう機能の概要やシステムの構成（2重化構成とするのかなど）を決定する．詳細設計では，使用する言語や機能を実現するためのアルゴリズムなどを決定する．

　メーキング段階では，設計に基づいて，プログラミングを実施する．その後テスト段階に入る．ここでは，機能ごとにプログラムが正しく構築されているかどうかを確認するため，単体テストを実施する．その後，いくつかの機能をまとめて少しずつ大きな塊として試験を行う（結合テスト）．これは，各機能間のデータのやり取り，すなわちインタフェースがきちんと実現されているかどうかを確認する役目も持っている．最後にシステム全体としてシステムテストを実施する．以上は開発側が行う作業工程になるが，以降は受け入れ側が実施する作業工程になる．実際に導入する環境を模擬し，運用テストを実施する．ここでは，主に操作性などの利用面に関する確認を行う．また，システム導入後は，保守・運用段階に入るので，操作マニュアルの整備や不具合の改善など

の検討を実施し，システムをより良いものにしていくための，フィードバックを実施していく．

13.8 要求定義

　ライフサイクルの最初のフェーズである要求定義について説明する．システムが「何を目的として，何をするものか」を明確にすることが主な作業である．各工程の中で，もっとも自動化や機械化の困難なところであり，現状はシステムエンジニアがユーザとの対話によるヒアリングとアンケート調査を行い，頭脳と手による作業が中心となる．アウトプットは，「システム要求仕様書」である．記述も自然言語による場合が多く，あいまいになりやすく，後続のフェーズでのエラーを誘発する要因となりやすいので，業務分析やまとめの手法やツール開発が必要となる．

　要求定義の目的は，システムの目的が正しく把握されていない，すなわちシステム要求仕様が正しくないといった問題点を解決することにある．システムアナリスト（システム要求仕様を作成する担当者）は，ユーザの問題を的確に分析して要求仕様をまとめる．

　要求分析をする際の問題点として，以下の事柄が挙げられる．
・ユーザの問題認識の壁
・問題領域の知識の壁
・専門用語・概念の壁
・工数・期間の壁
・組織の壁

13.9 単体テストと結合テスト

　個々のモジュール（コンパイルやアセンブルの単位）が設計書に書かれているとおり正しく機能することを確認することを単体テストと呼ぶ．デバッグ作業と共通の技法であり，ツールが利用できる特徴がある．デバッグはコーディングと連続して実施されるのに対して，それをある程度分離して，計画性をもってテスト項目を抽出しテストを進めるのが単体テストである．単体テスト段階のテストは，後々のテスト工程での作業の効率化にとって重要である．

モジュールを結合して機能仕様どおり正しく動作することを確認することを結合テストと呼ぶ．結合テストでのテスト項目の抽出方針は，単体テストの結果をふまえて単体テストでは実施できなかったテストやモジュール間インタフェースの確認や機能仕様のチェックなどに重点をおいたテストを実施する．

モジュールの結合方法には，一度に全モジュールを結合する方法と段階的に結合してテストする方法がある．システムの大きさや開発体制などから決められる．段階的に結合していく場合には，どのモジュールあるいはサブシステムから開発し，どのような手順で結合していくかあるいはそのためのツールの開発などを綿密に計画する必要がある．段階的に結合していく手法としては，ボトムアップ型，トップダウン型がある．

13.10 システムテスト

システム設計で作成した仕様どおりにシステムが動作することを確認することをシステムテストと呼ぶ．主なテスト項目は以下のとおりである．

- 機能テスト：システム設計仕様書の機能確認．
- 障害テスト：各種障害，システムダウンなどを起こし，障害回復処理や装置切換え処理などの運転確認．
- 安定性テスト：システムに一定の負荷をかけて，長時間の連続動作を行い，安定性を確認．
- 性能テスト：システム設計で定めた各種性能が実現されているか確認．通信系ではトランザクション処理能力，ファイル処理系ではデータの検索能力などがある．
- 過負荷テスト：システム設計で定めた性能以上の過負荷をかけてシステム動作確認．
- 保全性テスト：データベースシステムのように不特定多数の利用者が同一データにアクセスするようなシステムにおいては，データの保全性が重要．
- 機密性テスト：複数の利用者が存在するシステムにおいては，登録コードやパスワードなどによってシステム全体の使用制限を行う．
- 操作性テスト：システムの使いやすさのテスト．
- 安全性テスト：安全性の確認．

13.11 運用テスト

　単体テストからシステムテストまでは開発側が主体となってテストを実施する．開発側が，製品としての出荷確認後，受注側にシステムが引き渡される．受注側では，開発されたシステムが利用できるものかどうかを確認するため，運用テストが実施される．この運用テストは利用者側が主体となって実施するのが特徴である．

　運用テストでは，実際の運用体制にそくして，操作性などの側面や，操作員および運用者の訓練を含めたテストを行う．そのため，運用マニュアルや操作マニュアルの適切性なども確認される．

13.12 システムに求められる事項

　システム開発を行う際に，最低限求められる項目を以下に挙げる．

・市販製品をベースとした短期間での開発

　　現在は，ユーザ要求が多様化し，その要求に応えるため，各企業はさまざまなサービスを打ち出している．そのため，以前のようにシステム開発に1～2年かけているといった状態はほとんどなく，数か月といった短期間で構築することが要求される．そのため，ゼロからシステムを作り上げるスクラッチ開発では不可能なため，市販品を用いて，足りない機能を追加するというシステム開発形態が望まれる．その際には，ほとんど市販品ベースで使える機能（NW監視，トラフィック品質管理など）や半パッケージ製品ベースに部品を組み立てていく機能（顧客管理系など）を見極める必要がある．

・低コスト化

　　昨今の企業のおかれた状況は非常に厳しいため，サービス料金の低価格化から収支構造は厳しく，サービスのオペレーションにコストをかけられないのが現状である．そのため，システム開発はより低コストな仕組みが求められる．

・高品質化

　　バグなどのトラブルによるサービスへの影響は，ゼロにしたいというのは共通の願いである．ユーザは敏感で，サービスへの影響はたいへん大きいた

めである．
- カスタマイズ容易性

    操作する人が改造でき，システムに愛着が持てるようにしたいという願いである．特にシステムは経営に直結する情報を保有しているため，さまざまな改造ができるような環境が望まれる．

13.13　システム構築に際して考慮すべき事項

通信ネットワークサービスを運用するために考慮すべき外部条件を以下に述べる．
- サービスの規模（想定ユーザ数，ユーザ種別など）
    ⇒顧客情報系システムでの処理能力に影響
- NW規模（ノード数，エリアの大きさなど）
    ⇒ネットワーク系システムでの処理能力に影響
- ビジネスモデル（キャリア，プロバイダ，ユーザなどのプレーヤ種別）
    ⇒代行処理などの必要な機能の明確化
- マルチベンダNW度合い（複数ベンダ装置の導入）
    ⇒効率的な管理方法
- 既存システムとの接続性の明確化
    ⇒データ連携方法
- 操作性
    ⇒オペレータ親和性

13.14　サービス規模の重要性

システム開発にて考慮すべき事項の1点目で，サービス規模の重要性が挙げられる．提供するサービスはどれくらいのユーザが想定されるか，ユーザ数を予測することにより，管理しなければいけないユーザ数と対応する作業が見えてくる．そのユーザ数が数万なのか，数百万なのか，数千万なのかによって，ユーザのデータ管理・検索・対応などに対して，システム構成への要求条件が違ってくる．これはかなり重要な要素であると言える．また，どういったユーザを対象とするのか，すなわち対象とするユーザ種別として一般ユーザなのか，

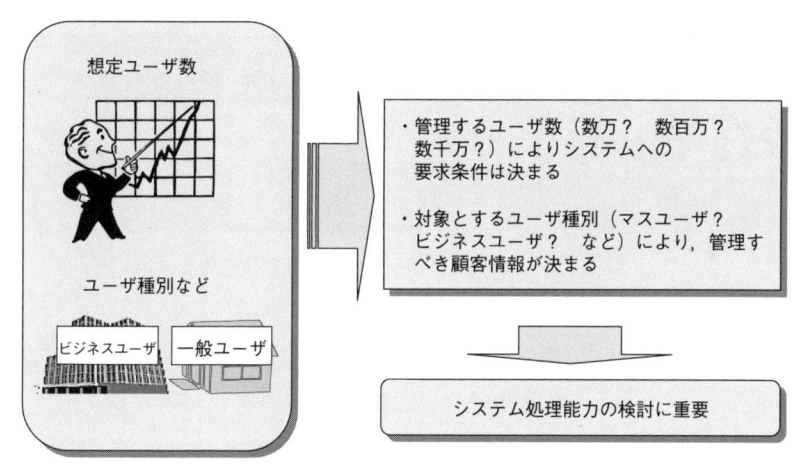

図 13.4 サービス規模の重要性

ビジネスユーザなのかといったことである．これにより，管理すべき顧客情報が決まることになる．以上サービス規模の検討は，システム処理能力に対する重要な観点となる（図13.4）．

13.15 ネットワーク規模の重要性

次に，ネットワークの規模も重要な要因であることを説明する．システムを導入するネットワーク規模により，管理しなければならないネットワーク構成ノード数が数百なのか，数千なのか，数万なのかが問題となる．ノード数が少なければ，小規模サーバでも処理可能だが，ノード数が桁違いに多い場合は，管理システムも階層化構成などの工夫が必要になるからである．したがって，ネットワーク規模によりシステムへの要求条件は決まると言える．また，サービス提供エリアが，全国展開なのか，特定エリアなのかなどにより，システムへの要求条件は決まるということを考慮する必要がある．これは，装置監視処理能力や方式などの検討に反映させるためである（図13.5）．

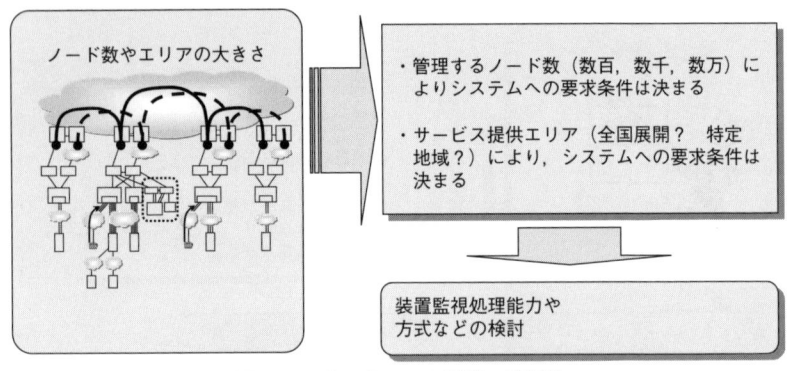

図 13.5 ネットワーク規模の重要性

13.16 ビジネスモデルの重要性

対象とするプレーヤ種別によりどのような機能が必要となるかを検討するのがポイントとなる．そのため，例えば，図 13.6 に示すように，キャリアとユーザの間にさらにコンテンツ・プロバイダが入った3者モデルを考える．この場合，ユーザはネットワークを介して有料のコンテンツを閲覧することとなり，キャリアとコンテンツ・プロバイダの両方に利用料金（通信料と情報料）を支払う必要がある．その際に，ユーザは個別に支払いを実施するのではなく，キャリアに一括して払い込み，キャリアからコンテンツ・プロバイダへ情報料を

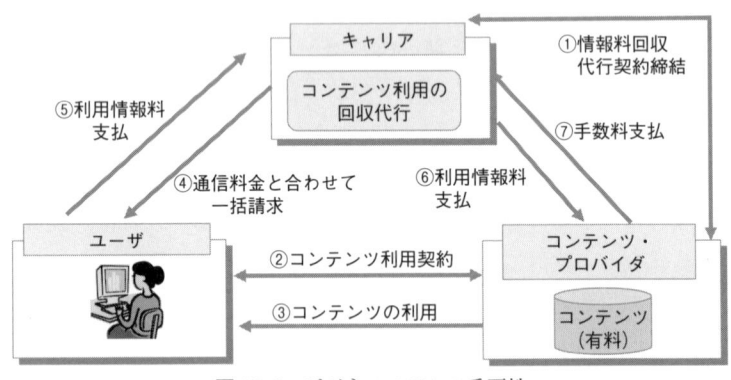

図 13.6 ビジネスモデルの重要性

支払う方が望ましいと言える．その際には，情報量を代行回収するような機能も考えなくてはならない．このように，ビジネスモデルを念頭において，機能を抽出する必要があることがわかる．

13.17 マルチベンダ化の重要性

　サービスを提供するネットワーク設備，特に装置類（NE：Network Element）は，1社による独占的コントロールを避けるため，マルチベンダで構築するのが通常である．図13.7に示すとおり，通常Aベンダの装置NE（A）に対して，設定・制御・監視をしたりする機能である制御装置（NE-OpS（A））はNEと密接に関係することから，これもAベンダの製品依存となる．このNE-OpSの操作方法は，各ベンダにより異なるため，操作方法を統一した運用が望まれる．そのため，NE-OpSとNWの監視・NEの設定・制御などのインタフェース（IF）統一を図る必要がある．マルチベンダ利用状況下においては，重要な考慮事項と言える．

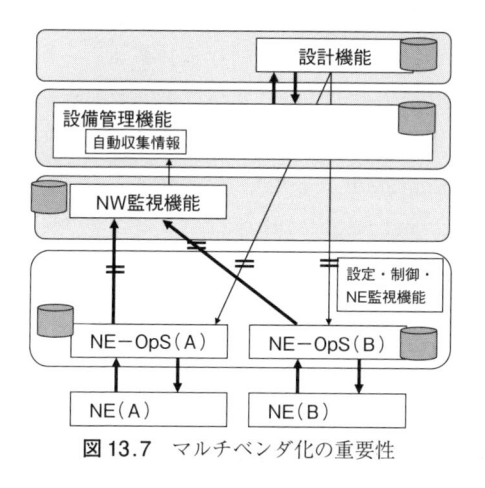

図13.7　マルチベンダ化の重要性

13.18 既存システムとの接続性

　新たにシステムを構築する際に，気をつけなければいけないことは，それまで運用者が利用していたシステムやデータベース資産をどうするかということ

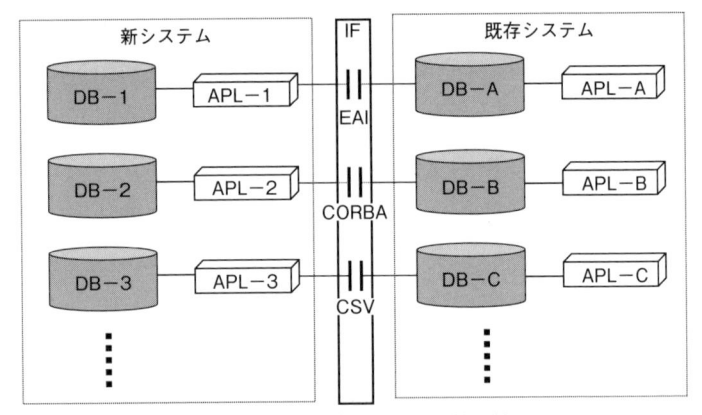

図 13.8 既存システムとの接続性

である．このような既存資産は既存資産で利用しながら新規システムも並列に利用するとなった場合は，それらの間を結ぶインタフェースが必要となる．全てを新しいシステムで運用する場合にも，いったん既存システムから各種情報を入れ替えなくてはいけないため，やはりインタフェースの検討が必要となる．このように既存のシステムや DB は，業務拡張による他システムとの連携を考慮していないため，特殊な構造をしている場合が多い．例えば，EAI (Enterprise Application Integration) を用いて有機的に連携・結合させる形態，CORBA (Common Object Request Broker) という標準規格でソフトウェアコンポーネントの相互利用を可能とする形態，あるいは，CSV (Command Separated Value) のようにフィールドをカンマで区切ったテキストデータ形態などとして，DB 間の IF を接続するシステムごとに考慮する必要がある（図13.8).

13.19 オペレータ要求条件との親和性

一般に，システムを構築する人とそれを利用する人は異なることが多い．そのため，構築者がこうあるべきだと考えてシステムを作ったはよいが，利用する側からは使いにくいといった問題で，せっかく構築しても利用されないシステムが企業には多々見受けられる．そのため，利用者の観点から，アクセシビ

```
┌─────────────────────────────────────────────┐
│ アクセシビリティ，ユーザビリティ，ユニバーサルデザイン性 │
│ GUIの統一                                    │
│   ・ボタンの位置                              │
│   ・特定項目の絞込み方法                       │
│   ・帳票類のカスタマイズの容易性                │
│   ・設計→設定→監視といったサイクルを統合端末で実現 │
└─────────────────────────────────────────────┘
```

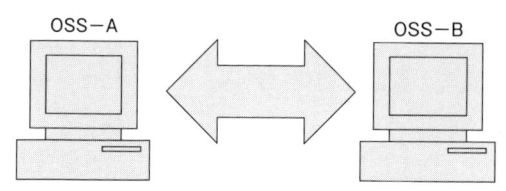

  OSS－A ⇔ OSS－B

図13.9 オペレータ要求条件との親和性

リティ，ユーザビリティ，ユニバーサルデザイン性を考慮して，GUIの統一をはかる画面設計（ヒューマンインタフェース設計）が重要となる．例えば，以下のような項目について留意することである（図13.9）．

- ボタンの位置：システムごとに，「はい」「いいえ」などのボタンの位置がずれていたり，逆に配置されていたりすると，利用者の疲労度が高まってしまったり，誤操作を招きやすいので，なるべくこういった表示方法はシステム間で統一した方が望ましい．
- 特定項目の絞込み方法：最近はオフィス用ソフトなども厚いマニュアルを開かなくとも，所望の操作に到達することが多い．これはこのようなアクセシビリティやユーザビリティにたいへん気を使っているからである．特定項目の絞り込み方法も最初は試行錯誤でも，システム間で統一しておくと，作業が速く処理されるという利点がある．
- 帳票類のカスタマイズの容易性：得られたデータはさまざまな角度から分析することが求められる．そのためには，さまざまなグラフを表示できたり，利用者がカスタマイズできることが重要となる．
- 設計→設定→監視といったサイクルを統合端末で実現：運用の各段階において，別々の端末を利用するのでは，端末間の移動がまし，誤操作や事故を招きかねない．そのためには統合端末により，一連の運用が可能となる環境が望まれる．

13.20 システム開発手法

従来は，図13.10の左側に示すとおり，ウォーターフォールモデルによりシステム開発が行われていた．これは，各段階がきちんと完了してから次の段階に進むというように，どこまで進捗したかがよくわかり，したがって，作業の遅れなども把握しやすいと言える．一方で，最近の技術進展やユーザ要求の多様化に伴う周辺環境の劇的な変化に対応していくには，短期間でのサービス提供を実現していく必要がある．そのため，図の右側にあるように，各機能組織が一体となったRAD手法により，市販品を活用した開発方法が望まれる．

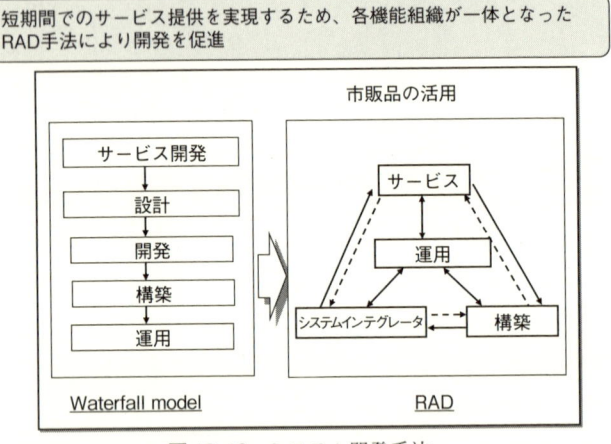

図 13.10 システム開発手法

13.21 さらに勉強したい人のために

電話網からその高度化までを対象としたネットワークオペレーションの仕組みや標準化動向などの全体を概観するには，文献 [1] が参考になる．IP網に対するオペレーションの中で，特にネットワークの管理や監視などは，例えば [2] や [3] をはじめ，非常に多くの文献が出ているので，そちらを参照してほしい．顧客管理やネットワーク設備管理などは，提供事業者により実施方法が異なるので，統一的にまとめた文献はないが，それらの業務をサポートする各種ソフトウェア製品が出ている．

システムアーキテクチャの標準化に関しては，TOM を出発点に TM Forum（Telecom Management Forum）にて検討が進められている．詳しくは，TM Forum のホームページを参照してほしい．

また，システムのライフサイクルについては，プロジェクトマネジメント手法（PMBOK）（例えば [4] など）や提供するサービスも合わせて考えると ITIL（例えば [5] など）などが参考になる．

最新のオペレーション動向については，電子情報通信学会誌に掲載されているので，参考にしてほしい [6]．

■参考文献

[1] 秋山 稔 他：『インテリジェントネットワークとネットワークオペレーション』，コロナ社（1991）．
[2] 三上信男：『ネットワーク超入門講座　保守運用管理編』，ソフトバンククリエイティブ（2008）．
[3] 渋川栄樹：『図解入門 よくわかる最新ネットワーク管理の基本と極意』，ネットワーク技術／ネットワーク管理基礎講座，秀和システム（2004）．
[4] 広兼 修：『新版プロジェクトマネジメント標準 PMBOK 入門』，オーム社（2010）．
[5] 久納信之：『ITILv3 実践の鉄則』，技術評論社（2010）．
[6] 電子情報通信学会：(小特集)　快適コミュニケーションを支える―進化するネットワーク管理技術，電子情報通信学会誌，Vol. 87, No. 12（2004）．

演習問題

1. ユーザが FTTH サービスを申し込んでからサービスが利用できるまでに，どのような作業が必要か列挙せよ．
2. ソフトウェアのライフサイクルにおいて，主に開発側が主体で行うフェーズとシステム利用側が行うフェーズはどれか．
3. システム開発を行う際に，業務に対応して開発方法が異なることを述べたが，なぜ，NW 監視業務には市販品のシステムをそのまま利用し，顧客管理業務には半パッケージ製品がよいのか．理由を考えよ．
4. Waterfall 型と RAD 型のデメリットはそれぞれ何か．

第 14 章

ネットワークセキュリティ技術

14.1 IT を利用した犯罪

　情報技術を利用することにより生活での利便性が高まる一方で，ある特定の日を狙ったウィルスやパソコンの情報を抜き取る悪質なソフトなどによって，個人情報が脅かされている．こういった攻撃からどのように身を守ったらよいのか，また普段私たちはどのような事に気をつけなければいけないのか，本章では情報リテラシーについて理解を深めることにしよう．

　近年，IT を利用した犯罪が増えている．この IT 利用の犯罪の特徴は，損害総額が見えないという点が挙げられる．例えば，訴訟時の賠償金が 1 件数万円になることもあれば，転売された情報が悪用される恐れもある．また，盗まれた情報が見えないという難解な点が挙げられる．例えば，外部から任意の命令を送り込めるウィルスが増加することにより，ユーザは知らない間に情報を盗まれていることが増加したり，パソコンのスクリーンショットを送るウィルスなどもある．このウィルスの観点から見れば，ウィルス感染が見えないという脅威がある．最近のウィルスはパソコンにかける負荷が小さいため，不審なウィルスが混入しても動作が遅くなったりする事象が無いので，気づかないのが欠点である．そのため，ウィルス対策ソフトが解決策として普及しているわけだが，それを回避する技術も登場したりしている．さらに盗まれた情報の漏えい先が見えないという特徴が挙げられる．闇市場に出品された情報は別の犯罪者の手に渡ったりする．あるいは，企業の機密情報が流通する闇市場は文字通

り闇の中である．因みに，闇市場で売買される主な情報は，「クレジットカード情報」「銀行口座の認証情報」「メールアカウント」「メールアドレス」「攻撃用のシェルスクリプト」「氏名，住所，生年月日がそろった個人情報」などである．

14.2 ネットワークシステムの危険性

前節で述べた犯罪は，想定しうる状況を記述したものだが，事実それと似たような事象が発生し，新聞などにより記事が紹介されている．ネットワークは，誰でもつながるという意味での利便性は高いが，どのようにも利用できるので，例えば悪意を持った人物が利用すると，大きな社会的影響を及ぼす可能性がある．これは，やはりネットワークに接続し発信するという特徴によるが，そのため，ネットワークに対する脅威としては，大きく以下の5つに大別される．

・不正アクセス
・システム妨害
・盗聴・改ざん
・なりすまし
・ウィルス

次節から，個々の内容について述べることにする．

14.3 不正アクセスとシステム妨害

不正アクセスとは，サーバにアクセスするための他人のパスワードを何らかの方法で不正に入手し，それを用いてサーバに入り，情報を盗んだり，サーバシステムを破壊する行為のことである．その中には，ハッキングといって，不正侵入行為に達成感を感じ，システムには妨害を与えない場合がある．一方，クラッキングといって，不正侵入行為を行うだけでなく，システムやデータに被害を与える場合も存在する．不正アクセスは，自分の不在時に自宅内に侵入され物色されるのと同じだから，非常に脅威であると言える．

DoS（Denial of Service）とは，特定のサーバやホストマシンに対して，意味のない大量のデータを故意に送りつけ，そのマシンのCPUの能力をフル稼働させて，システム異常をもたらし，システムダウンを生じさせる妨害攻撃のことである．例えば，電子メールでは，メールサーバに大量のメールが届き，メ

ールサーバの処理能力がオーバーし，送受信ができない状態になる．これは電子メール爆弾と呼ばれている．このような妨害を仕掛ける発信者は，自分のアドレス（IPアドレス）を隠して行う場合が一般的である．

14.4 盗聴，改ざん，なりすまし

　盗聴とは，ネットワーク内を流れるデータを傍受し，盗むことである．昔から対策としては，データを暗号化し，受信相手以外にこのデータを見ることができないようにする工夫が行われている．インターネットでメールを送信する場合にも，各プロバイダのメールサーバを経由していくので，それぞれのサーバに情報が残る．そのため，暗号化を行うことが必要となる．

　改ざんとは，送信者のデータがネットワークの途中で変更され，受信者が不正なデータを受信してしまうことを指す．このような事が増えると，受信したデータを信用してよいものかどうかわからなくなる．例えば，各種情報の申請先が正規のサイトではなく不正なサイトに書き換えられると，受信者が知らずに利用するとさまざまな個人情報を渡してしまう恐れがある．また，商取引で注文数が改ざんされた場合は，たいへんな混乱や損害が生じることとなる．これを防止するには，送信するデータとともにチェック用のデータを添付することで，相手側で確認する仕組みが必要である．

　なりすましとは，ユーザIDやパスワードを盗んで，その本人になりすまし，不正行為を行うことである．パスワードは，本人しか知らないものとして扱われるので，他人に知られないように管理する必要がある．

14.5 ウィルス

　ウィルスとは，いつのまにかコンピュータに侵入し，データを破壊したり，改ざんしたり，さらに侵入したコンピュータを踏み台にして，さらに別のコンピュータへ影響を及ぼす脅威のことである．ネットワークにつながっているということは，ウィルス侵入の脅威にさらされているわけだから，パソコンを利用する場合は，必ずウィルス検知・対策ソフトウェアをインストールし，未然に防止することが大切である．そのため以下のチェックが重要となる．

・ファイルを他人に渡すときは，ウィルスチェックを必ず実施する．

- 電子メールのやりとりでは，添付ファイルのウィルスチェックをする．また，知らない人からのメールの添付ファイルはみだりに開かない．プレビューウィンドを表示しないよう設定する．
- システムに自動的にウィルス検出をするファイルなどを設定する．ウィルス検出用ファイルはこまめに更新する．

ウィルス検出には，企業の場合システムの入り口にウィルス防御サーバを設置し，侵入を防止する．サーバだけでなく企業内にある各コンピュータについても定期的にウィルススキャンプログラムを実行させる．ウィルスは絶えず新しいものが出てくるので，それに対応したウィルススキャンプログラムを使用する．検出のために準備されたウィルス定義ファイルを定期的に更新することにより，新種ウィルスの検出が可能となる．

通商産業省が制定した「コンピュータウィルス対策基準」の中では，「第三者のプログラムやデータベースに対して意図的に何らかの被害を及ぼすように作られたプログラムで，以下の機能を1つ以上有するもの」がウィルスと記されている．その機能は，以下に示すとおりである．

1. 自己伝染機能：自らの機能またはシステム機能を用いて，自らを他のシステムにコピーすることにより，他のシステムに伝染する機能．
2. 潜伏機能：発病するための条件を記憶させて，条件が満たされるまで症状を出さない機能．
3. 発病機能：コンピュータに異常な動作をさせる機能．

14.6 セキュリティ技術の分類

以上で述べてきたネットワークに対するさまざまな脅威から身を守るために，それを防ぐ技術（セキュリティ技術）について述べていく．対策としては主に以下の5つに大別できる．

- 機密保持技術
- アクセス制御技術
- 認証技術
- 監視技術
- 運用管理技術

14.7　暗号化の仕組み

　暗号化とは，データの内容をデータの送信者と受信者のみで理解でき，他人にはわからなくするための方法である．例えば，コンピュータを利用する際に入力するパスワードが，そのままの文字列でコンピュータ内に格納されていたとしたら，そのコンピュータから簡単にパスワードを抜き取られてしまう危険性がある．そのため，通常パスワードのデータは，暗号化された状態でコンピュータに格納するようになっている．近年ネットショッピングなどの利便性が高まってきたので，皆さんもクレジットカードや各種個人情報を入力して，商品をネット経緯で購入することが増えたのではないかと思う．

　そのため，Webページの送受信データ，電子メール，無線LANによる通信データにおいても，データを利用者以外にはわからなくするために，さまざまな暗号化技術が使われる．これらの用途の場合には，データの受信側が暗号化データを復号と呼ばれる処理で元のデータに戻して利用できる（図14.1）．

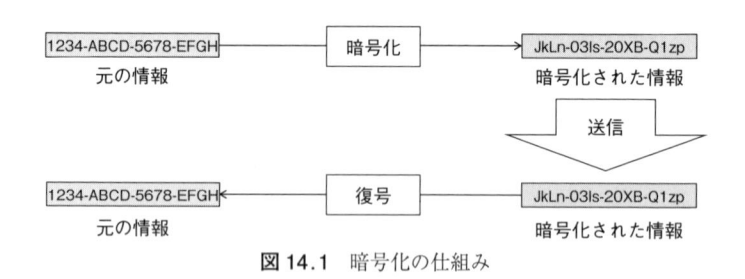

図14.1　暗号化の仕組み

14.8　共通鍵暗号方式

　共通鍵暗号方式とは，図14.2に示すとおり，送信者と受信者で，暗号化鍵と復号鍵で同じものを用いる方式である．そのため鍵は他の人には公開されないので，秘密鍵暗号方式とも呼ばれている．また，暗号化・復号の処理を高速に行うことができる．

図 14.2 共通鍵暗号方式

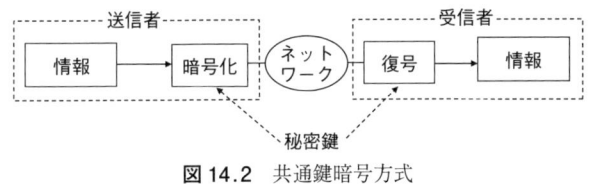

1人の送信者が n 人の異なる受信者とそれぞれ通信を行う場合には，n 個の鍵が必要になる．そのため，n 人の送信者が他の $(n-1)$ 人の受信者に情報を送信する場合を想定すると，$n \times (n-1)$ 個の鍵が必要になる．また，送信者が暗号化するのに使用する鍵は，予め受信者に送付しておくことが必要となるので，最初にお互いに使用する鍵をどのように安全に配送するかが課題になる．

代表的な暗号方式に DES（Data Encryption Standard）がある．これは，米国商務省で採用された共通鍵暗号方式である．DES では 64 ビット単位のブロックに分割し，そのブロック単位に転置と換字の処理を行い，さらに暗号鍵でビット演算を行い，暗号化する．DES の鍵の長さは 56 ビットなので，鍵の種類は 2 の 56 乗できる．「転置」とは，文字の順序を入れ替えて意味の無い情報にすることを指す．また，「換字」は，1つの文字を別の文字に対応させて意味の無い情報にすることを指す．

14.9 公開鍵暗号方式

公開鍵暗号方式とは，受信者が，異なる2つの鍵を準備する．1つは公開鍵で誰でもが入手できる鍵，もう一方は秘密鍵である．情報の送信者は受信者が公開した公開鍵で暗号化したデータを作成し送信する．受信者は自分の秘密鍵で平文に戻す方式である（図 14.3）．暗号化されたデータは，もう1つの秘密

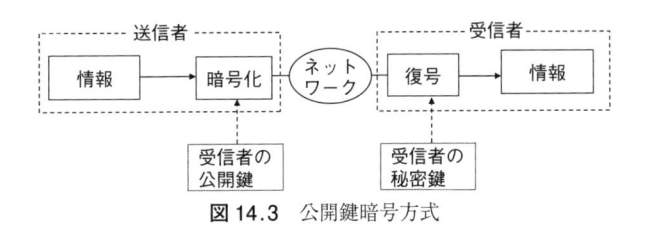

図 14.3 公開鍵暗号方式

鍵でしか復号することはできないという特徴を持っている．公開鍵方式では，1人の受信者に対して，秘密鍵と公開鍵の2個あればよい特徴があり，共通鍵暗号方式に比べて鍵の数を少なくすることが可能となる．暗号化のための鍵は予め公開しておけば，鍵の転送は不要となる．暗号化や複合の処理時間はかかるが，セキュリティは高い方式である．公開鍵暗号方式には，RSAや楕円曲線暗号などを利用する方式がある．RSAは，大きな整数の素因数分解の困難さを利用した暗号方式である．

14.10　SSLの仕組み

SSL（Secure Socket Layer）とは，インターネット上でデータを暗号化して送受信する方法である．通常，インターネットでは，暗号化されずにデータが送信されている．そのため，通信途中でデータを傍受されると，情報が第三者に漏れる可能性がある．また，相手のなりすましに気づかずに通信すると，データがなりすましの相手に取得されてしまう危険性がある．

クレジットカード番号や個人情報を扱う多くのホームページでは，これらを防ぐ目的で，SSLを利用している．利用者がSSLを利用できるサーバとデータをやり取りする場合には，Webサーバと利用者のコンピュータが相互に確認を行いながらデータを送受信する．

図14.4に共通鍵暗号方式と公開鍵暗号方式を組み合わせたやりとりを示す．

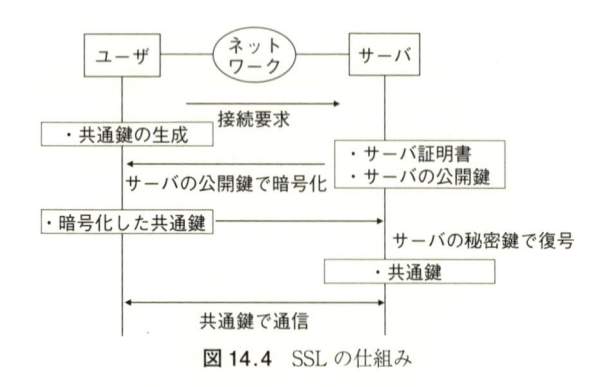

図14.4　SSLの仕組み

14.11 アクセス制御技術

予め与えられた条件を満たすアクセスだけを許可し，それ以外はアクセスさせないという技術である．現在，以下の技術が用いられている．

・ファイアウォール

外部からシステムへの侵入を防ぐための装置または機能を指し，企業では外からのウィルスやその他脅威を企業内に侵入させないものとして必要不可欠になっている．

・専用線の利用

専用線は対象とするシステムのコンピュータだけを接続する回線であり，他のユーザとはネットワークを共有しないため，外部からのアクセスはできない構成である．大規模なオンラインシステムで使用されている．

・VPN（Virtual Private Network）

公衆ネットワーク内に特定のユーザだけが利用できるようにした論理的なネットワークである．方式として，IP-VPN がある．図 14.5 に示すとおり，IP-VPN の中の MPLS（Multi-Protocol Label Switching）技術により，ネットワークの入口のルータで IP パケットにラベルを付け，ネットワーク内のルータでは，そのラベル情報のみで転送していく．出口のルータでラベルを外して IP パケットとして送信していくことにより，ラベル付きパケットはネットワーク内の定められたルートのみを通過していくことができる．このよ

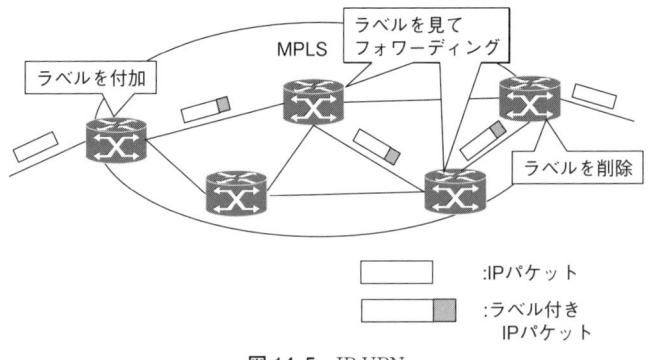

図 14.5 IP-VPN

うに，IP-VPN は，電気通信事業者が提供する IP 網の中に，専用の VPN を構築し，それを利用するサービスである．一方，インターネット VPN は，利用者自らが論理的な専用網を設定する技術である．

14.12　認証・監視技術

認証技術とは，ネットワークやサービスを利用する人や端末が，許可された本人であるかどうかを確認する技術で，以下に示す4つの主な対策がある．

・ディジタル認証

　　送信者が確かに本人であることを証明する方法．

・メッセージ認証

　　送信データが送信途中で改ざんされていないことを証明する方法．

・バイオメトリクス認証

　　利用者を認証する方法として，指紋，声紋，顔，目の網膜などの人間個人に特有なもので識別する方法．

・コールバック

　　外部から企業内の各種サーバを利用するときに用いられる．ユーザ ID を端末から入力し，いったん切断する．その後このユーザ ID をもとにサーバが，事前に登録されている電話番号に接続する方法．

監視技術とは，ネットワーク内の各種装置類において，異常が発生していないか，正常に稼働しているかを確認するため，SNMP（Simple Network Management Protocol）などの標準プロトコルを利用して，エリア的にも分散した各種装置類の正常性を確認する技術である．また，不正アクセスの問題が発生したときに，調査を行うために，サーバ側でアクセス記録（ログ）を取り，ログを分析することにより，そのときの状況やアクセス者を分析することも監視技術である．

14.13　パケットフィルタリング

IP パケットに含まれる送信元や宛先の IP アドレス，TCP や UDP のポート番号，プロトコル種別，通信の方向などの情報を組み合わせ，IP パケットを通過させるかどうかを判断する方式のことをパケットフィルタリングと言う．こ

れらの機能はルータによって実現される場合が多い．

IPパケットを中継するルータには，IPアドレスとポート番号をチェックし，IPパケットを通過させるか，拒否するかを判断する機能がある．ルータに送信元および宛先のIPアドレス，ポート番号を設定することにより，不正なパケットを破棄するようにする．ここで，各パケットは，IPヘッダ情報としてプロトコル番号，発信元IPアドレス，宛先IPアドレスが記述されている．さらに，TCPヘッダ情報として発信元ポート番号，宛先ポート番号が記述さているので，それを判断材料とする仕組みとなる．例えば，TCPヘッダにポート番号21番宛のパケットは通過するようルータにて設定されているが，80番宛は通過しないように設定されている場合は，ポート番号80番はアクセスできないようになっている．

14.14 アプリケーションゲートウェイ

アプリケーションゲートウェイとは，通信を中継するサーバを使用して，学校や企業内LANとインターネットの境界に設置する方式を指す．一般にこのサーバは，プロキシサーバと呼ばれ，社内LANからインターネット上のサーバにアクセスする場合，社内ユーザの要求を受け付けて，プロキシサーバからインターネット上のサーバにアクセスする．また，プロキシサーバは外部からの要求を受信すると，インターネット上のサーバに代わって応答する役割を担う．

プロキシサーバを境にして，社内LAN側はプライベートアドレスを利用し，インターネットと接続するときにグローバルアドレスを利用するのが一般的な形態となっている．

14.15 情報漏えいの脅威と対策の必要性

情報漏えいという言葉を耳にして久しくなるが，最近の国内動向を見てみると，相次ぐ情報漏洩事件が頻発している．例えば，Winnyウィルスから原発の検査情報流出（'05.8），クレジットカード情報を含む284件の個人情報漏洩（'05.7），さらには，米国4000万人分のクレジットカード情報流出（'05.6）といった事件がいくつも挙げられる．また，個人情報保護法が2005年4月施行さ

れ，行政処分・刑事罰の可能性が現れ，こういった取締も強化される．

このような情報漏えいの脅威に対する対策は必要であり，経済産業省ガイドライン改訂版（'04.10）の中で，「技術的安全管理措置として講じなければならない事項」として以下が挙げられている．

・個人データアクセス時の識別と認証
・アクセス制御
・アクセス権限の管理
・アクセス記録
・不正ソフトウェア対策
・個人データの移送・送信時の対策
・システムの動作確認時の対策
・情報システムの監視

このように，総合的なセキュリティ対策が必須となる．

14.16 セキュリティホール

コンピュータのOSやソフトウェアにおいて，プログラムの不具合や設計上のミスが原因となって発生したセキュリティ上の欠陥のことをセキュリティホールと呼ぶ．セキュリティホールを改修しない状態でコンピュータを利用していると，コンピュータの脆弱性を突かれて，ハッキングに利用されたり，ウィルスに感染したりする危険性がある．

通常セキュリティホールが発見されると，ソフトウェアを開発したメーカがパッチと呼ばれる修正プログラムを作成し提供する．ユーザは常日頃新たなセキュリティホールに関する情報に注意する必要がある．

このセキュリティホールを改修するため，OSやソフトウェアのアップデートをその都度迅速に行う必要がある．例えば，Windowsの場合には，サービスパックやWindows Updateによって，それまでに発見されたセキュリティホールを改修することが可能である．

14.17 スパイウェア

スパイウェアとは，コンピュータ内部にユーザにわからないように忍び込ん

で，コンピュータ内の情報をインターネットに対して，ユーザが気づいていない状態で，自動的に送り出すソフトウェアのことである．

ユーザがインストールするソフトウェアに組み込まれている場合には，そのソフトウェアの開発会社に，ユーザの利用状況や障害情報などを送信することを目的としており，個人情報収集が目的ではないため，ユーザにとっては大きな脅威になることはない．また，この場合のほとんどは，ソフトウェアの「エンドユーザ使用許諾契約」に情報を送信する機能を組み込むといった旨の説明が記載されている．

一方，インターネットで公開されているフリーソフトなどとともに，知らないうちにスパイウェアをインストールしてしまう場合や，ホームページを閲覧しただけでダウンロードされてしまうActiveXコントロールなどのスパイウェアについては，ユーザは自分のコンピュータに含まれるどのような情報が誰に対して送信されているかということさえわからない可能性がある．このようなスパイウェアを除去するためには，セキュリティソフトウェアが必要となる．

14.18 IT社会と情報セキュリティ

IT社会の犯罪は，情報の盗難やコンピュータシステムの破壊などが挙げられるが，これは実社会において，暴力行為や泥棒といった多様な犯罪があるのと同様にたちの悪いものである．このようにIT社会の犯罪から身を守る情報セキュリティ対策が必要となる．この情報セキュリティ対策は，IT社会の犯罪からだけでなく，さらに火事や地震，雷といった災害から機器や情報を守ることも含んでいる．

ハッキングによる社内システムへの侵入，情報の盗難，データの改ざん，企業や団体などがホームページで収集した個人情報などのデータを外部へ漏洩してしまうというトラブルなどの危険性が十分に考えられることから，企業や組織内で利用する場合には，データの管理方法などのルールの徹底が必要となる．

このため，ITの知識・認識を十分に行い，誰もが安心して利用できるIT社会の繁栄につなげる，いわゆる情報リテラシの徹底が欠かせない．

個人でインターネットを利用する場合，電子メールや物品購入時のクレジットカード番号や住所，氏名，電話番号といった個人情報がネットワーク上に流

れていることの危険性や，ネットオークションやショッピングサイトなどで，相手と対面しないで取り引きできることを悪用して，詐欺行為を行う人や団体が一部に存在することの危険性を，利用者がしっかりと認識することである．

また，個人のホームページの公開も注意する必要がある．自分のホームページは知人にしか教えていなくても，誰でもが検索し，閲覧が可能であるため，ホームページに自分の写真や連絡先を掲載するのは，ストーカー被害などを引き起こす可能性があるため十分な注意が必要である．さらに，インターネット上の電子掲示板やホームページに他人の個人情報を公開することは，事前許可を得たとしても，プライバシー保護の観点から慎んだ方がよい．

企業や組織においては，情報管理組織だけでなく，一人ひとりの利用者が情報セキュリティに対する適切な知識を持つことを要求される．特にネットワークに接続された環境下では，たった1台のコンピュータのウイルス対策を怠るだけで，ネットワーク全体にウイルスが蔓延し，大きな損害を与える可能性もある．

業務でコンピュータを利用している場合には，そこに格納されている大切なデータは，保管されているという保証も必要である．そのためには，機器に対する停電や落雷，地震などへの対策が要求されるとともに，定期的なデータのバックアップも行われていなければならない．

さらに，情報セキュリティポリシーの策定，ユーザ認証の設定，ユーザへの情報セキュリティの教育，不正侵入やハッキングへの対策など，情報管理組織にはさまざまな情報セキュリティ対策が要求される．

14.19 さらに勉強したい人のために

共通鍵暗号方式や公開鍵暗号方式などの代表的な暗号化技術やそれらの技術を用いた電子認証，KPIに関しては，例えば [1]，[2]，[3] などの多数の書籍が発行されているので，ぜひ参考にしてほしい．暗号化技術の動向については，電子情報通信学会誌の2011年1月号に特集がまとめられているので，参照してほしい．また，IP-VPNやIP-secについては，[4]，[5]，[6] などで仕組みを理解することができる．

バイオメトリクス認証に関しては，[7] により基本的な知識・概要を把握す

ることができる．また，今後の動向については，電子情報通信学会誌の 2007 年 12 月号が参考になる．さらに，情報セキュリティに関するリテラシを習得するのに，[8] が参考になる．

■参考文献
[1] 相戸浩志：『図解入門 よくわかる最新情報セキュリティの基本と仕組み―基礎から学ぶセキュリティリテラシー』，秀和システム (2010).
[2] 石井夏生利 他：『情報セキュリティの基礎』，未来へつなぐ デジタルシリーズ 2，共立出版 (2011).
[3] 牧野二郎：『電子認証のしくみと PKI の基本』，毎日コミュニケーションズ (2003).
[4] 金城俊哉：『図解入門 よくわかる最新 IP-VPN の基本と仕組み』，仮想専用線導入のための基礎講座 (How-nual Visual Guide Book)，秀和システム (2002).
[5] エリック．W．グレイ：『マスタリング TCP/IP，MPLS 編』，オーム社 (2002).
[6] 小早川知昭：『IPsec 徹底入門』，翔泳社 (2002).
[7] 小松尚久 他：『バイオメトリクスのおはなし―あなたの身体情報が鍵になる』，おはなし科学・技術シリーズ，日本規格協会 (2008).
[8] 情報処理推進機構：『情報セキュリティ読本― IT 時代の危機管理入門』，実教出版 (2009).

演習問題

1. 共通鍵暗号方式と公開鍵暗号方式の違いを比較し，表にまとめよ．

2. アクセス制御技術として，専用網と IP-VPN の比較を述べよ．

3. アプリケーションゲートウェイを用いることにより，社内と社外のネットワークを分ける（特に IP アドレスを）ことによるメリットとデメリットは何か．

4. 友達の家でパーティーがあり，何人かで記念に写真を撮った．翌日，自分のブログに，その写真をそのままアップロードした．どのような問題があるか考えてみよう．

第15章

次世代情報通信ネットワークとその展望

15.1 次世代情報通信ネットワークとは

　アメリカでベルによる電話の発明から，電話網は100年の年月を経て発達した．また1950年代頃からコンピュータの利用および技術進展を通して，インターネットが徐々に普及し，最近では電話網を圧倒的にしのぐネットワークへと発展してきている．それぞれが発展した背景には，その当時の特有の事情があるわけだが，これらのネットワークの特徴を活かして，新たなネットワークを構築する試みが既に始まっている．それが次世代情報通信ネットワーク，つまりNGN（Next Generation Network）である．このNGNは，まさに従来の電話網が持つ信頼性・安定性を確保しながら，IPネットワークの利便性・経済性・オープン性を備えた，次世代の情報通信ネットワークを指している．

15.2 NGNの取組み（技術面）

　NGNがどのようなものであるかを技術面とサービス面の両面から具体的に説明する．まず，NGNの技術的な特徴として，表15.1にも示すが，回線交換方式とパケット交換方式の優れた点を組み合わせた以下の4つが挙げられる．
- ・品質確保：いわゆるQoS（Quality of Service）だが，音声だけでなくインターネット接続や映像配信などの多様なサービスを1つのネットワークでサポートしなければいけないので，サービスごとのQoSを確実に実現できることである．

表 15.1 NGN の特徴（技術面）

方式	回線交換方式	パケット交換方式
データ形式	連続データ	パケットデータ
プロトコル	電話用プロトコル	IP プロトコル
制御装置	交換機	ルータ
接続形態	コネクション型	コネクションレス型
品質保証形態	ギャランティ型	ベストエフォート型
セキュリティ	強	弱
信頼性	大	小
柔軟性	小（音声サービスが主）	大（マルチメディア）

☐：NGN の特徴

- セキュリティ：IP ネットワークの問題点として，ウィルスなどのネットワークの脅威をどう防ぐかという問題が必ず存在する．このような，なりすましや異常トラヒックをブロックする仕組み（検知，制御など）が必要である．
- 信頼性：電話網で培ってきた「常につながっている」という安心で安全な環境の提供が必要である．
- オープンなインタフェース：これからさまざまなサービスを各企業やユーザが作り出すための環境を提供するのも NGN の 1 つの役割である．そうすることにより，新たなアプリケーションの創造が可能となるからである．

15.3 NGN の取組み（サービス面）

次にサービスの観点から，これまでの IP 技術を利用したサービスと NGN を利用したサービスの違いを表 15.2 にまとめた．

まず提供形態では，従来はインターネット接続のみを考えていればよかったので，ベストエフォート型のサービスだけであったが，前節でも述べたように，NGN ではさまざまなサービスをサポートする必要があることから，アプリケーションに応じて各種 QoS を提供する．

音声系サービスについては，従来は低料金を目標にしていたが，電話と同様の高い耐力を提供するニーズに応える必要がある．

一方，ビジネスユーザに対しては，企業の本社・支社間などを従来は広域イ

表 15.2 NGN の特徴（サービス面）

	通常の光サービス（フレッツなど）	NGN
提供形態	ベストエフォート（BE）	最優先/高優先/優先/BE アプリケーションに応じた通信品質の提供
音声系サービス	加入電話に比べて低料金での提供	高品質音声通信の提供
ビジネスサービス	広域イーサによる県内サービスを提供	全国をカバーしたイーサネットサービスを提供
VPN サービス	最大 80 拠点での提供	最大 1000 拠点接続可能 東西間接続可能
映像系サービス	オンデマンドサービス提供	オンデマンドに加えて地デジ再送信の提供

ーササービスにより，県内サービスを提供するというエリア限定のサービスであったが，全国をカバーするとともに，伝送速度メニューも充実している．

また，特に企業が利用する VPN サービスの拠点数も増加することにより，企業にとって，より選択肢の可能性が大きくなった．

さらに，映像系サービスでは，高品質化の実現を可能とした．

15.4　NGN のオープンなインタフェース

NGN の特徴の 1 つであるオープンなインタフェースについて，もう少し詳細に説明する．図 15.1 の中心に NGN を描いている．NGN は，サービス制御層とネットワーク層から成り立っている．ネットワーク層は，パケット情報を伝達する役割を，サービス制御層はエンドーエンドの品質を保つ役割を果たしている．その NGN には，エンドユーザからは音声，移動体，インターネットやイーサ専用線などの一般ユーザだけでなく企業ユーザも接続してくる．誰でも接続できるための，UNI（User-Network Interface）を設けておかなければいけない．また，通信ネットワークは複数の事業者が提供しているので，それら他の事業者との連携をしておかないと，ユーザにシームレスな（つなぎ目を感じさせない）サービスを提供できない．そのためには，NNI（Network-Network Interface）を設ける必要がある．また，映像配信などのコンテンツ，アプリケーションプロバイダとの接続ができないといけない．そのためには

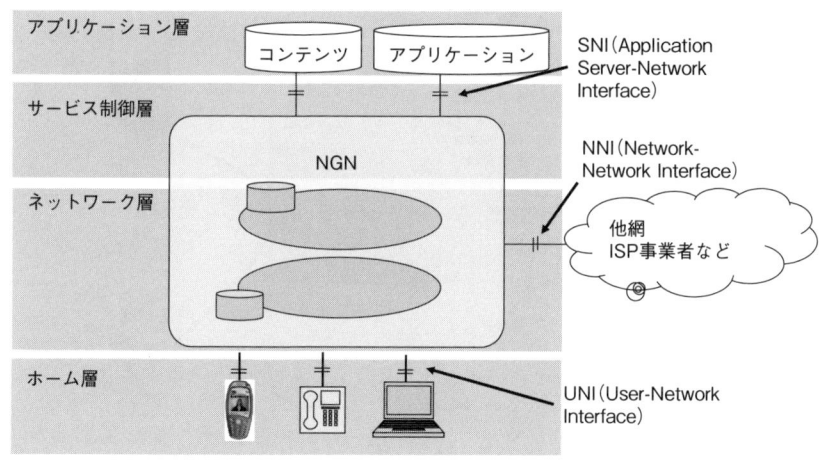

図 15.1 NGN のオープンなインタフェース

SNI（Application Server-Network Interface）を設ける必要がある．このように各プレーヤーとのインタフェースを決めることにより，迅速にサービスを提供できる特徴が実現する．

15.5 コミュニケーションサービスとは

NGN で提供される基本サービスとしてコミュニケーションサービスを取り上げる．コミュニケーションサービスとは，任意の複数ユーザ間で互いに通信し合い，情報をやりとりするサービスのことである．特徴は，双方向，任意の複数ユーザ間での情報交換となる．例えば，NGN が存在すれば，その上で，IP 電話，多地点での TV 会議，チャット，インスタントメッセージ，ファイル共有・交換，遠隔地点間を結んだコラボレーションワークなどのさまざまなサービスが提供可能となるが，このようなサービスがこの範疇に入る．

15.6 コミュニケーションサービス実現技術

コミュニケーションサービスを実現するには，どのような機能がネットワーク上に必要なのだろうか．まず，図 15.2 に示すように，コミュニケーションを行うためのユーザグループの作成やグループ内の情報共有範囲の設定，情報の

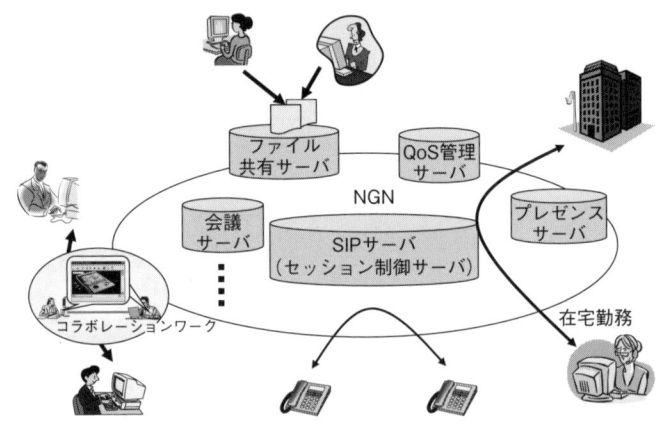

図 15.2 コミュニケーションサービス実現技術

登録や削除，さらにはリアルタイム双方向通信などの機能要素が考えられる．これらの機能要素を実現するために，お互いの接続を確立してから利用して接続を切断するまでの通信であるセッションを制御する SIP（Session Initiation Protocol）サーバ，各種サービスの品質を管理・制御する QoS 管理サーバ，接続するためにユーザがどこにいるかを把握するプレゼンスサーバ，さらに用途に応じてファイル共有サーバ，チャットサーバ，会議サーバなどが必要となる．

15.7 固定通信と移動体通信の融合

NGN はアクセス部分に依存しない構造であることから，固定通信でも移動通信でも接続することができる．この特徴を FMC（Fixed Mobile Convergence）と呼ぶ．FMC とは，すなわち携帯電話と固定電話の融合技術およびサービスを指す．

実現方法は，統合するレベルにより幅広く考えられる．例えば，ユーザ ID を統合するのか，デバイスを統合するのか，メッセージ処理機能を統合するのか，請求書を統合するのかなどによって，実現方法は異なる．代表的なものに OnePhone がある．OnePhone は，携帯電話の端末を家の中に持ち込んだときだけ，Bluetooth（将来は無線 LAN も）を経由して固定電話，あるいは ADSL 上の IP 電話として通話するサービスのことである．また，フェムトセルと呼ば

れる小型基地局を宅内に設置して，契約している固定ブロードバンド回線を通して接続する技術が実現されている．このフェムトセルは宅内の無線カバー範囲を広げるとともに，宅内通信をより高速に実現するメリットがある．

15.8 コンテキストサービス

コンテキストサービスとは，ここでは，利用者の状況によって最適な通信サービスを提供するサービスのことを指す．通信端末が多様化し，通信アクセス回線が多様化した今日，状況に応じた通信を実現することは次の段階の通信の進む方向であると考えられている．

例えば，同じ携帯端末を利用していても，自宅から接続しているのか，オフィスから接続しているのかなどの異なる状況が想定されるため，そのような状況を察知し，それに応じた通信を実現するといったサービスである．これには，現在，カーナビゲーションなどで幅広く用いられている GPS と組み合わせて発展することが期待できる．

15.9 NGN リリース概念

NGN は今後，どのような発展をしていくのであろうか．機能的には，マルチメディアや PSTN エミュレーション（疑似的な電話サービス）などの機能などが，セッション型通信サービスとして，既に実現されている（第1段階）．IPTV やホームネットワークの充実のタイミングで，ストリーミングサービス機能の実現が考えられる（第2段階）．最終的には，RFID（Radio Frequency Identification）などのタグでさまざまな物品やサービスを管理するユビキタスサービス機能を実現することを目的としている．

15.10 ポスト NGN の動き

これまで述べたように，NGN は通信ネットワークの 100 年の発展から生まれた特徴あるネットワークであると言える．ネットワークの利便性が良くなればなるほど，さまざまな利用形態が創出され，さらにネットワークが発展していく．そのため，将来には，さらなる情報量の大容量化，少子高齢化などの外部環境の急激な変化に対応するネットワークとして NGN の次にくるネットワー

図 15.3 ポスト NGN

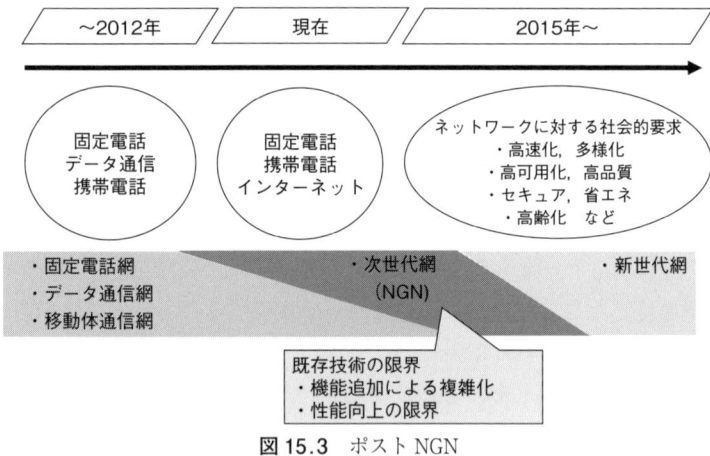

クの検討もする必要がある．このような取組みがポスト NGN として既に始められている（図 15.3）．

15.11 さらに勉強したい人のために

NGN に利用されている技術の紹介および今後の展望については，多数の書籍にて紹介されている．例えば，[1]，[2] などが役立つであろう．さらに NGN の基本技術である SIP の仕組みの詳細については，文献 [3] が参考になる．

■参考文献

[1] 井上友二監修：『NGN 教科書』，インプレス R&D（2008）.
[2] NTT アドバンステクノロジ・ネットワークテクノロジセンタ：『やさしい NGN/IP ネットワーク技術箱—これであなたもネットワーク技術のプロに』，電気通信協会（2009）.
[3] 千村保文 他：『次世代 SIP 教科書』，インプレス R&D（2010）.

演習問題

1. コミュニケーションサービスを実現するには，SIP サーバが必要だが，全てのユーザの信号をサーバ経由にすると，サーバが輻輳してしまう．どのように運ぶのが

よいか考えよ．

2. コンテキストサービスの利用イメージを考え，発表せよ．

3. ネットワークは年々利用しやすくなり，たいへん便利になっている．そのため，日常生活にも深く浸透しているが，今後さまざまなユーザ要求に対して，どのようなことが実現されなければならないか，話合いをせよ．

演習問題 解答

第1章

1. ネットワーク表現なので，ノード，リンク，フローが何に対応するかを明らかにする．SNS は mixi や Facebook といったプロバイダ内に中心となるサーバが存在し，ユーザの情報をやりとりする．また，プロバイダとユーザを結ぶためにルータが利用されるので，サーバとルータはノードに対応する．これらのノードを結ぶ伝送路がリンクに対応する．ユーザからサーバに発信する情報の流れと，サーバからユーザへダウンロードする情報の流れの2種類のフローが存在する．したがって，双方向型サービスであると言える．

2. 利用者にとってのメリットは，さまざまなサービスの利用に際して，ネットワークの使い分け（選択）を考慮する必要がないことである．ネットワーク提供者のメリットは，1つのネットワーク設備を提供すればよいので管理が容易なことである．一方，利用者およびネットワーク提供者のデメリットは，そのネットワークが故障して利用できなくなったときの代替手段がないことである．

3. 4階層から2階層にすると，1つの上位層のノード（交換機）が管理する下位層のノード数が増加するため，上位層のノード故障がネットワークに及ぼす影響が広範囲にわたることがデメリットである．一方メリットは，各階層によってノードの役割が異なるが，階層数が少ないということは階層ごとに異なる機種を開発する必要がなく，ノード開発コストを低くすることができ，運用時の管理も容易なことである．

4. 提供サービスの観点では，電話網は主に音声サービスを，IP 網は情報をパケットにした形でマルチメディア（音声，データ，動画など）サービスを提供する．ネットワーク構成技術の観点では，電話網は交換機を中心とした構成であるが，IP

網はルータおよびサーバを中心としたネットワーク構成である．

5. 単にユーザ数が増加したため，現在のネットワークで利用している設備と同様の設備を増設するのであれば，網運用・保守フェーズの業務となる．一方，ユーザ数の爆発的な増加などにより新技術を用いなければいけない場合は，現在のネットワーク設備と混在して利用するのか，置き換えるのかを見極める必要があるため，網企画フェーズからの業務となる．

第2章

1. 映像チャネル帯域幅6MHzを2倍して，8個のパルスで符号化すると，96Mbit/秒となる．

2. $\gamma = -10 \times \log(20/20000) = -10 \times (-3) = 30$．すなわち，30dBの損失となる．

3. マルチモードファイバは伝送距離が短いが，値段が安い特徴がある．そのため，多くの線を必要とするアクセス網（すなわちユーザと局の間）に適用するのが望ましいと言える．一方，シングルモードファイバは，伝送距離は長いが値段が高い．そのため，長距離伝送で，線の数を絞った中継網（すなわち局間）に適用するのが望ましいと言える．

4. 1ビットは，0と1の2通りの表現が可能である．それを拡張して，60,000字を表現するには，$2^{16} = 65536$となる．したがって，16ビット（8ビットは1バイトなので，2バイトとも言う）必要になる．

第3章

1. 網状通信網の場合は，全てのユーザ間で伝送路が必要になるので，
   $10(10-1)/2 = 450$本必要となる．
   一方，星状通信網の場合は，中心にあるノード（交換機）までの伝送路は10本でよい．そのため，星状通信網の方が，伝送路を45倍効率を上げることができる．

2. 次の図のとおり．開閉素子数は，最小で5個となる．

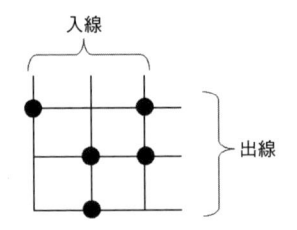

3. 2種類のトラヒックについて考察する．1つは，チケット予約などの，予めいつ発生するか把握できるトラヒック異常の場合は，事前に主催者などからの情報を入手し，おおよそどの程度のトラヒックが急激に増大するかを想定し対処する．もう1つは，自然災害発生に対しては，常時リアルタイムでトラヒックを監視し，過去のトラヒック変動や地域特性を把握する必要がある．その傾向をもとに，異常トラヒックパターンを予測し，自然災害発生時に対処する．

4. 災害時には一般の電話信号は発信規制がかかる．一刻も早く被災状況を知りたい場合は，通信事業者が非常用で準備した公衆電話を用いるというのが1つの方法としてある．この方法は端末台数に限られるため，混雑が予想される．その他の手段として，ネットワーク内に特定のダイアルを指定することにより状況を登録したり，再生したりできる仕組みを新たに設けることが効果的である．一般に災害伝言ダイアル（安否確認システム）がこれに相当する．

5. 回線交換方式の特徴は，予め回線経路を確保することから，リアルタイム性を要求するサービスに適用性がある．したがって，電話サービス，TV会議サービスなどの双方向のサービスに適している．一方，蓄積交換方式はリアルタイム性の必要はないが，さまざまな情報量を送信するサービスに適用性がある．したがって，映像配信サービス，データ通信サービス，ソシアルネットワーキングサービスがこれに相当する．

第4章

1. (呼数)×(平均保留時間)/(観測時間) = (呼量)
   の関係から，
   　　(呼数) = $A_c \times T \times 60/h$

2. 1時間における呼の発生回数は，60（分）/4（分）= 15回である．したがって，呼

量は，

    15（回）×45（秒）×130（台）/3600（秒）＝24.375（アーラン）となる．

3. (1) 平均到着率 λ（ラムダ）の単位は，（件／時間）である．1秒当たり平均0.8件到着するので，$\lambda = 0.8$ 件／秒となる．
   (2) 平均サービス率 μ（ミュー）は，単位時間当たりに何件分のサービスができるかを示す（件／時間）ので，$\mu = 1 \div 0.5 = 2$ 件／秒となる．
   (3) 呼量（窓口占有率）ρ（ロー）は，平均到着率と平均サービス率を使用し，λ / μ で計算する．$\rho = 0.8 \div 2 = 0.4$ となる．

4. トータルのトラヒック量は以下のようになる．
   $$T = 100 \times 8 + 160 \times 5 + 250 \times 8 + 300 \times 6 = 5400 \text{（秒）}$$
   呼量は，$a = T/t$ なので，
   $$a = 5400/(50 \times 60) = 1.8 \text{（アーラン）}$$

第5章

1. 既に地下設備を保有している団体（ガス，水道，地下鉄など）に対して，その埋設場所の正確な位置情報を確認し，そこを避けるように工事を実施する．大きなとう道を建設するのであれば，電気，ガス，水道といった公共インフラ設備と一緒に，共同溝を構築するよう働きかけ調整する．

2. 導体径0.4mmのケーブルの断面積は $0.04\pi \text{ mm}^2$ となり，導体径0.9mmのケーブルの断面積は $0.2025\pi \text{ mm}^2$ になる．したがって，断面積比は，導体径0.9mmの方が約5倍大きくなるので，収容率から見ると5分の1になる．そのため，3000/5＝600となる．

3. 融着接続のメリットとしては，コアの軸合せの精度が高い，端面を放電により成形しているため接続しやすい，その結果として損失は小さいなどが挙げられる．一方，融着接続のデメリットは，接続装置は精密なので高価，移動時の持ち運びに不便なので屋外作業には不向きであると言える．
   コネクタ接続のメリットとしては，接続作業が容易に行える，部品が小さいので屋外作業に適す点が挙げられる．一方，コネクタ接続のデメリットは，コアの軸合せの精度は低い，端面は頻繁に接続替えを実施すると摩耗し，結果として損失は大きくなる点である．

4. 電話局からユーザまでの距離はかなり遠いことから，伝送損失が大きくなる可能性が高いため，極力融着接続するのが基本となる．その中で切替え頻度が高い個所のみを，運用の容易性を考慮してコネクタ接続とするのが望ましい．

　大束のケーブルをそのまま接続する点では融着接続，2ルート化による故障時切替え点では，故障時に切り替えが迅速に行えるように，運用の容易性を考慮してコネクタ接続，小束ケーブルへの逓減点では融着接続，ユーザのサービスイン・アウトが激しく，その都度ケーブルのつなぎ替えを実施しなければならない点では，運用の容易性よりコネクタ接続の適用が望ましいと言える．

第6章

1. 映像は，音声だけでなく視覚からの情報も組み合わさるので，音声サービス以上に，見た人の主観が強くなる．画質にこだわる人，音声と映像のズレに敏感な人などさまざまである．定量的な方法としては，視聴時間当たり何回コマ落ちやブラックアウトなどがあったかを計測する考えがある．オピニオン評価も必要だが，その際には視聴画面のサイズ，映像コンテンツ（例えばあまり動きの無いニュース映像なのか，動きの激しいスポーツ映像なのか）などによりふれ幅が大きいので，実験条件のより詳細な情報分類が必要となる．

2. 通信事業者が提供するIP電話は，専用の設備のため料金は高価かもしれないが，通信事業者が管理しているので故障対応は迅速であると想定される．インターネット電話は，インターネット上で利用できるので無料に等しく，どこに引っ越しても同じ電話番号を利用できる反面，故障したらその箇所の特定が困難で，回復に時間を要する恐れがあるという欠点がある．

3. 信頼度（R）がポアソン分布に従う場合は，以下の式で表される．
$$R = e^{-0.2 \times 2} = 0.670$$

4. システム全体の不稼働率の関係式は以下のように表される．
　　0.001（システムの不稼働率）＝ $0.1 \times f$（不稼働率の積）
したがって，$f = 0.01$ の場合，以下のように計算される．
　　稼働率 ＝ $1 - f = 1 - 0.01 = 0.99$

第7章

1. 音声やデータ，映像といったメディアによらず，全ての情報をパケットとして形成し，送受信されるので，サービスに依存せず1つのネットワークで提供できる点である．

2. 同じビル内の接続であれば，距離が長い場合は，ケーブルによる直接接続ではなく，リピータが必要となる．もし，1階と2階で部署が分かれており，おのおのの部署内に閉じた情報の送受信が多ければ，スイッチを利用して，無駄な情報が他の階にながれるのを防ぐ必要がある．また，支店は，物理的にもkm単位で距離が離れていると想定されるので，広域網と接続する必要があり，ルータが必要となる．

3. IaaSはハードウェアの本体を提供するサービスなので，企業ユーザ自身のデータを自ビルではなく，災害時にも破壊されることの少ないデータセンタに保存するという形態が一例である．PaaSはプラットフォーム提供サービスなので，IaaSと組み合わせて，企業ユーザがサーバ利用の際のセキュリティ・認証管理をセットで管理する仕組みを利用するなどが一例である．SaaSは，ユーザがプラットフォーム上に用意されているさまざまなアプリケーションを購入し，組み合わせて，新たなシステムを独自に構築するといった利用方法がある．

4. メリットは，用途に応じて複数のプロバイダと契約することなく，1つのプロバイダに契約することで，設置費用・ランニング費用など運用管理費用が軽減でき，自社内で技術者を確保する必要がないという点などが挙げられる．デメリットは，企業データがプロバイダのサーバに保存されることになるので，セキュリティ面や故障時に利用できなくなる可能性などの不安がある．

5. MACアドレスは機器を特定できる特徴があるので，例えば，リモートからサーバへアクセスする際の認証IDとして利用可能である．

第8章

1. ホストのアドレス：212.62.31.90はCクラス相当．本来のネットワークアドレスは，212.62.31.0だが，サブネットマスクによりネットワークアドレスを拡張している．

IPアドレス　　212.62.31.90：11010100.00111110.00011111.01011010
　　　サブネットマスク　255.255.255.224：11111111.11111111.11111111.<u>1110</u>
　　　　　　　　　　　　　　　　　　　　　　　　　　　　　　　　　　　　0000
　ホストアドレスを求めるには，IPアドレスにおいて，先頭から27ビットまでを除いた部分の残りになる。すなわち，
　　　ホストアドレス　　00000000.00000000.00000000.00011010
　計算の結果，ホストアドレスは，00011010（2進）＝26（10進）である。答えは（イ）である。

2. まず，与えられたサブネットマスクから，ネットワークアドレス部を算出する。255.255.255.240では，先頭から28ビットまでがネットワークアドレス部となる。したがって，与えられたIPアドレスが属するサブネットワークのアドレスは，最後の8ビットより，以下のようになる。
　　　146：10010010　→　先頭の4ビットまではサブネットワークだから，
　　　10010000：144
　答えは（エ）である。

3. 複数のネットワークアドレスを1つにまとめて，経路制御表を小さくすることを経路情報の集約という。ネットワークアドレスの集約には，複数のネットワークアドレスのビットパターンから共通する部分を新たにネットワークアドレスとし，その範囲のサブネットマスクを設定する。経路制御表が小さくなると，管理のためのCPU負荷の軽減やメモリ資源の節約につながり，さらに検索時間の短縮やIPパケットの転送能力を向上可能となる。
　　　192.168.10.0/24：<u>11000000.10101000.00001010</u>.00000000
　　　192.168.58.0/24：<u>11000000.10101000.00111010</u>.00000000
　　　　　　　　　　　　　　　ネットワークアドレス　　　ホストアドレス
　経路集約とは，ネットワークアドレス部のうち，共通する部分を抽出すること。ネットワークアドレスの共通部分で最大の範囲を抽出。
　　　192.168.0.0/18：11000000.10101000.00
　答えは（ウ）である。

4. サポートしている機器が少ないこと，そのため高価になる恐れがある。世界中のIPv4アドレスを一度に変更することは不可能なので，どのように切り替えていくかなどが課題となる。

5. 音声は 64kbps だったのに対して，映像は例えば，HDTV（高精細映像テレビ）であれば 12Mbps（= 12000kbps）なので，約 190 倍の情報量になっている．

第 9 章

1. 階層間のプロトコル関係が減ることから装置の実装がより簡単になる．また，処理速度も速くなる．

2. MAC アドレスは主に，LAN 内で端末を特定するために利用する．一方，IP アドレスは，1 つの LAN（ネットワーク）から外の LAN（ネットワーク）に情報の送受信をする際に，パケットの経路を決めるのに利用する．

3. ファイルをダウンロードしたり，アップロードするには，FTP というプロトコルを利用するのが一般的である．したがって，FTP のポート番号（20, 21）をサーバで制御し，パケットが送受信されようとしたとき，防ぐ対策が考えられる．

4. ネットワーク仮想化のメリットは，公衆サービスとネットワークを共有できるので，低コストで提供できる．一方，デメリットは，ユーザの変更が多いとその管理に膨大な作業を要する．専用線網のメリットは，ユーザが独占して利用できる設備なので，セキュリティや品質保証は最高の状態である．一方，デメリットは，料金が高いことである．

第 10 章

1. 省略

2. メリットは，郵便と異なり瞬時に送信可能であること，さらに何人もの相手に同時に送信が可能であること．デメリットは，同時送信が可能なため，送信する際の誤送信に気をつけなければいけないこと，送信したら取り消しがきかないことなどが挙げられる．

3. 自分がブログに掲載した内容は，世界中のだれもが閲覧可能なので，場合によってはコンテンツ（掲載内容）を悪用される恐れがあるので，掲載情報には責任を持つことと，個人的な情報はなるべく掲載しない方が望ましい．

4. ユニキャスト型は，ユーザ対応に映像を配信可能なので，オンデマンド視聴サー

ビスに適している．ユーザ対応に設備が必要なので，ネットワーク設備量は多い．マルチキャスト型は，放送サービスに似ているので，ライブ放送などに適している．ネットワーク設備は配信するチャネル数分だけ必要とすればよい．

第11章

1. OLTに近い場合のメリットは，ユーザ対応に設置される光ファイバ長が長いため，どのユーザの光ファイバが故障したかなどの故障対応が迅速に可能なことである．デメリットは，コストが高いことである．一方，ONUに近い場合のメリットは，共有部分が多くなるため，コストが安くなることである．デメリットは，光ファイバ故障時に多くのユーザに影響を与える可能性があることである．

2. 集中的にユーザが密集している場合は，そこまで光化する方式が，集約効果が得られ有効であると考えられる．特に都市部ではマンションなどのビルが多いため，FTTB形態が有効と考えられる．一方，地方では戸建てユーザがエリア内に散らばっていることから，局からある地点までは光ファイバを用い，そこから既存のメタルケーブルを利用するFTTC形態が有効であると考えられる．

3. 分岐数が多い場合は，共有する設備の割合が増すので，ケーブルコストは安くなるが，故障時の複数ユーザへの影響が大きい．また，TDMやTDMA方式を採用しているため，多くのユーザを間隔の狭いタイムスロットに割り当てる技術的課題もあり，装置が高価になる．一方，分岐数が少ない場合は，ケーブルコストは高いが，ユーザ対応に故障状態が迅速に把握できる．

4. これまでの実績値をもとに回帰分析を行うと，線形回帰によりどんどん需要数が増加すると思われる．しかし，ユーザ数も世帯数などによる制約があるので，ある程度増加すると飽和する可能性もある．この飽和がどの程度のユーザ数で現れるのかが課題である．

第12章

1. メリットは，移動しながら通信が可能なこと，端末の場所を特定できるため，移動情報を組み合わせたさまざまなサービスを創造可能なこと．デメリットは，電波の制約から高速通信が困難なこと，バッテリーが必需品であること．

演習問題 解答　261

2. 他の通信事業者にユーザが移ったとしても，そのユーザの信号はいったん，移動元の交換機に入るため，この移動元の交換機が輻輳になるに恐れがある．そのため，移動元の通信事業者は，現在契約しているユーザ数ではなく，以前契約していたユーザ数も考慮して，交換機の設計をする必要が生じ，効率の低下を招く．

3. スマートフォンは電話機能に加えて，インターネットに接続できるため，ノートPCと同じ機能を保有している．接続方式は，3Gなどの携帯電話の方式だが，テザリング機能により無線LAN端末機能を持つなども可能．携帯電話と無線LANの両方の機能を持っていると考えてよい．

4. 料金の観点からは，従来型携帯電話の方が機能が少ない分だけ安い．セキュリティ面でも，従来型携帯電話はほぼ心配ないが，スマートフォンはPCと同様にウィルスに侵される恐れがある．従来型携帯電話は，機能がプリインストールされているが，スマートフォンはユーザが選択する形式が多いなど．

第13章

1. ユーザの申込を受け付ける作業で，受付部署にてユーザ情報を入手し，データベース化する．次に空設備があるかどうかの確認を行うため，受付部署から設備管理部署に問い合わせる．設備管理部署では，空設備の有無を確認し，必要な機材や装置類を調達する．さらに工事が可能な日時を設定するため，工事課に問い合わせる．工事課では，他のユーザの工事日と調整して日程を決める．以上により，工事日を受付部署からユーザに連絡する．その後，工事課で工事を実施し，接続確認試験を行う．サービス完了報告後に，料金課において，利用料金を管理していく．

2. 要求定義は，本来システム利用側が決定する事項であるが，近年ではシステム開発側のSE（システムエンジニア）が関与し，具現化していくことが一般になっている．システム開発側が主に担当するフェーズは，設計，メーキング，テストフェーズである．システム利用側では，総合運転試験による利用確認や保守・導入フェーズになる．もちろん，これらのフェーズにおいても，システム開発側は確実なサポートを義務づけられる．

3. IPネットワークは，ルータやサーバなどの市販品で構成されている．そのため，それら装置の情報を監視する業務は，世界中で同じ，いわば世界標準のようになっ

ている．したがって，市販の製品をそのまま利用すればよい．一方，顧客管理業務は，サービスの種類やその国の文化によっても異なるので，業務が統一されておらず，その場での対処が存在する．そのため，ある程度は，その利用者の事情にあった形にシステムを作り替えなければならないので，半パッケージ製品となる．

4. Waterfall 型のデメリットは，各段階がきちんと完了してから次の段階に進むので，その間に，世の中の動向や技術進展，会社の方針転換などがあった場合に，なかなか対応が難しいということ．

一方，RAD 型のデメリットは，短期間で実現できるが，当然必要最小限の機能から構築して運用するので，全体として最適なものになっているかどうかはわからない．

第 14 章

1.

	共通鍵暗号方式	公開鍵暗号方式
鍵の数	多い	少ない
処 理	速い	遅い
頑健性	普通	高い
仕組み	簡単	複雑

2. 専用網は，公衆網とは完全に独立な網なので，外部からアクセスできないので，セキュリティが非常に高いのに対して，IP-VPN は IP 網の中に論理的に網を構築するため，ルータの故障などによりセキュリティが壊れる可能性がある．また，パケットにタグを設定しなければいけないため，管理が複雑になる．一方，専用網は独立網であるため，コストは非常に高いが，IP-VPN は物理的な網は公衆網と共用なので，コストは安い．

3. メリットは，外部から直接自分の PC にアクセスされないため，網への脅威を防ぐ役目があること．デメリットは，外部と自分の PC の IP アドレスが必要となる特殊なサービスを接続したいとき，利用できない可能性があること．

4. 自分はよいが，写った他の人の顔も公開されるので，アップロードした写真を悪用される恐れや，友達の家の中の様子がわかってしまうといった恐れがある．

第15章

1. 下図のような手順で実施すると，サーバは最初の信号だけの処理ですむ．

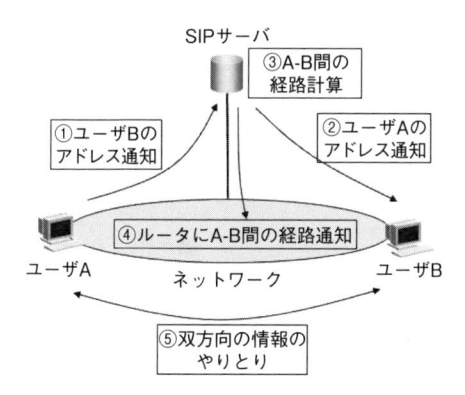

```
              SIPサーバ
                 │      ③A-B間の
                 │       経路計算
    ①ユーザBの   │    ②ユーザAの
     アドレス通知 │     アドレス通知
                 ↓
   ┌─────────────────────────┐
   │ ④ルータにA-B間の経路通知 │
   └─────────────────────────┘
   ユーザA    ネットワーク    ユーザB
         ⑤双方向の情報の
           やりとり
```

2. 家で利用するときは娯楽のため映像配信サービスで映画を視聴したい．そういった場合は，広帯域が必要になるが，それを自動的に設定してくれる機能を保有していること．またオフィスで利用するときは企業データのやりとりなどを実施するので，セキュリティを確保してかつ品質保証の通信により，確実に商談相手と仕事を進めたい．このように，1台の端末のみを利用し，家やオフィスといった場所に応じて，通信環境を自動で設定してくれるサービスが考えられる．

3. さらなる高速化，大容量化は必須だが，単に設備量を増やすと，場所も膨大になるし，省エネにはならないため，現状と同じ設備量で，それらを実現する網が必要となる．

索　引

■あ行

アクセス網　7
アナログ信号　8
アナログ伝送　22
アプリケーション層　113, 144
アーラン　56
安定基準　91
安定品質　92
イーサネット　109
位相変調　25, 201
位置登録機能　195
一定分布　60
移動通信ネットワーク　194
移動通信網　13
インターネットサービスプロバイダ　124
インターネット層　113, 144
インターネット相互接続点（IX）　125
インタフェース規定　88
ウィンドウ制御　155
迂回接続規制　48
受付制御　99
衛星　16
エッジルータ　12
円形とう道　72
エンタープライズサーバ　117
オピニオン評価　94

■か行

回線交換方式　49
回線トレイル　31
仮想化　156
加入者系安定品質　92
加入者ケーブル　71
加入者線・群局　10
完全線群　61
管路　71, 72
起呼処理　48
き線ケーブル　71
き線ケーブル配線法　82
距離ベクトルアルゴリズム　136
区域内中継局　10
空間分割スイッチ回路網　44
矩形とう道　72
クライアント・サーバシステム　118
クラウドコンピューティング　119
クロスバー交換機　44
グローバルアドレス　132
経路（リンク）　7
ゲートウェイ　116
ケンドールの記号　58, 61
呼　56
コアルータ　12
交換機　7, 43
公平制御　99

故障率　100
個人移動性　195
呼数　57
呼数密度　57
呼損率　62
コネクション型接続　50
コネクションレス型接続　50
コネクションレス型通信　125
コネクタ接続　79
呼の生起分布　58
呼の保留時間分布　58
呼量　56, 57

■さ行

再送制御　155
サーバ　7, 117
サーバ仮想化　156
サービス制御装置　4
サブネットマスク　130
サブネットワーク　129
参照モデル　88
直埋線路　73
シーケンス制御　155
指数分布　60
次世代通信網（NGN）　9
シャノンの標本化定理　24
周波数分割多重化方式　27
周波数変調　25, 201
主線管路　72
受話品質　94
情報通信工学　5
情報通信ネットワーク　4
正味現在価値（NPV）　191
シングルモードファイバ　33
振幅変調　25, 201
信頼度　100
スイッチ　114

スイッチ回路網　43, 44
スイッチング機能　42
スター型　104
スタティックルーティング（静的ルーティング）　136
ステップ・バイ・ステップ交換機　43
ストレージの仮想化　157
スプリッタ　82, 187
スループット　67
制御回路　43
セクショントレイル　31
接続基準　91
接続系異常障害に関する安定品質　93
接続系平常障害に関する安定品質　92
接続損失　92
接続遅延　92
接続品質　92
節点（ノード）　7
専用線網　12
総合伝送品質率　96
送話品質　93
ソリトン　37

■た行

帯域保証　99
大群化効果　63
ダイナミックルーティング（動的ルーティング）　136
ダイナミックルーティング方式　46
多重化　17, 27
多段迂回中継方式　46
タップオフ　180
端末移動性　194
遅延時間　67
地下配線管路　73
蓄積交換方式　49
着信機能　195

チャネル切替え機能　195
中継局　10
中継網　7
調歩同期方式　26
ツイストペアケーブル　106
ツイッター　170
通信（テレコミュニケーション）　2
通信サービスの実行機能　42
通信端末装置　4
通信網の管理機能　42
ディジタル交換機　44
ディジタル伝送　22
ディジタル電話網　10
出接続規制　48
テープ心線　76
電子交換機　44
伝送基準　91
伝送パス　17
伝送品質　94
伝送路　4
電柱　71
電話トラヒック　65
同期伝送方式　26
同期方式　26
同軸ケーブル　73, 75, 106
とう道　71, 72
時分割スイッチ回路網　45
時分割多重化方式　27
特定中継局　10
トークンパッシング方式　110
トラヒック　56
トランスポート層　113, 144

■な行
流れ（フロー）　7
ネットオークション　172
ネットショッピング　172

ネットワークアーキテクチャ　85
ネットワークアドレス（部）　128, 134
ネットワークインタフェース層　113, 144
ネットワーク仮想化　158
ネットワークライフサイクル　18

■は行
π システム　188
配線ケーブル　71
ハイパーバイザ型　156
パケット　107
パケット交換方式　50
パケットロス　67
バス型　105
パストレイル　31
波長分割多重化方式　28
パッシブダブルスター　187
発信規制　47
発信機能　195
パリティチェック方式　28
搬送波　201
ハンドオーバ　199
光交換機　51
光の損失　35
光のモード数　33
光ファイバ　16, 73, 76, 106
光ファイバ配線法　82
引上げ線管路　72
ビット（bit）　25
非同期伝送方式　26
標本化（サンプリング）　23
標本値　24
フォールトトレラントコンピュータ　117
不稼働率　101
不完全線群　61
輻輳制御　47
符号化　23, 25

索　引　*267*

部品化　87
プライベートアドレス　132
フラグメント　151
ブレード型　118
フレーム同期方式　27
フロー　7
フロー計測　67
ブログ　170
フロー制御　155
ブロードキャストアドレス　135
ブロードバンドトラヒック　66
平均保留時間　57
平衡ケーブル　73, 74
ベストエフォート　98
ヘッダ　145
ペディスタル型　118
変調　25
ポアソン分布　59
星状通信網　42
ホストアドレス部　128
ホスト OS 型　157
ポート番号　153

■ま行

待ち行列モデル　56
マルコフ過程　63
マルチキャストアドレス　135
マルチキャスト配信サービス　175
マルチプルアクセス方式　203
マルチモードファイバ　33
マンホール　71, 73
無線　16
無線伝送方式　17
無線 LAN 機能（テザリング）　208
メタルケーブル　16
網状通信網　41

■や行

優先制御　99
有線伝送方式　17
融着接続　78
ユニキャスト配信サービス　175

■ら行

ラックマウント型　118
リダイレクション方式　199
リピータ　114
量子化　23
リンク　7
リング型　105
リンク状態アルゴリズム　137
ルータ　12, 115
ルーティング　46, 125
ルーティング機能　42
ロケーションレジスタ　196

■英字

ADSL　9, 163, 179
ARP　150
ASK　202
ATM　38
CATV　164, 180
CDMA　205
CGM　172
CHAP　163
Cookie　174
CRC 方式　29
CSMA/CD 方式　108
DHCP　148
DLNA　89
DNS　147
DSU　23
EDFA　37
ETSI　89

FD配線法　82
FDMA　203
FMC　208
FSK　202
FTP　168
FTTB　165, 181
FTTC　165, 182
FTTH　9, 165, 181
GbE　39
GLR　196
GMPLS　39
GSM　204
HGW　16
HLR　196
IaaS　119
ICMP　150
IEEE　89
IETF　89
IPsec　159
IPアドレス　126, 127
IPアドレスのクラス　128
IP電話　95, 174
IPパケット　127
IPペイロード　145
IP網　10, 11
IPv6アドレス　140
IPv6プロトコル　152
ISDN網　8, 30
ISO　88
ITU　88
LAN　9, 30
LTE　9, 208
MACアドレス　110
MDF　192
MEMS　52
MIME　167
MNP　199

MOS値　94
MPLS　159
MTBF　101
MTTR　101
MTU　152
NAPT　133
NAT　133
NGN　10, 30
NSPIXP　142
OLT　16
ONU　16, 165
OpenFlow　159
OSI　89
PaaS　119
PAP　163
PCサーバ　118
PDC　204
PDH　38
PESQ　95
POP3　167
POS　38
PPP　38, 163
PSK　202
QoS　97
RFC　126
RIP　136
RT　182
SaaS　119
SDH　38
SLIC　180
SMTP　167
SNS　171
SYN同期方式　26
TCP　154
TDMA方式　111, 204
Telnet　168
TTC　89

UDP 154
vDSL 179
VPN 159

W3C 89
WiMAX 208

Memorandum

―著者紹介―

岩下　基（いわした　もとい）

1985 年	早稲田大学大学院理工学研究科博士前期課程修了
1985 年	日本電信電話株式会社勤務
1999 年	博士（工学）
2010 年	千葉工業大学准教授
現　在	千葉工業大学教授
専　攻	数学
著　書	『マルチメディア産業応用技術体系』（共著，フジテクノシステム．1997） 『システム方法論―システム的なものの見方・考え方』（コロナ社．2014） 『データ仮説構築―データマイニングを通して』（近代科学社．2017）

情報通信工学
Information and
Telecommunications Engineering

2012 年 11 月 15 日　初版 1 刷発行
2018 年 3 月 30 日　初版 2 刷発行

著　者　岩　下　　　基　Ⓒ 2012
発行者　南　條　光　章
発行所　**共立出版株式会社**
　　　　東京都文京区小日向 4 丁目 6 番 19 号
　　　　電話　東京(03)3947-2511 番（代表）
　　　　郵便番号 112-0006
　　　　振替口座 00110-2-57035 番
　　　　URL　http://www.kyoritsu-pub.co.jp/

印　刷　新日本印刷
製　本　協栄製本

検印廃止

NDC 547

ISBN 978-4-320-08570-1

一般社団法人
自然科学書協会
会員

Printed in Japan

JCOPY ＜出版者著作権管理機構委託出版物＞

本書の無断複製は著作権法上での例外を除き禁じられています．複製される場合は，そのつど事前に，出版者著作権管理機構（TEL：03-3513-6969，FAX：03-3513-6979，e-mail：info@jcopy.or.jp）の許諾を得てください．

■電気・電子工学関連書

http://www.kyoritsu-pub.co.jp/　共立出版

電気・電子・情報通信のための工学英語　奈倉理一著	論理回路 基礎と演習　房岡 璋他共著
電気数学 ベクトルと複素数　安部 實著	大学生のためのエッセンス 量子力学　沼居貴陽著
テキスト 電気回路　庄 善之著	Verilog HDLによるシステム開発と設計　高橋隆一著
演習 電気回路　庄 善之著	C/C++によるVLSI設計　大村正之他著
電気回路　山本弘明他著	HDLによるVLSI設計 第2版　深山正幸他著
詳解 電気回路演習 上・下　大下眞二郎著	非同期式回路の設計　米田友洋訳
大学生のためのエッセンス 電磁気学　沼居貴陽著	実践 センサ工学　谷口慶治他著
大学生ための電磁気学演習　沼居貴陽著	PWM電力変換システム　谷口勝則著
基礎と演習 理工系の電磁気学　高橋正雄著	情報通信工学　岩下 基著
入門 工系の電磁気学　西浦宏幸他著	新編 図解情報通信ネットワークの基礎　田村武志著
詳解 電磁気学演習　後藤憲一他共編	小型アンテナハンドブック　藤本京平他編著
ナノ構造磁性体 物性・機能・設計　電気学会編	入門 電波応用 第2版　藤本京平著
わかりやすい電気機器　天野耀鴻他著	基礎 情報伝送工学　古賀正文他著
エッセンス 電気・電子回路　佐々木浩一他著	IPv6ネットワーク構築実習　前野譲二他著
電子回路 基礎から応用まで　坂本康正著	ディジタル通信 第2版　大下眞二郎他著
学生のための基礎電子回路　亀井且有著	画像伝送工学　奈倉理一著
基礎電子回路入門 アナログ電子回路の変遷　村岡輝雄著	画像認識システム学　大﨑紘一他著
本質を学ぶためのアナログ電子回路入門　宮入圭一監修	ディジタル信号処理 (S知能機械工学 6)　毛利哲也著
例解 アナログ電子回路　田中賢一著	ベイズ信号処理　関原謙介著
マイクロ波回路とスミスチャート　谷口慶治他著	統計的信号処理　関原謙介著
マイクロ波電子回路 設計の基礎　谷口慶治著	医用工学 医療技術者のための電気・電子工学 第2版　若松秀俊他著
線形回路解析入門　鈴木五郎著	